ZnO系の最新技術と応用
ZnO its Most Up-to-date Technology and Application, Perspectives

《普及版／Popular Edition》

監修 八百隆文

シーエムシー出版

はじめに

　ZnOは古くから人間生活に用いられてきた。例えば，ZnOの微粒子は古くから日焼け止め化粧品の原料であり，人間生活に極めて馴染みの深い材料である。日焼け止めとして紫外線の透過を防ぎ，しかも無色の顔料として用いることが出来るのは，まさにZnOが人間に優しい材料でありかつ3.37 eVの近紫外域に直接遷移バンドギャップを持ち，大きな吸収帯を持つためである。この他に，タイヤの脱硫材としても大量に使われている。

　電子・光材料としては，これまでに蛍光体，ヴァリスター，センサー，透明電極などに用いられてきた。蛍光体としては，ZnOの微粒子に希土類原子を混ぜて電子線励起によって種々のカラーを発光させることが出来る。ZnO蛍光体はCRTや冷陰極蛍光表示管などの発光体として用いられてきた。ヴァリスターは印加電圧によって抵抗が変化する現象を利用した素子である。多結晶ZnO中のグレイン間の電気伝導が印加電圧によって非線形の電気伝導を示す現象を利用して，過電流を自動的に制御できる。ヴァリスター素子の性能はグレインとグレイン間の欠陥によって決定される。センサー応用としては，分子が表面に吸着すると電気抵抗変化が起きる現象を利用している。基本的な素子構造はオープン・ゲートFET構造である。ガスセンサーへの応用は古くからあり，一酸化炭素センサー，水素センサー，硫化ガスセンサー等々がある。最近は，DNAやグルコース分子などの検知の為のバイオセンサーへの応用が活発である。特に，表面にナノスケールの凹凸を施すことによって吸着能を改善して感度を増大させる試みやナノスケールの吸着孔を制御して，分子認識機能を持たせるなどの試みも為されており，活発に研究開発が進行中である。透明電極としては，従来から太陽電池用の透明電極としての応用が盛んである。最近は，液晶ディスプレイの透明電極として用いられているITO（$InTiO_2$）透明導電膜の主要原料であるInやTiの資源問題が顕在化したため，ITO代替透明電極として注目されており，近い将来に透明導電膜の主流となる可能性がある。

　最近，ZnOが，ポストGaNの新光・電子材料として，新たに注目されてきている。図1は，ISIに登録されている欧文学術論文誌に，1990年以降に掲載されたZnO関係の論文数の，年次別の変遷を示す。1990年の時点では114編，10年前の1996年に495編であったが，2006年には2457編とほぼ5倍の論文出版数となっている。ZnOおよび関連物質の研究に従事している研究者数もほぼ同様の増加傾向と考えられる。このような新しい研究開発は，新しい電子・光材料としてのZnOの可能性を切り開くことを目的としている。

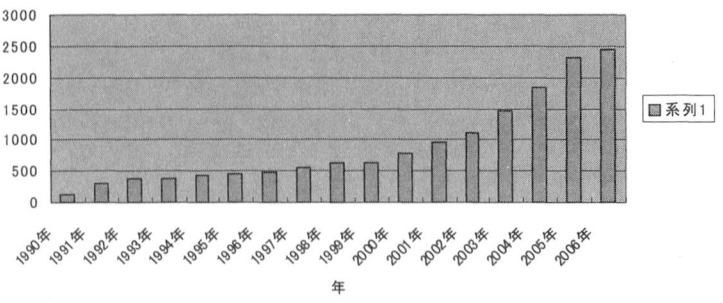

図1　ZnO関係のISI論文数の年次変化

　第1章に記述されているように，ZnOはGaNとほぼ同じ物性を持っている。すなわち，結晶構造がGaNと同じヴルツ鉱構造を持つ。そのため，ピエゾ効果が活性であるだけでなく，自然分極による内部電界がc軸方向に発生している。また，格子定数もGaNとほぼ等しい。ZnOはII-VI族化合物であるが，他のII-VI族半導体と異なり，その化学結合は強い。一般にバンドギャップが大きくなると化学結合は強くなる傾向を持つ。化学結合の強さの指標として凝集エネルギーがあるが，ZnOの凝集エネルギーは1.89 eVであり，これは同じII-VI族化合物のZnSe，ZnSの1.59 eV，1.29 eVより大きく，III-V族化合物のGaAs，InNの1.3 eV，1.1 eVより大きい。GaNの2.24 eVとほぼ同程度と言え，格子欠陥が形成しにくく，デバイス素子材料として好ましい物性である。

　電子材料としては，ZnOはn型伝導が容易な半導体である。透明である特性と高導電性を持たせることができると言う二つの特性を利用したのが透明導電膜，透明電極である。高導電性ZnO膜を作製するために，n型不純物としてAl，Ga等のIII族元素が用いられている。また，ZnOが透明であり，低温プロセスが可能，高い電子移動度，さらには高電子移動度トランジスター（HEMT）も作製可能であるという特色を生かして，薄膜トランジスター（TFT）の研究も活発であり，アモルファスシリコンを置換する液晶ディスプレイの駆動用ICへの応用も検討されている。

　光材料としては，バンドギャップは3.37 eVの直接遷移であり，発光材料としては可視光領域をカバーできる。また，励起子の結合エネルギーは60 meVと，導電制御可能な半導体としては最大の励起子結合エネルギーを持つ。そのため，室温あるいは高温でも光物性における励起子効果は顕著である。実際，室温以上でも，励起子効果に起因した光励起によるレーザ発振が観測されている。励起子効果によるユニークな光デバイス開発の期待がある。そのためには導電制御が不可欠であるが，上述したようにn型ZnOの導電制御は容易である。ZnOをp型化する研究も活発であり，数多くの研究機関からp型ZnOの報告も発表されている。p型ZnOを形成するた

めの不純物はV族元素のN，P，Asが用いられている。p-n接合形成によるEL発光も観測されている。通常のLED等への応用だけでなく，励起子効果を積極的に利用した応用も検討されている。すなわち，半導体中では励起子効果によって大きな非線形効果が得られること，上述の内部電界効果が非線形効果発現に有利であること等々を利用して，ZnOを用いた高輝度LED励起の低閾値非線形光学素子も可能である。例えば，集積化可能なテラヘルツ光発生素子やあるいは中赤外領域でのコヒーレント広帯域発光素子等への応用の可能性も示唆される。

　資源・環境の観点からのZnOの可能性も指摘しておきたい。ZnOは酸化物であり，しかも人体の必要元素でもあるZnを構成元素としており，本来の意味での環境調和材料である。資源的にもクラーク数は31位であり，61位のInにくらべて400倍も多量に地球上に存在する。現在の電子・光デバイス材料の主流はGaAs系，InP系材料，GaSb系，InSb系であり，構成元素の毒性（Asなど）や資源問題（Inなど）などのために，将来的には資源的にも環境的にも調和性のとれた電子・光材料で置き換えていく必要がある。ZnO系酸化物半導体は，このようなニーズに応えていける諸物性を持った材料であり，次世代の電子・光デバイスの開発研究がますます展開されるものと期待される。

2007年1月

東北大学　学際科学国際高等研究センター

八 百 隆 文

普及版の刊行にあたって

本書は2007年に『ZnO系の最新技術と応用』として刊行されました。普及版の刊行にあたり，内容は当時のままであり加筆・訂正などの手は加えておりませんので，ご了承ください。

2013年3月

シーエムシー出版　編集部

執筆者一覧

八百 隆文	東北大学　学際科学国際高等研究センター　教授	
花田 貴	東北大学　金属材料研究所　助手	
福田 承生	東北大学　多元物質科学研究所　客員教授，名誉教授	
三川 豊	㈱福田結晶技術研究所　結晶センター　センター長	
小野 隆夫	東京電波㈱　専務取締役	
加藤 裕幸	スタンレー電気㈱　研究開発センター　主任技師	
富永 喜久雄	徳島大学大学院　ソシオテクノサイエンス部　先進物質材料部門　電気電子創生工学コース　助教授	
山本 哲也	高知工科大学　総合研究所　マテリアルデザインセンター　センター長・教授	
佐々 誠彦	大阪工業大学　工学部　電気電子システム工学科　教授	
小池 一歩	大阪工業大学　工学部　電子情報通信工学科　講師	
前元 利彦	大阪工業大学　工学部　電気電子システム工学科　助教授	
矢野 満明	大阪工業大学　工学部　電子情報通信工学科　教授	
井上 正崇	大阪工業大学　工学部　電気電子システム工学科　教授	
大橋 直樹	㈳物質・材料研究機構　光材料センター　光電機能グループ　グループリーダー	
門田 道雄	㈱村田製作所　技術開発本部　フェロー	
李 常賢	東北大学　学際科学国際高等研究センター　八百研究室	
佐藤 和則	大阪大学　産業科学研究所　産業科学ナノテクノロジーセンター　助手	
豊田 雅之	大阪大学　産業科学研究所　計算機ナノマテリアルデザイン分野　大学院生	
吉田 博	大阪大学　産業科学研究所　教授	
福永 正則	北海道大学大学院　理学研究科	
小野寺 彰	北海道大学大学院　理学研究科　教授	

執筆者の所属表記は，2007年当時のものを使用しております。

目　　次

第1章　ZnO関連物質の基礎データ　　花田　貴

1	ZnOと関連物質の構造 ………………	1
2	六方晶の実格子と逆格子 ……………	4
3	ZnOと関連物質の歪 …………………	5
4	ウルツ鉱型半導体の電子構造 ………	9
5	ウルツ鉱型半導体の励起子 …………	14
6	ZnO系混晶薄膜と量子井戸構造 ……	19

第2章　結晶成長

1　バルク結晶成長
　　… 福田承生，三川　豊，小野隆夫 … 23
　1.1　はじめに ……………………………… 23
　1.2　国内外のZnOバルク単結晶の開発状
　　　　況 …………………………………… 24
　1.3　水熱法によるZnO単結晶育成技術
　　　　……………………………………… 25
　　1.3.1　水熱法の歴史 …………………… 25
　　1.3.2　水熱法の特徴 …………………… 26
　　1.3.3　育成装置 ………………………… 27
　　1.3.4　育成原理 ………………………… 28
　　1.3.5　育成条件 ………………………… 30
　　1.3.6　成長過程 ………………………… 32
　1.4　水熱法ZnO結晶評価 ………………… 33
　1.5　おわりに ……………………………… 35
2　エピタキシー法（単結晶薄膜）
　　……………………… 加藤裕幸 …… 38
　2.1　はじめに ……………………………… 38
　2.2　ZnO単結晶薄膜の成長方法 ………… 38
　　2.2.1　PLD (Pulsed Laser Deposition)
　　　　　法 ………………………………… 38
　　2.2.2　MBE (Molecular Beam Epitaxy)
　　　　　法 ………………………………… 39
　　2.2.3　MOCVD (Metalorganic Chemical
　　　　　Vapor Deposition) 法 ………… 40
　2.3　基板の選択と結晶方位関係 ………… 41
　2.4　ヘテロエピタキシャルZnO膜の高品
　　　　質化 ………………………………… 42
　　2.4.1　界面制御 ………………………… 42
　　2.4.2　極性制御 ………………………… 43
　　2.4.3　O/Znフラックス比 …………… 45
　　2.4.4　アンドープZnO膜の電気的特性
　　　　　向上 ……………………………… 48
　2.5　ホモエピタキシャルZnO膜の成長
　　　　……………………………………… 49
　2.6　おわりに ……………………………… 51
3　種々のZnO多結晶薄膜作製法
　　……………………… 富永喜久雄 … 53

3.1 はじめに ……………	53	3.4.5 PLD法（Pulsed Laser Deposition）
3.2 プラズマ生成法とスパッタリング …	54	…………… 63
3.3 ZnOスパッタ膜作製法 …………	56	3.4.6 ECRアシストMBE法 ……… 63
3.3.1 c軸配向ZnOスパッタ膜の作製		3.5 透明導電膜におけるZnO多結晶膜作
……………	56	製法 …………… 64
3.3.2 圧電性ZnOスパッタ膜作製にお		3.5.1 各種スパッタ法による導電膜作製
ける問題点 ……………	57	と抵抗率の基板位置依存性 … 64
3.4 圧電性ZnO膜のその他の合成法 …	61	3.5.2 導電膜作製における高速酸素の役割
3.4.1 off-axis位置での作製 ………	61	…………… 66
3.4.2 マグネトロンスパッタ法 ……	61	3.5.3 スパッタ法以外によるZnO導電
3.4.3 対向ターゲット式スパッタ法 …	61	膜作製 …………… 67
3.4.4 ECRスパッタ法 ……………	63	3.6 おわりに …………… 68

第3章　透明導電膜　　山本哲也

1 はじめに ……………	72	5 反応性プラズマ蒸着法 …………… 84
2 基板温度と薄膜モルフォロジー ……	74	6 ガリウム添加酸化亜鉛薄膜の特性 … 86
2.1 製膜法と基板温度 ……………	74	6.1 薄膜構造の膜厚依存性とその制御 … 86
2.2 薄膜モルフォロジーと成長機構 …	75	6.2 電気特性 …………… 88
3 ガラス基板 ……………	78	6.3 表面構造 …………… 90
4 伝導性制御 ……………	79	6.4 光学特性 …………… 90
4.1 ドーパントの選択 ……………	79	7 おわりに …………… 92
4.2 ドナー・ドーピング効果 ………	82	

第4章　LED　　加藤裕幸

1 はじめに ……………	95	3 バンドギャップエンジニアリング … 97
2 伝導性制御 ……………	95	4 異種ヘテロ接合構造LED …………… 98
2.1 n型ZnO結晶の作製 ……………	95	5 ホモ接合構造LED …………… 98
2.2 p型ZnO結晶作製への取組み ……	96	6 おわりに …………… 101

第5章 酸化亜鉛系トランジスタとその応用
佐々誠彦,小池一歩,前元利彦,矢野満明,井上正崇

1 はじめに ………………………… 103
2 酸化亜鉛トランジスタ ………… 104
  2.1 スパッタ法形成 ZnO TFT ……… 104
  2.2 パルス・レーザ堆積法形成 ZnO TFT ………………………… 109
  2.3 単結晶 ZnO チャネル/ヘテロ接合 TFT ………………………… 113
  2.4 ZnO に SnO_2 や In_2O_3 を含むチャネル層をもつスパッタ法形成 ZnO TFT ………………………… 122
3 ゾル・ゲル法による ZnO TFT …… 123
4 ZnO ナノワイヤートランジスタ … 125
5 酸化亜鉛のバイオセンサ応用 …… 127
6 おわりに ………………………… 128

第6章 酸化亜鉛蛍光体とその関連材料　大橋直樹

1 はじめに ………………………… 131
2 酸化亜鉛の基礎物性 …………… 132
  2.1 酸化亜鉛の励起子発光 ………… 132
  2.2 酸化亜鉛中のドナーは何か？ … 133
  2.3 酸化亜鉛の緑色発光の起源は何か？ ………………………… 136
  2.4 その他の発光 ………………… 138
  2.5 非輻射遷移 …………………… 139
3 酸化亜鉛発光体のこれまでの応用 … 140
4 酸化亜鉛を光らせる …………… 140
  4.1 酸化亜鉛への水素添加 ………… 140
  4.2 酸化亜鉛の誘導放出と不純物の効果 ………………………… 141
  4.3 酸化亜鉛への共ドープ効果 …… 142
  4.4 新規蛍光体の探索 ……………… 143
5 酸化亜鉛光触媒 ………………… 144
6 おわりに ………………………… 147

第7章 種々のデバイス　門田道雄

1 はじめに ………………………… 149
2 ZnO セラミックを用いたバリスタ … 150
3 超音波 …………………………… 151
4 ZnO 圧電膜を用いたバルク波への応用 ………………………… 153
  4.1 高周波トランスジューサ ……… 153
  4.2 時計用音叉型振動子 …………… 154
  4.3 テレビクロマ回路 VCO 用発振子 … 155
  4.4 高周波複合共振子 ……………… 156
5 ZnO 膜と非圧電基板を組合わせた弾性表面波基板 ………………… 159
  5.1 テレビ VIF 用 SAW フィルタ …… 160

5.2	ZnO/サファイア構造RF用SAWフィルタ …………… 161	5.4.1	コンボルバ ………………… 164
5.3	ZnO/水晶構造SAWフィルタ …… 162	5.4.2	音響光学素子 ……………… 165
5.4	その他 …………………………… 164	6	おわりに ……………………………… 167

第8章　ZnOナノクリスタル　　李　常賢

1	序論 ……………………………………… 169	3.3.2	電界放出特性 ……………… 177
2	ZnOナノクリスタルの成長と配列 … 169	3.3.3	磁気的特性 ………………… 179
2.1	ZnOナノクリスタルの成長 ……… 169	3.3.4	圧電特性 …………………… 181
2.2	ZnOナノクリスタルの異種構造とドーピング ……………………… 171	4	ZnOナノクリスタルの応用 ………… 182
		4.1	電界効果トランジスター（FET）… 182
2.3	ナノクリスタルの配列 …………… 172	4.2	センサー（Sensor）……………… 184
3	ZnOナノクリスタルの特性 ………… 172	4.2.1	光検出器（photodetector）… 184
3.1	構造的及び形態的特性 …………… 172	4.2.2	化学センサー ……………… 186
3.2	光学特性 …………………………… 172	4.2.3	染色体センシタイズ太陽電池 Dye-sensitized Solar cell (DSSC) …………………………… 187
3.2.1	サイズによる光学特性の変化 … 173		
3.2.2	レーザー特性 ……………… 174		
3.2.3	ZnOナノクリスタルの異種接合の形成を行った後の光学特性の変化 …………………………… 176	4.2.4	LED (Light emitting diode) …………………………… 188
		4.2.5	その他の応用 ……………… 189
3.3	電気的特性 ………………………… 177	5	おわりに ……………………………… 190
3.3.1	伝導性 ……………………… 177		

第9章　新機能材料への展開

1	酸化亜鉛ベース希薄磁性半導体のマテリアルデザイン 　… 佐藤和則，豊田雅之，吉田　博 … 193	1.3	計算手法について ………………… 196
		1.4	強磁性のメカニズム　―二重交換相互作用，p-d交換相互作用と超交換相互作用― ……………………………… 197
1.1	はじめに　―半導体ナノスピントロニクス― ……………………………… 193		
		1.5	酸化亜鉛ベース希薄磁性半導体の電子状態と磁性 ……………………… 199
1.2	計算機ナノマテリアルデザイン … 194		

1.5.1　強磁性の安定性 ………………… 199
　1.5.2　酸化亜鉛希薄磁性半導体の電子状態
　　　　 ………………………………… 200
　1.5.3　キャリア添加の効果 ………… 203
　1.5.4　実験との比較 ………………… 205
1.6　磁気的パーコレーションとスピノダル
　　 分解 ……………………………… 206
1.7　自己相互作用補正 …………………… 209
1.8　おわりに ……………………………… 210
2　酸化亜鉛の強誘電性
　　………… 福永正則，小野寺　彰 … 214

2.1　はじめに ……………………………… 214
2.2　AB型半導体結晶の強誘電性 …… 215
　2.2.1　二原子結晶の強誘電性 ……… 215
2.3　半導体の強誘電性―$Pb_{1-x}Ge_xTe$と
　　 $Cd_{1-x}Zn_xTe$ ……………………… 216
　2.3.1　$Pb_{1-x}Ge_xTe$の相転移 ………… 216
　2.3.2　CdTe-ZnTeの相転移 ………… 218
2.4　LiドープZnOの強誘電性 ……… 220
2.5　酸化亜鉛の電子強誘電性 ………… 222
2.6　おわりに ……………………………… 224

第10章　ZnO研究開発の将来展望　　八百隆文

1　はじめに ……………………………… 228
2　Ⅲ-Ⅴ族窒化物半導体成長用基板ならび
　 に窒化物半導体デバイスへの応用 … 228
3　周期的極性反転による非線形光学素子へ
　 の応用 ………………………………… 232
4　シンチレーターへの応用 …………… 235
5　高温用熱電素子への応用 …………… 236

第1章　ZnO関連物質の基礎データ

花田　貴[*]

本章ではZnOを中心に関連物質の構造と物性に関する基本的な項目についていくつか述べ、調べられた範囲で具体的な物性データを示していく。

1　ZnOと関連物質の構造

ZnOはⅡ-Ⅵ族化合物半導体のなかでもイオン結合性が強く、図1(b)の六方晶系ウルツ鉱型の結晶構造を持つ。六方晶であるために［0001］軸（c軸）方向だけがそれに垂直な2方向とは異方的な一軸性結晶であり、同じく4配位で類似した図1(a)の立方晶系閃亜鉛鉱型構造に比べて特性を記述するパラメーター数が増えて複雑になる点が多い。ZnO系材料のバンドギャップ、格子定数などをベガーズ則に従って変化させる目的で、Znの一部をMg、Cdで置き換えた混晶が用いられるが、MgOとCdOは図1(c)のような6配位の立方晶系岩塩型の結晶構造を持ち、ウルツ鉱型のZnOよりもさらにイオン性が高いことを示している。ZnOと関連した2元化合物の結晶構造と格子定数を表1に示す。計算によるものを含めて複数の構造について報告されている物質についてはそれらの値が示してある。ウルツ鉱型と閃亜鉛鉱型構造ではどちらも各原子が4配位の最隣接原子に囲まれているが、これらの最隣接原子を頂点とする正四面体構造がウルツ鉱型構造ではc軸方向に変形されている。正四面体構造が変形されていない場合の格子定数比c/aは$\sqrt{8/3}$=1.633である。また、c軸方向のボンド長と格子定数cの比uを内部パラメーターと呼び正四面体構造が変形されていない場合3/8 = 0.375である。ウルツ鉱型構造を正確に記述するにはa、c、uの合計3個の値が必要であり、実際の結晶ではc/aもuも理想値から変化し、バンドギャップや価電子帯頂上付近のバンド間隔などが影響を受ける。

表1に六方晶MgOについて2つの計算値が示してあるが、計算によるとイオン性の強いMgOではu = 3/8に固定したウルツ鉱型構造は安定ではなく、u = 0.5まで変形してc軸方向が上下2配位となり計5配位の六方晶層状構造になってようやく準安定になると報告されている[1]。ウルツ鉱型構造は第2隣接原子までは立方晶系の閃亜鉛鉱型構造と類似の構造であるが、

---

*　Takashi Hanada　東北大学　金属材料研究所　助手

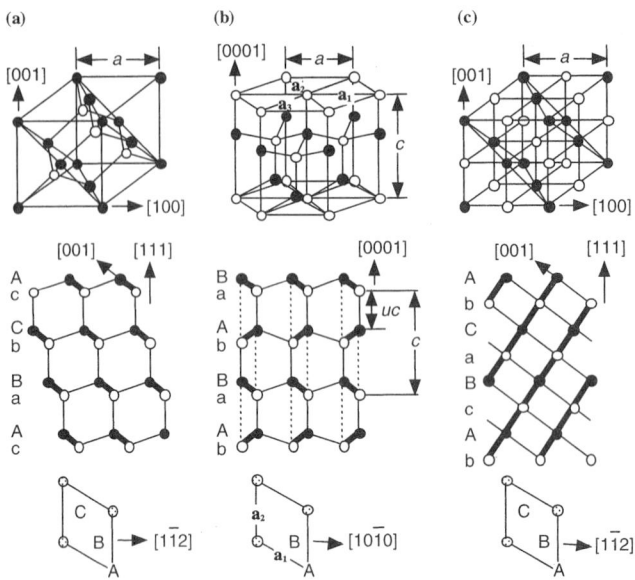

図1 (a) 閃亜鉛鉱型, (b) ウルツ鉱型, (c) 岩塩型構造の原子構造

●はカチオン原子, ○はアニオン原子, 太線は紙面垂直方向に重なった2原子への2本のボンドを示す。下段は立方晶(111)面と六方晶(0001)面内のA, B, Cの3種の原子位置を示し, 中段はA, B, C(大文字はカチオン層, 小文字はアニオン層)の原子層の積層断面を示す。

表1 ウルツ鉱型構造の格子定数 a, c (Å)と内部パラメーター u, 閃亜鉛鉱型構造の格子定数 a_{ZB} (Å), 岩塩型構造の格子定数 a_{RS} (Å)
Al_2O_3 は六方晶コランダム構造である。

物質	a	c	u	c/a	a_{ZB}	a_{RS}
ZnO	3.250[5]	5.204[5]	0.382[5]	1.601	4.60[53]	4.271[5]
ZnS	3.823[6]	6.261[6]	...	1.638	5.413[5]	5.060[5]
MgO	3.17[1]	5.17[1]	3/8[1]	1.631		4.216[7]
MgO	3.43[1]	4.11[1]	0.5[1]	1.198		
CdO	3.66[8]	5.86[8]	0.35[8]	1.601		4.77[8]
AlN	3.112[7]	4.982[7]	0.380[9]	1.601	4.38[7]	
GaN	3.189[7]	5.185[7]	0.376[9]	1.626	4.52[7]	
InN	3.548[7]	5.760[7]	0.377[9]	1.623	4.98[7]	
Al_2O_3	4.758[7]	12.99[7]				

第3隣接にあたるカチオンとアニオン原子間に図1(b)に点線で示すような少し離れた隣接イオン結合ができ5配位に近づく構造と考えることができる。結晶のイオン性が強い場合には静電エネルギーにより閃亜鉛鉱型より凝集エネルギーを大きくできる構造である。表1にあるウルツ鉱型物質ではZnSとCdOを除いて, c/a が理想値より小さいにもかかわらず u は逆に理想値より大きく, 実際に, 斜めのボンドで結合した2原子層が同一平面になる六方晶層状構造に近づいてい

第1章　ZnO関連物質の基礎データ

表2 ウルツ鉱型構造のc軸に平行なボンド長b_c(Å)，その他のボンド長b_a(Å)と1原子あたりの体積v(Å^3)，閃亜鉛鉱型構造のボンド長b_{ZB}(Å)と1原子あたりの体積v_{ZB}(Å^3)，岩塩型構造のボンド長b_{RS}(Å)と1原子あたりの体積v_{RS}(Å^3)

表1の対応する格子定数から求めた。ウルツ鉱型 ZnS は $u=3/8$ とした。

物質	b_a	b_c	v	b_{ZB}	v_{ZB}	b_{RS}	v_{RS}
ZnO	1.974	1.987	11.90	1.992	12.17	2.136	9.739
ZnS	2.342	2.348	19.81	2.344	19.83	2.530	16.19
MgO	1.941[a]	1.939[a]	11.25[a]			2.108	9.367
MgO	1.980[b]	2.055[b]	10.47[b]				
CdO	2.289	2.051	17.00			2.385	13.57
AlN	1.894	1.893	10.45	1.897	10.50		
GaN	1.950	1.950	11.42	1.957	11.54		
InN	2.167	2.172	15.70	2.156	15.44		

* a) $u=3/8$,　b) $u=0.5$

ることが確かめられる。また，表2より同じ化学組成の物質で結晶構造が変わるとき，配位数の増加にともなって1原子当たりの体積が減り高密度になることが確かめられる。InN を除いてウルツ鉱型構造は閃亜鉛鉱型構造よりわずかに高密度になっている。このように ZnO 関連物質の構造は，隙間が多くても sp^3 の共有結合を形成することで安定する共有結合性の強い閃亜鉛鉱型構造から，イオン結合性の比重が増えるに従って配位数を増やし隙間を減らしていき岩塩型構造に至ると見ることができる。

　図1の3つの構造は(0001)面または(111)面に沿って3角格子状のA, B, Cの3種の原子層を滑らせると互いに移りかわる。実際の薄膜成長でも立方晶の $a/\sqrt{2}$ と六方晶の a が近ければヘテロ成長に適している可能性がある。Al$_2$O$_3$(0001)基板上の ZnO(0001)薄膜の成長において MgO(111)バッファ層を導入することで格子不整合を低減させ，ZnO 薄膜を低欠陥化した例や[2]，ZnO(0001)面の極性を制御した例が報告されている[3,4]。図1の中段を見ると分かるようにウルツ鉱型構造は c 軸の回りに 180° 回転して c 軸に沿って $c/2$ 並進する（らせん操作）と元の構造に重なり c 軸の回りに 6 回対称であるが，閃亜鉛鉱型と岩塩型構造は [111] 軸の回りに 3 回対称である。従ってウルツ鉱型(0001)面上に閃亜鉛鉱型または岩塩型(111)面が成長する場合，(0001)面のテラスが A, B どちらの原子層で終端しているかで閃亜鉛鉱型，岩塩型構造の向きが 180° 異なる双晶が成長することになる。しかし，逆に閃亜鉛鉱型または岩塩型(111)面上にウルツ鉱型(0001)面が成長する場合は下地の双晶境界に沿ってウルツ鉱型層の底に転位を導入することで，ウルツ鉱型層内では欠陥を解消することが可能である。

2 六方晶の実格子と逆格子

六方晶格子で一般に用いられている指数について,簡単なことであるが基本的すぎて改めてふれられることは無いため,戸惑うこともあるかと思われるので書いておく.3次元の格子点は3つの指数だけで現せるはずであるが,六方晶の格子点は4つの値 $m\ n\ i\ l$ で示され, m, n, i の順序を入れ換えたものが一目で同等な方位と分かるように, $m+n+i=0$ の関係をもつ(0001)面内の指数が一つ追加されている.図2(a)のような(0001)面内の同等な3つの基本実格子ベクトル $\mathbf{a}_1$, $\mathbf{a}_2$, $\mathbf{a}_3$ と[0001]軸方向の基本実格子ベクトル $\mathbf{c}$ を用いて,指数 $m\ n\ i\ l$ で表される格子点を $m\mathbf{a}_1 + n\mathbf{a}_2 + i\mathbf{a}_3 + l\mathbf{c}$ と定義すると $\mathbf{a}_3 = -\mathbf{a}_1 - \mathbf{a}_2$, $i = -m - n$ の関係があるので $(2m+n)\mathbf{a}_1 + (2n+m)2\mathbf{a}_2 + l\mathbf{c}$ となる.例えば,転位のバーガース・ベクトルが $\mathbf{a}_1$ のとき指数は $1/3\,[2\,\bar{1}\,\bar{1}\,0]$ である.原点から $m\ n\ i\ l$, $m'\ n'\ i'\ 0$ の指数で現される2つの格子点までの2ベクトルが直交する条件は指数の内積 $mm' + nn' + ii' = 0$ であることが計算してみると確かめられる.

実格子ベクトル $\mathbf{a}_1$, $\mathbf{a}_2$, $\mathbf{c}$ に対する逆格子ベクトル $\mathbf{a}_1^*$, $\mathbf{a}_2^*$, $\mathbf{c}^*$ は $\mathbf{a}_1 \cdot \mathbf{a}_1^* = \mathbf{a}_2 \cdot \mathbf{a}_2^* = \mathbf{c} \cdot \mathbf{c}^* = 2\pi$ の条件と他の実格子ベクトルと逆格子ベクトルの組合わせは直交するという条件から求められ,(0001)面内は図2(b)のようになる. $\mathbf{g}_{hkl} = h\mathbf{a}_1^* + k\mathbf{a}_2^* + l\mathbf{c}^*$ で与えられる逆格子点の指数を $h\ k\ j\ l$ ($j = -h-k$) で表す.ここで, $\mathbf{a}_1^*$, $\mathbf{a}_2^*$, $\mathbf{c}^*$ の大きさはそれぞれ $4\pi/(\sqrt{3}\,a)$, $4\pi/(\sqrt{3}\,a)$, $2\pi/c$ である.このように逆格子では j は $\mathbf{g}_{hkl}$ の定義に出てこないで, $\mathbf{g}_{hkl}$ は3つの指数で定義され自然である.指数を上記のように定義することで実格子と逆格子の(0001)面内の同じ方位が同じ指数で表される.逆格子ベクトル $\mathbf{g}_{hkl}$ を法線ベクトルとする実空間の面の指数も $h\ k\ j\ l$ ($j = -h-k$) で表される.図3に代表的な面の指数と略称を示す.

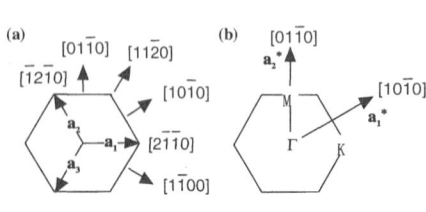

図2 六方晶(0001)面内の (a) 実格子ベクトルと (b) 逆格子ベクトル

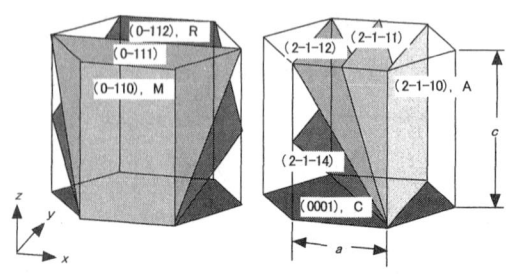

図3 六方晶の代表的な面の指数

第 1 章　ZnO 関連物質の基礎データ

3　ZnO と関連物質の歪

　結晶の歪は電子構造の変化やピエゾ電界などを通して，物性やデバイス特性に影響を与えるので，データを使って具体的に計算しやすいようにまとめておく。薄膜がヘテロ成長した場合，基板との格子不整合や熱膨張係数の違いにより面内の歪 $\varepsilon_{//}$ と，それと逆符号の垂直方向の歪み $\varepsilon_{\perp}$ が生じる。格子定数 a_f の薄膜が格子定数 a_s の基板上にコヒーレントに成長したとき，$\varepsilon_{//} = (a_\mathrm{s} - a_\mathrm{f})/a_\mathrm{f}$ となり格子不整合に等しい。$\varepsilon_{//}$ は成長初期に格子不整合に等しかったとしても，臨界膜厚を越えると界面にミスフィット転位を導入して緩和し $\varepsilon_{//}$ は 0 に近づいていく。さらに，成長温度 T_g から常温 T_0 に下がる過程で，基板の熱膨張係数 α_s と薄膜の α_f の違いにより $\varepsilon_{//}$ が変化する。T_g と T_0 での薄膜の面内歪を $\varepsilon_{\mathrm{g}//}$，$\varepsilon_{0//}$ としたとき，冷却過程では原子が活性でなくなり結合の組み換えが出来ずミスフィット転位の導入・解消がないものとすると，薄膜と基板の界面に沿った格子数の比は冷却過程で不変であり，熱膨張係数 α_f で縮みたい薄膜が α_s で縮むことになり，$\varepsilon_{0//} = \varepsilon_{\mathrm{g}//} + (\alpha_\mathrm{s} - \alpha_\mathrm{f})(T_0 - T_\mathrm{g})$ となる。従って，成長中 $\varepsilon_{\mathrm{g}//} = 0$ に緩和しても常温では格子不整合と逆符号の残留歪みが現れたり薄膜が裂けたりする。ただし，ここでは薄膜が十分薄く基板は薄膜の影響を受けないと仮定した。表 3 に関連物質の熱膨張係数を示す。文献 10 と 11 には ZnO と Al_2O_3，GaN の熱膨張係数の温度依存性が示されている。熱膨張係数の温度依存性を取り入れるときは $(\alpha_\mathrm{s} - \alpha_\mathrm{f})(T_0 - T_\mathrm{g})$ を温度についての定積分に置き換える。

　六方晶の 0 でない独立な弾性率は c_{11}，c_{12}，c_{13}，c_{33}，c_{44} であり，$c_{66} = (c_{11} - c_{12})/2$ である。応力と歪の関係は，

$$\begin{bmatrix} \tau_{xx} \\ \tau_{yy} \\ \tau_{zz} \\ \tau_{yz} \\ \tau_{zx} \\ \tau_{xy} \end{bmatrix} = \begin{bmatrix} c_{11} & c_{12} & c_{13} & & & \\ c_{12} & c_{11} & c_{13} & & & \\ c_{13} & c_{13} & c_{33} & & & \\ & & & c_{44} & & \\ & & & & c_{44} & \\ & & & & & c_{66} \end{bmatrix} \begin{bmatrix} \varepsilon_{xx} \\ \varepsilon_{yy} \\ \varepsilon_{zz} \\ \varepsilon_{yz} \\ \varepsilon_{zx} \\ \varepsilon_{xy} \end{bmatrix} \quad (1)$$

となる。ここで，空欄は 0 であり，z は c 軸方向を表す。図 3 のように x を $[2\bar{1}\bar{1}0]$，y を $[01\bar{1}0]$ 方向にとることにする。ε_{xx}，ε_{yy}，ε_{zz} はそれぞれ x，y，z 方向の伸縮歪で伸びるときが正である。ε_{yz}，ε_{zx}，ε_{xy} はそれぞれの添字の直交する 2 方向の角度を変化させる剪断歪（長方形を平行四辺形にする歪）であり，変形後の 2 方向のなす角の cosine の半分である。τ_{xx} などは対応する方向の応力である。添字の 1，2，3，4，5，6 はテンソルの添字の個数を減らすようにそれぞれ xx，yy，zz，yz，zx，xy を略して表している。単位体積あたりの弾性エネルギー F は x と y などの交換に対して同等な項が複数回現れることを数え上げて，

表3 温度 $T(K)$ でのa軸方向の熱膨張係数 α_a (10^{-6} K^{-1})とc軸方向の熱膨張係数 α_c (10^{-6} K^{-1})

物質	T	α_a	α_c
ZnO[10]	300	4.75	2.9
ZnO[10]	750	8.2	4.9
MgO[7]		10.5	
AlN[7]		4.2	5.3
GaN[11]	294	3.1	2.8
GaN[11]	703	6.2	6.1
InN[7]		4	3
Al$_2$O$_3$[11]	294	4.3	3.9
Al$_2$O$_3$[11]	703	9.2	9.3

表4 ウルツ鉱型(WZ)と閃亜鉛鉱型(ZB)の弾性率(GPa)

WZ	c_{11}	c_{12}	c_{13}	c_{33}	c_{44}
ZnO[12]	209.6	121.1	105.1	210.9	42.5
ZnS[13]	131.2	66.3	50.9	140.8	28.6
AlN[9]	345	125	120	395	118
GaN[9]	374	106	70	379	101
InN[9]	190	104	121	182	10

ZB	c_{11}	c_{12}	c_{44}
ZnO[53]	193	139	96
ZnS[13]	104.6	65.3	46.1
AlN[9]	304	160	193
GaN[9]	293	159	155
InN[9]	187	125	86

$$F = c_{11}(\varepsilon_{xx}^2 + \varepsilon_{yy}^2)/2 + c_{33}\varepsilon_{zz}^2/2 + c_{12}\varepsilon_{xx}\varepsilon_{yy} + c_{13}(\varepsilon_{xx} + \varepsilon_{yy})\varepsilon_{zz} \\ + 2c_{44}(\varepsilon_{yz}^2 + \varepsilon_{zx}^2) + 2c_{66}\varepsilon_{xy}^2 \tag{2}$$

で表される。関連物質の弾性率を表4に示す。

ここで,いくつかの例を取り上げてみる。剪断歪を生じない場合は簡単に計算できる。第4節でとりあげるので,六方晶に静水圧が加えられたときを考えると,$\tau_{xx} = \tau_{yy} = \tau_{zz}$ であり,対称性によって $\varepsilon_{yy} = \varepsilon_{xx}$ なので式(1)より,

$$\varepsilon_{zz} = (c_{11} + c_{12} - 2c_{13})\varepsilon_{xx} / (c_{33} - c_{13}) \tag{3}$$

の関係が得られる。薄膜に残留した面内歪があるときや,結晶の2方向または1方向からから圧力をかけたとき,自由な方向の応力は0である。c軸方向に1軸応力を加えた場合は $\tau_{xx} = \tau_{yy} = 0$,$\varepsilon_{xx} = \varepsilon_{yy}$ だから $\varepsilon_{xx} = -c_{13}\varepsilon_{zz} / (c_{11} + c_{12})$ の関係がある。C面成長では $\tau_{zz} = 0$ なので式(1)

より，

$$\varepsilon_{zz} = -c_{13}(\varepsilon_{xx} + \varepsilon_{yy})/c_{33} \tag{4}$$

のような成長方向と成長面内の歪の関係が得られる．C 面内の歪は基板が等方的なら $\varepsilon_{xx} = \varepsilon_{yy}$ である．同様に A 面成長では，

$$\varepsilon_{xx} = -(c_{12}\varepsilon_{yy} + c_{13}\varepsilon_{zz})/c_{11} \tag{5}$$

となる．M 面成長では式(5)の x と y を入れ換える．これらは面内歪を固定して F を最小にするように自由な方向の歪を決めても結果は同じである．

次に，剪断歪を生じる場合を考える．$(0\,\bar{1}\,1\,n)$ 面成長（n は有理数）では，成長面内で x 軸に垂直な方向の歪 $\varepsilon_{//}$ と成長方向の歪 $\varepsilon_{\perp}$ が逆符号のため，y と z 方向の結晶軸が直交しなくなり剪断歪 ε_{yz} を生じる．x 軸と他の軸の直交性は保たれるので $\varepsilon_{zx} = \varepsilon_{xy} = 0$ である．$\varepsilon_{//}$ と $\varepsilon_{\perp}$ によって yz 面内の歪みを表すと $b = n\,a\sqrt{3}/2$ として，$\varepsilon_{yy} = (b^2\varepsilon_{//} + c^2\varepsilon_{\perp})/(b^2 + c^2)$，$\varepsilon_{zz} = (c^2\varepsilon_{//} + b^2\varepsilon_{\perp})/(b^2 + c^2)$，$\varepsilon_{yz} = bc(\varepsilon_{\perp} - \varepsilon_{//})/(b^2 + c^2)$ と表される．式(2)に代入して $\partial F/\partial \varepsilon_{\perp} = 0$ より，

$$\varepsilon_{\perp} = -[(b^2 + c^2)(b^2 c_{13} + c^2 c_{12})\varepsilon_{xx} + \{b^2 c^2 (c_{11} + c_{33} - 4c_{44}) + (b^4 + c^4)c_{13}\}\varepsilon_{//}]/\{c^4 c_{11} + b^4 c_{33} + 2b^2 c^2 (c_{13} + 2c_{44})\} \tag{6}$$

となる．$(2\,\bar{1}\,\bar{1}\,n)$ 面成長（n は有理数）では，成長面内で y 軸に垂直な方向の歪 $\varepsilon_{//}$ と成長方向の歪 $\varepsilon_{\perp}$ について式(6)で $b = na/2$ として x を y と入れ換える．

立方晶では一軸性がなくなり対称性が高くなるため，$c_{33} = c_{11}$，$c_{13} = c_{12}$，$c_{66} = c_{44}$ であり独立な弾性率は3個に減る．x, y, z をそれぞれ [100]，[010]，[001] にとると，等方的基板上の (001) 面成長では剪断歪はなく $\tau_{zz} = 0$ より，

$$\varepsilon_{zz} = -c_{12}(\varepsilon_{xx} + \varepsilon_{yy})/c_{11} \tag{7}$$

となる．基板面内が等方的なら $\varepsilon_{xx} = \varepsilon_{yy}$ である．(111)面成長では面内の歪 $\varepsilon_{//}$ と成長方向の歪 $\varepsilon_{\perp}$ によって，$\varepsilon_{xx} = \varepsilon_{yy} = \varepsilon_{zz} = (2\varepsilon_{//} + \varepsilon_{\perp})/3$，$\varepsilon_{yz} = \varepsilon_{zx} = \varepsilon_{xy} = (\varepsilon_{\perp} - \varepsilon_{//})/3$ と表されるので $\partial F/\partial \varepsilon_{\perp} = 0$ より，

$$\varepsilon_{\perp} = -(2c_{11} + 4c_{12} - 4c_{44})\varepsilon_{//}/(c_{11} + 2c_{12} + 4c_{44}) \tag{8}$$

となる．

第1節で述べたように，ウルツ鉱型構造では最隣接原子のつくる四面体が c 軸方向に変形し

(c/a の変化) 中心原子の位置も移動する (u の変化) ためカチオンとアニオンの相対変位が起こり，c 軸方向の自発分極を生じ得る。ウルツ鉱型構造の C_{6v} 対称性を保ったまま歪んだ場合，この変形の程度が変化し c 軸方向の圧電性を示す。ウルツ鉱型結晶の歪に対する 0 でない独立な圧電率は e_{31}, e_{33}, e_{15} である。普通，圧電率といえば応力に対する分極を与えるテンソルで d_{ij} の記号で表されるようであるが，ここでは歪に対する圧電率をとりあげる。ピエゾ分極 P の x, y, z 成分を P_x, P_y, P_z とすると，

$$
\begin{aligned}
P_x &= e_{15}\,\varepsilon_{zx} \\
P_y &= e_{15}\,\varepsilon_{yz} \\
P_z &= e_{31}\,(\varepsilon_{xx} + \varepsilon_{yy}) + e_{33}\,\varepsilon_{zz}
\end{aligned} \tag{9}
$$

のように与えられ，c 軸を x, y 方向に傾ける剪断歪みによってそれぞれ x, y 方向に平行な分極を生じる。閃亜鉛鉱型結晶の 0 でない独立な圧電率は e_{14} のみであり，

$$
\begin{aligned}
P_x &= e_{14}\,\varepsilon_{yz} \\
P_y &= e_{14}\,\varepsilon_{zx} \\
P_z &= e_{14}\,\varepsilon_{xz}
\end{aligned} \tag{10}
$$

となる。表 5 に ZnO と関連物質の自発分極 (C/m^2) と圧電率 (C/m^2) を示す。自発分極が示されている物質の u は表 1 によると 3/8 より大きく，四面体内のカチオン原子位置が相対的に [000$\bar{1}$] 方向に変位しているので，[0001] 方向の負の自発分極を示し，大きさはイオンの価数と $u-3/8$ に伴って大きくなる傾向が見られる。ウルツ鉱型構造で ε_{zz} が正のとき c 軸が伸びるが，ボンドの長さの変化よりもボンド間の角度の変化のほうがたやすいので，c 軸に平行なボンドの伸びより斜め方向のボンドが立ち上がる寄与が大きい。従って u は小さくなり正の分極が加わり e_{33} は正になる。ε_{xx} と ε_{yy} が正のときは逆に斜め方向のボンドが寝るので，負の分極が加わり e_{31} は負になる。c 軸に平行なボンドは斜め方向の 3 本のボンドより剪断歪に伴って傾き易いこと

表 5 ウルツ鉱型結晶の自発分極 (C/m^2) と圧電率 (C/m^2)

物質	P_{SP}	e_{33}	e_{31}	e_{15}
ZnO	-0.05[14]	1.321[13]	-0.573[13]	-0.48[13]
ZnS[13]		0.339	-0.054	0.080
AlN[9]	-0.081	1.55	-0.58	-0.48
GaN[9]	-0.029	0.73	-0.49	-0.3
InN[9]	-0.032	0.97	-0.57	

を考えると e_{15} の符号は負と予想され，表 5 で ZnS 以外はそうなっている。

第1章　ZnO関連物質の基礎データ

ZnOは意図的にドープしないでもn型半導体になり導電性がある。キャリアが動きやすくなっていると自発分極やピエゾ分極のもたらす電界はキャリアの再分布によってスクリーニングされ打ち消されてしまい外部にはほとんど現れない。スクリーニングの応答速度の目安は伝導率σと誘電率εで与えられる誘電緩和周波数σ/εであり，これよりも速く歪が振動していればキャリアの運動は追いつかずに圧電効果が直接外部に現れる。1000ΩcmのZnOで誘電緩和周波数は3GHz程度であると見積もられる。

4　ウルツ鉱型半導体の電子構造

六方晶では第1ブリュアンゾーン（原点に隣接した逆格子点までのベクトルの垂直2等分面で囲まれた領域）が高さ$2\pi/c$の六角柱になり，図3の実格子の六角柱と同じ方向を向いている。図2(b)にブリュアンゾーンの$k_z = 0$（k_zは波数ベクトル$\mathbf{k}$のc軸方向の成分）面の対称性の高い点の記号を示す。Γ点の真上$k_z = \pi/c$の点はA点と呼ばれる。半導体の物性は基本的にバンド端（価電子帯の頂上と伝導帯の底）付近の電子構造によって決まることが多い。ZnOはΓ点にバンド端を持つ直接遷移半導体である。伝導帯底（カチオンs軌道の反結合状態が主）のΓ点近傍のエネルギー分散は，一軸性の有効質量を取り入れて，

$$E_c(\mathbf{k}) = E_{c0} + \frac{\hbar^2}{2m_0 m_{e\perp}}(k_x^2 + k_y^2) + \frac{\hbar^2}{2m_0 m_{e//}} k_z^2 \tag{11}$$

と表すことができる。ここで，E_{c0}は伝導帯バンド端エネルギー，$\hbar$はディラック定数，m_0は真空中の電子の静止質量，$m_{e\perp}$, $m_{e//}$はバンド端での伝導電子の有効質量，k_x, k_y, k_zは$\mathbf{k}$のx, y, z成分，添字の$\perp$と$//$はそれぞれc軸に垂直と平行な方向を表す。表6に電子の有効質量の値を示す。歪みによるバンドギャップの変化は価電子帯位置の変化として後ほど見積もられる。

図4にウルツ鉱型と閃亜鉛鉱型半導体の価電子帯頂上（アニオンp軌道が主）のエネルギー準位の概要を示す。価電子帯頂上では重いホールと軽いホールのバンドが縮退するが，スピン軌

表6　電子の有効質量（m_0単位）

物質	$m_{e//}$	$m_{e\perp}$
ZnO[15]	0.23	0.21
ZnO[16]	0.24	0.24
AlN[17]	0.33	0.25
GaN[17]	0.20	0.18

ZnO 系の最新技術と応用

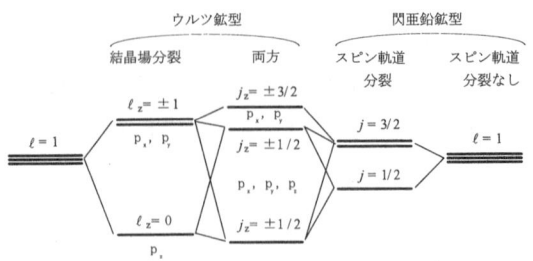

図 4 ウルツ鉱型と閃亜鉛鉱型半導体の価電子帯頂上のエネルギー準位

道相互作用によって軌道角運動量 l とスピンの合成角運動量 j の大きさによる 2 準位への分裂がおこる。ウルツ鉱型では一軸性による対称性の低下により c 軸に平行なボンド長が他のボンド長と異なり結晶場分裂がおこり、スピン軌道分裂と合わせて 3 準位への分裂がおこる。図 4 の l_z, j_z のは角運動量の c 軸方向の成分である。

ウルツ鉱型半導体の価電子帯頂上 Γ 点近傍のエネルギー分散は、経験的なパラメーターが与えられれば、結晶の対称性に従って $k \cdot p$ 摂動法を歪のある場合に拡張した次の Bir-Pikus ハミルトニアン行列 $H_{BP}(k)$ の固有値を k の関数として計算することで得られる[17~19]。

$$H_{BP}(k) = \begin{bmatrix} F & 0 & -H^* & 0 & K^* & 0 \\ 0 & G & \Delta & -H^* & 0 & K^* \\ -H & \Delta & \lambda & 0 & H^* & 0 \\ 0 & -H & 0 & \lambda & \Delta & H^* \\ K & 0 & H & \Delta & G & 0 \\ 0 & K & 0 & H & 0 & F \end{bmatrix} \quad (12)$$

ここで

$$F = \Delta_1 + \Delta_2 + \lambda + \theta \quad (13)$$
$$G = \Delta_1 - \Delta_2 + \lambda + \theta \quad (14)$$
$$\lambda = A_1 k_z^2 + A_2 (k_x^2 + k_y^2) + \lambda_\varepsilon \quad (15)$$
$$\lambda_\varepsilon = D_1 \varepsilon_{zz} + D_2 (\varepsilon_{xx} + \varepsilon_{yy}) \quad (16)$$
$$\theta = A_3 k_z^2 + A_4 (k_x^2 + k_y^2) + \theta_\varepsilon \quad (17)$$
$$\theta_\varepsilon = D_3 \varepsilon_{zz} + D_4 (\varepsilon_{xx} + \varepsilon_{yy}) \quad (18)$$
$$\Delta = \sqrt{2} \, \Delta_3 \quad (19)$$
$$H = i A_6 k_z (k_x + i k_y) + i D_6 (\varepsilon_{zx} + i \varepsilon_{yz}) \quad (20)$$
$$K = A_5 (k_x + i k_y)^2 + D_5 (\varepsilon_{xx} - \varepsilon_{yy} + 2 i \varepsilon_{xy}) \quad (21)$$

第1章 ZnO関連物質の基礎データ

表7 結晶場分裂とスピン軌道分裂エネルギー（meV）

物質	Δ_1	Δ_2	Δ_3
ZnO[20]	43	5.33	5.33
AlN[17]	−58.5	6.80	6.80
GaN[17]	72.9	5.17	5.17

表8 価電子帯の有効質量パラメーター（$\hbar^2/2m_0$単位）

物質	A_1	A_2	A_3	A_4	A_5	A_6
ZnO[15]	−3.78	−0.44	3.45	−1.63	1.68	−2.23
AlN[17]	−3.95	−0.27	3.68	−1.84	−1.95	−2.91
GaN[17]	−6.56	−0.91	5.65	−2.83	−3.13	−4.86

表9 変形ポテンシャル（eV）

物質	D_1	D_2	D_3	D_4	D_5	D_6
ZnO[21]	3.9	4.13	1.15	−1.22	−1.53	−2.88
GaN[19]	0.7	2.1	1.4	−0.7		

であり，Δ_1は結晶場分裂エネルギー，Δ_2とΔ_3はスピン軌道分裂パラメーター，A_iはホールの有効質量に関連したパラメーター，D_iは変形ポテンシャルである。結晶の対称性に従っているので，歪に依存する項は$k_i k_j$をε_{ij}に置き換えることで与えられる。λ_εはすべての対角要素に加えられており，歪があるときの伝導帯の底に対する価電子帯全体の位置の変化を表す。θ_εは歪みが加えられたときのΔ_1の変化を表す。表7，8，9にウルツ鉱型半導体のパラメータの例を示す。D_iの符号が文献[21]と逆なのは文献[21]ではバンドギャップに対する変形ポテンシャルとして定義しているからである。表10のZnOホール有効質量の1行目は表8のパラメータに対応している計算値である。表10の2行目は実験値であるが方向によっては両者の一致が良くない。6個の基底関数はp軌道角運動量ℓのz成分とスピンsのz成分がそれぞれ対角化された，

$$u_1 = (1/\sqrt{2})|(X+iY), \alpha\rangle, \quad u_2 = (1/\sqrt{2})|(X+iY), \beta\rangle \tag{22}$$

$$u_3 = |Z, \alpha\rangle, \quad u_4 = |Z, \beta\rangle \tag{23}$$

$$u_5 = (1/\sqrt{2})|(X-iY), \alpha\rangle, \quad u_6 = (1/\sqrt{2})|(X-iY), \beta\rangle \tag{24}$$

である。$|\alpha\rangle$と$|\beta\rangle$は上向と下向のスピン関数であり，上の行から順にℓのz成分が1，0，−1である。これらを基底とした$\ell \cdot s$の0でない行列要素に一軸性によるΔ_2とΔ_3の異方性を与えることでスピン・軌道分裂が取り入れられ，原子結合の一軸性によるu_3，u_4の状態と他の状態とのエネルギー差Δ_1によって，歪みが無いときのΓ点でのハミルトニアンが得られることが分

表10 ホールの有効質量（m_0単位）

物質	$m_{A//}$	$m_{B//}$	$m_{C//}$	$m_{A\perp}$	$m_{B\perp}$	$m_{C\perp}$
ZnO[15]	2.74	3.03	0.27	0.54	0.55	1.12
ZnO[22]	0.59	0.59	0.31	0.59	0.59	0.55
AlN[17]	3.68	3.68	0.25	6.33	0.25	3.68
GaN[17]	1.10	1.10	0.15	1.65	0.15	1.10

かる。

　数値計算をすれば任意のkと歪に対してエネルギーと状態関数を求められるが，条件によっては解析的な計算もできる。まず，Γ点からk_z軸に沿ってA点に向かう場合を考えると$k_x = k_y = 0$であり，さらにC面成長薄膜のようにC面内に等方的歪があるか，c軸方向に1軸応力を加えた場合（ε_{zz}と$\varepsilon_{xx} = \varepsilon_{yy}$のみ0でなくても良く，他は0：以後c軸歪と呼ぶことにする）に限定すれば，$H = K = 0$であるので行列$H_{BP}(k)$は左上から1^2, 2^2, 2^2, 1^2のブロック対角行列となり，簡単に対角化できる。c軸歪では，ウルツ鉱型構造の対称性は変化せず，Δ_1を$\Delta_1 + \theta_\varepsilon$にすることに相当する。このとき固有エネルギーは，

$$E_1 = F = \Delta_1 + \Delta_2 + \theta_\varepsilon + (A_1 + A_3)k_z^2 + \lambda_\varepsilon \tag{25}$$

$$\begin{aligned}E_\pm &= [G + \lambda \pm \{(G-\lambda)^2 + 4\Delta_2^2\}^{1/2}]/2 \\ &= [\Delta_\varepsilon + (2A_1 + A_3)k_z^2 \pm \{(\Delta_\varepsilon + A_3 k_z^2)^2 + 8\Delta_3^2\}^{1/2}]/2 + \lambda_\varepsilon\end{aligned} \tag{26}$$

の3つでそれぞれ2重に縮退している。ここで，$\Delta_\varepsilon = \Delta_1 - \Delta_2 + \theta_\varepsilon$とした。$E_1$の固有関数は$u_1$と$u_6$であり，軌道とスピンの合成角運動量jのz成分$j_z$が3/2で$\Gamma_9$（マリケン記号$E_{3/2}$）の対称性を持つ。$E_+$の固有関数は$pu_2 + qu_3$と$pu_5 + qu_4$，$E_-$の固有関数は$qu_2 - pu_3$と$qu_5 - pu_4$の形になり，$j_z$が1/2で$\Gamma_7$（$E_{1/2}$）の対称性を持つ。ここで，

$$p = (E_+ - \lambda)/\{(E_+ - \lambda)^2 + \Delta_2^2\}^{1/2} \tag{27}$$

$$q = \Delta/\{(E_+ - \lambda)^2 + \Delta_2^2\}^{1/2} \tag{28}$$

である。このようにウルツ鉱型半導体では価電子帯頂上はΓ点付近で3つのバンドに分裂し，エネルギーの高い方からA，B，Cバンドと呼ばれている。通常歪のないときは，E_1, E_+, E_-の順にA，B，Cバンドに対応しA，B，CバンドがそれぞれΓ_9, Γ_7, Γ_7の対称性をもつ。その場合，バンドギャップは$E_g = E_{c0} - \Delta_1 - \Delta_2$である。ZnOでは$\Delta_2$, Δ_3の符号が負になってE_1とE_+の順が逆転し，A，B，CバンドがそれぞれΓ_7, Γ_9, Γ_7の対称性をもつという報告もあったが，最近の実験によるとZnOでもGaNなどの通常のウルツ鉱型半導体とおなじであると結論されている[20]。いずれにしても，ZnOのΔ_3は小さいので$E_+ \sim G$, $E_- \sim \lambda$, $p \sim 1$, $q \sim 0$で

第1章 ZnO 関連物質の基礎データ

あり，E_1 のみならず E_+ もほとんど p_x，p_y の $\Gamma_5(E_1)$ 対称性を持つので，c軸垂直の偏光に対するバンド間遷移振動子強度が強い。各バンドの k_z 軸方向のホール有効質量は k_z が小さい時の k_z^2 の項の係数より，

$$m^1_{h//} = -1/(A_1 + A_3) \tag{29}$$

$$m^\pm_{h//} = -1/[A_1 + A_3\{1 \pm \Delta_\varepsilon/(\Delta_\varepsilon^2 + 8 = \Delta_3^2)^{1/2}\}/2] \tag{30}$$

と求められる。

次に $k_z = 0$ の場合を考える。c軸歪ならば $H = 0$ になるが，さらに計算を簡単にするために ZnO ではスピン軌道分裂が小さいので $\Delta_3 = 0$ と近似すると，行列 $H_{BP}(k)$ は u_1 と u_5，u_6 と u_2 の2組と u_3，u_4 それぞれを基底とする 2^2，2^2，1^2，1^2 のブロックに分解できる[17]。固有エネルギーは，

$$E_{12\pm} = [F + G \pm \{(F-G)^2 + 4|K|^2\}^{1/2}]/2 \tag{31}$$
$$= \Delta_1 + \theta_\varepsilon + (A_2 + A_4)(k_x^2 + k_y^2) \pm \{\Delta_2^2 + A_5^2(k_x^2 + k_y^2)^2\}^{1/2} + \lambda_\varepsilon$$

$$E_3 = \lambda = A_2(k_x^2 + k_y^2) + \lambda_\varepsilon \tag{32}$$

の3つである。

図5に ZnO の C 面内の歪 $\varepsilon_{xx} = \varepsilon_{yy}$ を変化させ ε_{zz} が式(4)に従ったときの，表7，8，9のパラメーターを用いた価電子バンド分散の計算例を示す。実線は $H_{BP}(k)$ を数値的に対角化した結果であり，破線は式(25)，(26)，(31)，(32)によって計算した結果である。式(25)，(26)でも条件をそろえる

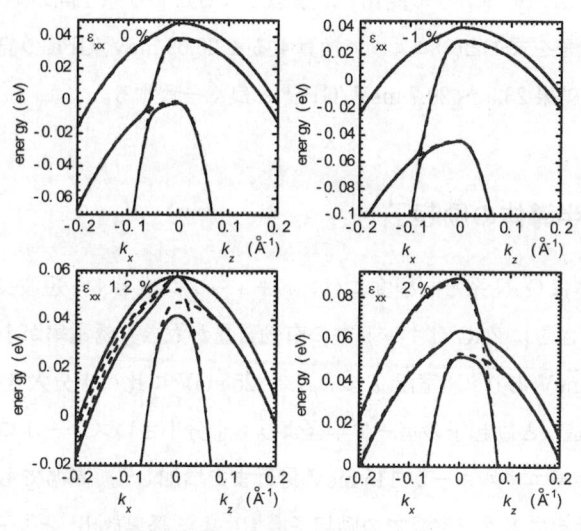

図5　ZnO の価電子帯頂上付近のバンド分散の C 面等方性歪による変化

ため $\Delta_3 = 0$ としたが, そうしなければ当然実線に重なる。Δ_3 を無視すると k の小さいところで誤差が大きくなるが, 特に歪のあるときの結晶場分裂 $\Delta_1 + \theta_\varepsilon$ が 0 に近づく $\varepsilon_{xx} = 1.2\%$ 付近で顕著である。表2より, 歪のないとき ZnO の c 軸に平行なボンドが斜めのボンドより 0.66% 長いが, $\varepsilon_{xx} = 1.2\%$ 付近で異方性が打ち消されると考えられる。さらに, u_3, u_4 と他の基底関数との混合がなくなり λ のバンドが他とクロスするようになる。Δ_3 があっても k_z 軸に沿っては u_1, u_6 と他との混合がなく F のバンドは他とアンチクロスをおこさない。F のバンドについては Δ_3 を

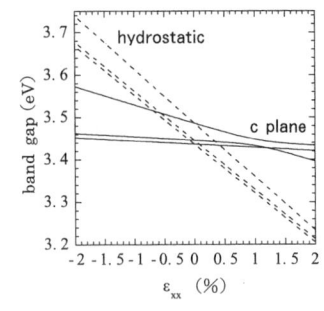

図6 ZnO の A(下), B(中), C(上)価電子帯と伝導帯のバンドギャップの静水圧歪(破線)と C 面等方性歪(実線)による変化

無視してもほとんど影響がないことが分かる。$\Delta_3 = 0$ なら k_z 軸に沿って F, G, λ がそのまま固有エネルギーであり F と G のバンドは $2\Delta_2$ の差で併走する。

図6に伝導帯底と A, B, C 各バンド頂上とのギャップを C 面内で等方的な歪の関数として示す。歪のないときのバンドギャップを $E_{g0} = 3.4368$ eV とした[23]。実線は c 軸方向が自由になっている式(4)に従った歪の場合で, ZnO では ε_{zz} は面内の歪の -0.997 倍である。式(25)と表9のバルクに一軸歪を加えて測定した変形ポテンシャルより, ε_{xx} に対してバンドギャップは $E_g = E_{g0} - 0.787\varepsilon_{xx}$ eV のように変化する。この傾きは薄膜に対する測定[24]に比べると 1/2 程度であり一致しているとは言えないが, この薄膜の測定結果のばらつきぐあいから誤差が大きいともいえそうである。破線は式(3)に従った静水圧による歪の場合で ε_{zz} は面内の歪の 1.14 倍である。バンドギャップは $E_g = E_{g0} - 11.57\varepsilon_{xx}$ eV のように変化し, 予想されるとおり原子間距離を縮めることで E_g が大きくなる。この傾きを式(1)と(3)によって換算すると 25.69 meV/GPa の静水圧依存性が得られ, 静水圧による測定結果 23.5 ～ 29.7 meV/GPa[25]と良く一致する。

5　ウルツ鉱型半導体の励起子

ZnO 系化合物半導体は GaN 系と同程度にバンドギャップが大きく, 短波長の光素子材料として注目されている[26]。さらに ZnO はキャリアの有効質量が大きく誘電率が小さいため励起子の束縛エネルギーが 60 meV あり[23], 室温 T の $k_B T = 25$ meV に比べ十分大きい (k_B はボルツマン定数)。量子井戸構造など励起子のボーア半径よりも十分小さいスケールの低次元構造への閉じこめにより励起子束縛エネルギーが 115 meV 付近まで増加し[27], 高温でも励起子が安定に存在できる。実際, 光励起により, 室温での励起子機構による誘導放出[28]とレーザ発振[29〜31], 高温での励起子機構による誘導放出の実現[32], 励起子分子の形成[33]などが示された。

第 1 章　ZnO 関連物質の基礎データ

　伝導帯の底の状態関数は軌道が s 対称で Γ_7 ($E_{1/2}$) の対称性を持つ。ワニエ励起子のホールと電子の相対運動を水素原子近似した包絡関数の対称性が s のとき，ホールと電子の表現の直積を既約表現の直和に分解すると，ホールが Γ_9 のとき $\Gamma_9 \times \Gamma_7 = \Gamma_5 + \Gamma_6$，ホールが Γ_7 のとき $\Gamma_7 \times \Gamma_7 = \Gamma_5 + \Gamma_1 + \Gamma_2$ のように分けられる。ここでは文献[20]に従って，Γ_5 と Γ_6 の記号をベーテとは逆に用いている。Γ_1 と Γ_5 の状態は電子のスピンとホールのスピン（いなくなった電子のスピンと逆向き）が反平行なオルソ励起子であり双極子遷移が許容されている。Γ_1 の励起子は電場ベクトルが c 軸に平行な偏光の光で生成・消滅し，Γ_5 の励起子は c 軸に垂直な偏光の光で生成・消滅し光と結合した励起子ポラリトンを形成する。Γ_2 と Γ_6 の状態はホールと電子のスピンが平行なパラ励起子で双極子遷移が許容されていない。このように光学遷移の許容性とホールの状態関数の対称性との関係が分かる。群論の表現を用いなくても，双極子遷移の遷移強度積分を見ると始状態を偏光方向に 1 回微分したものと終状態の積の積分になっているので，状態関数の偶奇性で 0 になるかどうかを判定できる。伝導帯底は s で偶関数であり，価電子帯頂上のエネルギー E_1 の固有関数 u_1, u_6 は z 方向には偶関数で，z 方向に 1 回微分すると奇関数になるため，E_1 の c 軸平行の偏光に対する振動子強度は 0 になる。エネルギー $E_\pm$ の状態は u_2 と u_3，u_4 と u_5 の混合であり x, y, z すべての方向について奇関数の状態が一部混ざっているため，どの方向の偏光に対する振動子強度も 0 にならない。ただし，前節で見たように実質的には ZnO の Δ_3 が小さいので E_+ の状態は主に u_2, u_5 であり E_1 同様 c 軸平行の偏光に対する振動子強度が弱く，E_- の状態は主に u_3, u_4 であり c 軸垂直の偏光に対する振動子強度が弱い。

　励起子を構成する電子とホールの相対運動を水素原子型の模型で扱うと，水素原子の 1s 電子の束縛エネルギー $R_H = 13.6\,\text{eV}$，ボーア半径 $a_B = 0.529\,\text{Å}$ を用いて，1S 励起子の束縛エネルギーは $R_H\,\mu/\varepsilon^2$，ボーア半径は $a_B\,\varepsilon/\mu$ となる。ウルツ鉱型結晶の一軸性から相対運動の換算質量 μ と誘電率 ε は，

$$1/\mu = 2/(3\mu_\perp) + \varepsilon_{0\perp}/(3\,\varepsilon_{0//}\,\mu_{//})$$
$$1/\mu_\perp = 1/m_{e\perp} + 1/m_{h\perp}$$
$$1/\mu_{//} = 1/m_{e//} + 1/m_{h//} \tag{33}$$
$$\varepsilon_0 = (\varepsilon_{0//}\,\varepsilon_{0\perp})^{1/2} \tag{34}$$

のようになる。ZnO の励起子束縛エネルギーが 60 meV と大きいのは電子の有効質量が大きく誘電率が小さいためであるとされている。表 6, 10 にある ZnO の電子とホールの有効質量の組み合わせを変えても μ は電子とホールのうち軽いほうの質量より小さくなるのでそれほど変わりはなく，表 11 の低周波誘電率で計算すると A, B 励起子の束縛エネルギーは 36～41 meV 程度，ボーア半径は 25～22 Å 程度，C 励起子の束縛エネルギーは 33～38 meV 程度，ボーア半径は

表11 誘電率と光学フォノンエネルギー (meV)

物質	$\varepsilon_{0//}$	$\varepsilon_{0\perp}$	$\varepsilon_{\infty//}$	$\varepsilon_{\infty\perp}$	ω_{LO}	ω_{TO}
ZnO	8.49[34]	7.40[34]	3.72[34]	3.68[34]	72.8[35]	51.0[35]
AlN	8.5[7]		4.76[7]		112.6[36]	81.1[36]
GaN	9[7]		5.35[7]		90.6[36]	68.3[36]
InN	15[7]		8.4[7]		86.0[36]	59.3[36]
MgO	9.8[37]		2.95[37]		92.2[37]	49.4[37]

28〜24Å 程度と見積もられる。ZnO では有効質量をさらに大きくし，誘電率をさらに小さくする機構が強く働いていると考えられる。

電子がイオン結晶中を運動するとき周囲のイオンとクーロン相互作用をして格子を歪ませながら運動するために有効質量が重くなる。電子とイオンの多体粒子系は瞬間ごとにできるだけ全体のエネルギーの低くなる配置を求めていき，静止した格子中を動くときよりも電子にとって局所的にポテンシャルの低い環境になる。従って，電子が他の位置に動くときは局所的な格子の変形を常に伴い重くなる。格子歪をひきずった電子はポーラロンと呼ばれるが，次の Fröhlich 相互作用定数 α_e, α_h によって電子とホールのポーラロンの有効質量はそれぞれバンドの有効質量の $(1+\alpha_e/6)$，$(1+\alpha_h/6)$ 倍に重くなる[38]。

$$\alpha_e = \{R_H m_e /(\varepsilon^{*2} E_{LO})\}^{1/2} \tag{35}$$

$$\alpha_h = \{R_H m_h /(\varepsilon^{*2} E_{LO})\}^{1/2} \tag{36}$$

$$1/\varepsilon^* = 1/\varepsilon_\infty - 1/\varepsilon_0 \tag{37}$$

ここで E_{LO} は縦光学フォノンのエネルギー，ε_∞, ε_0 は高周波と低周波の極限での誘電率である。E_{LO} が小さいほど格子が柔らかく，電子にまとわりつくように変形しやすく α_e, α_h が大きくなることを示している。ZnO では表6，10 の有効質量と表11より，$\alpha_e = 0.92 \sim 0.96$，$\alpha_h = 1.3 \sim 1.7$ 程度と見積もられる。電子とホールのポーラロン有効質量を取り入れることでA，B 励起子束縛エネルギーは44 meV 程度，ボーア半径は21Å 程度，C 励起子束縛エネルギーは40 meV 程度，ボーア半径は23Å 程度と見積もられる。しかし，この有効質量の増加だけでは ZnO の大きな励起子束縛エネルギーは説明しきれないようである。

Haken は電子ポーラロンとホールポーラロン間の相互作用を

$$V_H(r) = -e^2/(4\pi \varepsilon_0 r) + V_H^*(r) \tag{38}$$

$$V_H^*(r) = -e^2\{\exp(-r/l_h) + \exp(-r/l_e)\}/(8\pi \varepsilon^* r) \tag{39}$$

と表した[39]。ここで，r は電子・ホール間距離，

第1章 ZnO関連物質の基礎データ

$$l_\text{h} = \hbar / (2 m_\text{h} E_\text{LO})^{1/2} \tag{40}$$

はホールポーラロン半径,

$$l_\text{e} = \hbar / (2 m_\text{e} E_\text{LO})^{1/2} \tag{41}$$

は電子ポーラロン半径であり，ZnO について表6, 10 の有効質量より計算すると $l_\text{h} = 8 \sim 11$Å, $l_\text{e} = 15 \sim 16$ Å 程度である．r がポーラロン半径より十分大きいときは $V_\text{H}^*(r) = 0$ となり，$V_\text{H}(r)$ は誘電率を ε_0 とするクーロン相互作用であるが，r がポーラロン半径程度に小さいとき不確定性原理から電子とホールの相対運動が非常に速くなり高周波誘電率 ε_∞ に移行していく必要があることを示している．従って励起子のボーア半径がポーラロン半径と同程度まで小さくなると実効的な誘電率が小さくなり励起子束縛エネルギーが増大する．この効果を見るために，相互作用ポテンシャルを $V_\text{H}(r)$ とするときの基底状態の励起子束縛エネルギーを変分法で見積もってみる．試行関数 ϕ を水素原子の 1s 波動関数 $(1/(\pi a^3)^{1/2}) \exp(-r/a)$ の形とし，ハミルトニアンの期待値をボーア半径 a をパラメーターとして最小化する．試行関数が限られているので，求められた最小エネルギーは基底状態のエネルギーの上限である．このモデルによる計算ではハミルトニアンの運動エネルギーの項で電子とホールのポーラロン有効質量を用いる．電子の有効質量を 0.23 とし，表10 の2組のホール有効質量について計算した．A, B 励起子に大きな違いはなかった．図7 に示すように，Haken ポテンシャルではこの試行関数で調べた範囲でさえ，A 励起子（実線）と C 励起子（破線）の束縛エネルギーの下限がそれぞれ 93 meV, 83 meV であると見積もられるので大きすぎる．

　励起子のボーア半径が電子とホールのポーラロン半径と同程度まで小さくなると互いが歪ませた格子変位が打ち消し合うようになる．Pollman と Büttner はこのような相関の効果を取り入れて Haken ポテンシャルを補正し，

$$V_\text{PB}(r) = -e^2/(4\pi \varepsilon_0 r) + V_\text{PB}^*(r) \tag{42}$$

$$V_\text{PB}^*(r) = -e^2 \{m_\text{h} \exp(-r/l_\text{h}) - m_\text{e} \exp(-r/l_\text{e})\} / \{4\pi \varepsilon^*(m_\text{h} - m_\text{e}) r\} \tag{43}$$

のような相互作用を提案した[40]．$V_\text{PB}(r)$ は励起子ボーア半径がポーラロン半径より十分大きいときのポテンシャルの上限であり，励起子ボーア半径がポーラロン半径より十分小さいときは $-e^2/(4\pi \varepsilon_\infty r)$ に近づく．このモデルによる計算ではハミルトニアンの運動エネルギーの項で電子とホールのバンド有効質量を用いる．図7 のように，$V_\text{PB}(r)$ を使用して，Haken ポテンシャルの場合と同じ試行関数を用いて変分法により基底状態の励起子束縛エネルギーの上限を求めた．この試行関数で調べた範囲では A, B 励起子（実線）のボーア半径が $17 \sim 16$ Å 程度で束縛エネ

ルギーが 51～53 meV，C 励起子（破線）のボーア半径が 18.5～17.5 Å 程度で束縛エネルギーが 46～50 meV であると見積もられ，測定されている A 励起子 60 meV，C 励起子 49 meV に近い値になってきている。$V_{PB}(r)$ がポテンシャルの上限であることと変分法による期待値が基底状態エネルギーの上限を与えることから，正しい束縛エネルギーはもう少し大きくなり測定値に近づくと期待される。

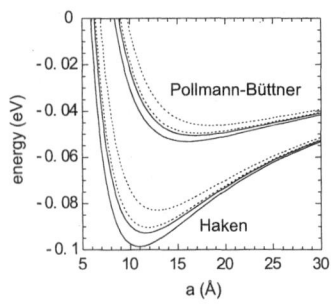

図7 ZnO の A 励起子（実線）と C 励起子（破線）束縛エネルギーの試行パラメータによる変化

励起子遷移エネルギー付近の光が ZnO 中を伝搬する場合は，双極子遷移が許容されている Γ_5，Γ_1 励起子との変換を繰り返しながら励起子ポラリトンとして伝搬する。励起子ポラリトンの分散関係は古典的調和振動子モデルによる励起子遷移の誘電関数を固体中を伝搬する光の分散関係に代入することで得られる。c 軸垂直の偏光に対しては Γ_5 励起子のなかでも A，B 励起子の振動子強度が大きいので，

$$c^2 k^2/\omega^2 = \varepsilon_b + f_A/(\omega_A^2 - \omega^2 - i\omega\Gamma_A) + f_B/(\omega_B^2 - \omega^2 - i\omega\Gamma_B) \tag{44}$$

$$\omega_A = \omega_{AT} + \hbar k^2/(2 M_A) \tag{45}$$

$$\omega_B = \omega_{BT} + \hbar k^2/(2 M_B) \tag{46}$$

c 軸平行の偏光に対しては Γ_1 励起子のなかでも C 励起子の振動子強度が大きいので，

$$c^2 k^2/\omega^2 = \varepsilon_b + f_C/(\omega_C^2 - \omega^2 - i\omega\Gamma_C) \tag{47}$$

$$\omega_C = \omega_{CT} + \hbar k^2/(2 M_C) \tag{48}$$

と表せる。ここで，ω は励起子ポラリトンの振動数，k は波数，c は真空中の光速度，ε_b は背景誘電率，Γ_A 等は減衰係数，$\hbar\omega_{AT}$ 等は横励起子遷移エネルギー，$M_A = m_{eA} + m_{hA}$ 等は励起子の重心質量である。f_A 等は振動子強度に比例する。簡単のために減衰係数を無視したときの，式(44)，(47)で与えられる分散関係を図8に実線で示す。$\varepsilon_b = 3.7$，$M_A = M_B = 0.82$，$M_C = 0.66$ とした。図8の実線の上枝が $k = 0$ の縦軸と交わるエネルギーは縦励起子遷移エネルギーと呼ばれ A，B，C 励起子についてそれぞれ $\hbar\omega_{AL}$，$\hbar\omega_{BL}$，$\hbar\omega_{CL}$ と表すことにする。$\hbar\omega_{AL}$，$\hbar\omega_{AT}$ 等では励起子ポラリトンの分散の傾きが小さく状態密度が大きいので，光学スペクトルから表1，2のように測定されている[23,41]。式(44)，(47)で $k = 0$ とすることにより，

$$f_A = \varepsilon_b (\omega_{AL}^2 - \omega_{AT}^2)(\omega_{BL}^2 - \omega_{AT}^2)/(\omega_{BT}^2 - \omega_{AT}^2) \tag{49}$$

$$f_B = \varepsilon_b (\omega_{BL}^2 - \omega_{BT}^2)(\omega_{BT}^2 - \omega_{AL}^2)/(\omega_{BT}^2 - \omega_{AT}^2) \tag{50}$$

$$f_C = \varepsilon_b (\omega_{CL}^2 - \omega_{CT}^2) \tag{51}$$

第1章 ZnO関連物質の基礎データ

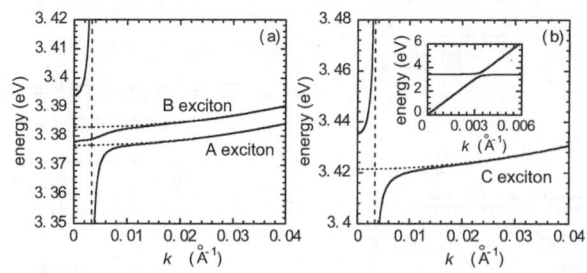

図8 ZnOの(a) c軸垂直の偏光に対するA, B励起子ポラリトンと，
(b) c軸平行の偏光に対するC励起子ポラリトンの分散関係（実線）
破線と点線はそれぞれ結合のない光と励起子の分散を示す．

表12 ZnOとGaNの8Kでのバルク励起子ポラリトンの上枝（ω_L），下枝（ω_T）エネルギー（eV）[41]

物質	ω_{AT}	ω_{AL}	ω_{BT}	ω_{BL}	ω_{CT}	ω_{CL}
ZnO	3.3758	3.3778	3.3807	3.3916	3.4195	3.4326
GaN	3.4791	3.4804	3.4844	3.4856	3.5027	

となり，表12の測定値からf_A等が求められる．LT分裂量$\Delta_{LT} = \hbar\omega_{AL} - \hbar\omega_{AT}$等が大きいほど，振動子強度が大きく励起子と光の結合が強く起こる．図8の破線は誘電関数を全エネルギーでε_bとした場合の光の分散を，点線は式(45)，(46)，(48)の励起子重心運動の分散を示す．実線が破線に近づく領域では光のエネルギーが励起子遷移エネルギーから離れ，励起子との結合は弱くなり，実線が点線に近づく領域では励起子の波数が大きく光との結合は弱くなる．破線と点線が交差する領域では光と励起子の結合が強く，励起子ポラリトンの分散はアンチクロスを起こし，ある波数を与えた場合の下枝と上枝の分裂（ラビ分裂量）が大きくなる．両者の状態の混合のため群速度は両者の中間になっている．励起子ポラリトンをボース凝縮させることによってZnOをベースとした励起子ポラリトンレーザーの実現が期待されている[41]．

6 ZnO系混晶薄膜と量子井戸構造

ZnO系混晶薄膜として$Mg_xZn_{1-x}O$と$Cd_yZn_{1-y}O$の成長と評価が行われている．図9(b)のようにパルスレーザー蒸着（PLD）法によるサファイアc面上（●，○）[42]とScAlMgO$_4$基板上（▲）[43]の$Mg_xZn_{1-x}O$薄膜は最大x = 0.38までウルツ鉱型構造（wz）の単相として成長する．Mgの固溶とともにa軸格子定数は僅かに増加し，c軸格子定数は減少する．図9(b)の実線は表1のウルツ鉱型バルクMgO（$u = 3/8$），ZnO，CdO（$u = 0.35$）の格子定数を結んだものであり，破線はバルク層状MgO（$u = 0.5$）とZnOの格子定数を結んだものである．ウルツ鉱型

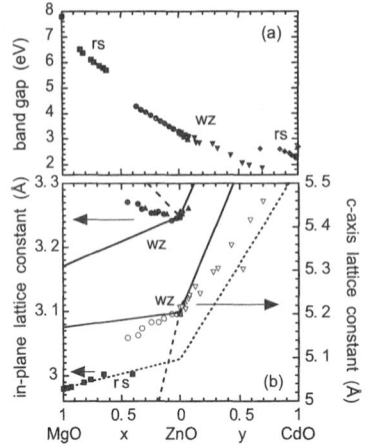

図9 $Mg_xZn_{1-x}O$ と $Cd_yZn_{1-y}O$ の(a)バンドギャップと(b)ウルツ鉱型構造(wz)の格子定数 a, c, 岩塩型構造(rs)の(111)面内格子定数 $a/\sqrt{2}$ の組成依存性

表13 室温のバンドギャップ E_g(eV)と励起子束縛エネルギーE_b(meV)

物質	E_g	E_b
ZnO	3.37[41]	59[41]
ZnS	3.56[41]	36[41]
AlN	6.26[41]	44[41]
GaN	3.43[41]	26[41]
InN	0.85[47]	
MgO	7.8[44]	
CdO	0.8（直接2.7）[46]	

$Mg_xZn_{1-x}O$ 薄膜では Mg 濃度の増加とともにイオン性が強くなり，c/a が理想値より小さく，u が理想値 3/8 より大きい5配位の層状構造に近づいていく傾向を示しているようである。図9(a)に●で示すようにウルツ鉱型構造の範囲では室温でのバンドギャップは ZnO の 3.3 eV から最大 4.2 eV まで大きくなる[44]。さらに x = 0.61 以上では岩塩構造となり，図9(a)に■で示すようにバンドギャップは 5.7 eV から MgO の 7.8 eV まで大きくなる[44]。図9(b)には岩塩型構造の格子定数を a として，(111)面の格子定数 $a/\sqrt{2}$ を■で示す[45]。点線は表1より岩塩型バルク MgO, ZnO, CdO の $a/\sqrt{2}$ を直線で結んだものである。

$Cd_yZn_{1-y}O$ は $ScAlMgO_4$ 基板上の PLD 成長（▲，△）[43]と，a 面サファイア基板上でのリモートプラズマを用いた有機金属気相堆積法による成長（▼，▽）[46]が報告されている。最大で y = 0.7 までウルツ鉱型構造をとり，室温でのバンドギャップは 1.9 eV まで小さくなる。Cd の固溶とともに a 軸，c 軸とも格子定数は増加する。y = 0.7 以上では岩塩型構造となり，バンドギャップは間接遷移型となる。図9(a)に◆で直接遷移のバンドギャップを示す[46]。関連物質のバンドギャップと励起子束縛エネルギーを表13に示す。

ZnO を井戸層，$Mg_xZn_{1-x}O$ を障壁層とする多重量子井戸構造の作製と光学測定は，ZnO と格子整合した六方晶 $ScAlMgO_4$ 基板上にコンビナトリアル PLD 法で成長した試料により系統的に行われている[48]。井戸幅減少に伴う量子閉じ込め効果による励起子吸収・発光のブルーシフト[49]と励起子束縛エネルギーの 115 meV 付近までの増加[27,50]，縦光学フォノンエネルギー（72 meV）を越える励起子束縛エネルギーに対応した励起子格子相互作用の減少[27]，励起子間非弾性散乱機

第1章　ZnO関連物質の基礎データ

構による 100 ℃付近までの光励起誘導放出[50,51]などが明らかにされた。ウルツ鉱型構造の自発分極とピエゾ分極の効果を示す現象として，量子閉じ込めシュタルク効果（QCSE）による発光エネルギーの減少が観測された。$Mg_xZn_{1-x}O$ 障壁層との格子不整合が比較的大きくなる x = 0.27 のとき，ZnO 井戸層の自発分極とピエゾ分極の向きが一致しているため，一部はキャリア等によって遮蔽されるとしても，分極に伴った電界による井戸の傾斜が顕著になると考えられる。このとき井戸層では，電界を打ち消すように電子と正孔が井戸の両端に分離してバンド間遷移エネルギーが小さくなる。井戸幅が約 4 nm 以上になるとこの QCSE による再結合発光エネルギーの減少が顕著になり，励起子の発光より約 40 meV 低い位置に QCSE 由来と思われる発光が観測された[52]。

以上，ZnO 関連物質の基本的項目についていくつか紹介した。取り上げることができなかった重要な項目が沢山あるが，本書の他の章に良い解説が豊富にあるはずである。他にも，ZnO に関する広範囲にわたる内容のレビューが J. Appl. Phys. に最近掲載された[53]。これは 672 もの文献を引用しており，多くの人にとって参考になるものと思われる。

文　献

1) S. Limpijumnong and W. R. L. Lambrecht, *Phys., Rev.* B 63, 104103（2001）
2) Y. F. Chen *et al.*, *Appl. Phys. Lett.*, 76, 559（2000）
3) S. K. Hong *et al.*, *Appl. Surf. Sci.*, 190, 491（2002）
4) T. Minegishi *et al.*, *J. Vac. Sci. Technol.*, B 23, 1286（2005）
5) H. Karzel *et al.*, *Phys. Rev.*, B 53, 11425（1996）
6) Y.F. Chen *et al.*, *J. Appl. Phys.*, 84, 3912（1998）
7) H. Morkoç *et al.*, *J. Appl. Phys.*, 76, 1363（1994）
8) R. J. Guerrero-Moreno and N. Takeuchi, *Phys. Rev.*, B 66, 205205（2002）
9) O. Ambacher *et al.*, *J. Appl. Phys.*, 85, 3222（1999）
10) H. Ibach, *phys. stat. solid.*, 33, 257（1969）
11) M. Leszczynski, *J. Appl. Phys.*, 76, 4909（1994）
12) T. B. Bateman, *J. Appl. Phys.*, 33, 3309（1962）
13) 電気・電子材料ハンドブック，p335, 朝倉書店（1987）
14) A. Del Corso *et al.*, *Phys. Rev.*, B 50, 10715（1994）
15) W. R. L. Lambrecht *et al.*, *Phys. Rev.*, B 65, 075207（2002）
16) W. S. Baer, *Phys. Rev.*, 154, 785（1967）

17) M. Suzuki, T. Uenoyama, and A. Yanase, *Phys. Rev.*, **B 52**, 8132 (1995)
18) G. L. Bir and G. E. Pikus, Symmetry and Strain-Induced Effects in Semiconductors, Wiley, New York (1974)
19) S. L. Chuang and C. S. Chang, *Phys. Rev.*, **B 54**, 2491 (1996)
20) D. C. Reynolds *et al.*, *Phys. Rev.*, **B 60**, 2340 (1999)
21) J. Wrzesinski and D. Frohlich, *Phys. Rev.*, **B 56**, 13087 (1997)
22) K. Hümmer, *phys. stat. solid.*, **B 56**, 249 (1973)
23) S. F. Chichibu *et al.*, *J. Appl. Phys.*, **93**, 756 (2003)
24) Th. Gruber *et al.*, *J. Appl. Phys.*, **96**, 289 (2004)
25) S. J. Chen *et al.*, *J. Appl. Phys.*, **99**, 066102 (2006)
26) A. Tsukazaki *et al.*, *Nature Materials*, **4**, 42 (2005)
27) H. D. Sun *et al.*, *J. Appl. Phys.*, **91**, 1993 (2002)
28) P. Zu *et al.*, *Solid State Commun.*, **103**, 459 (1997)
29) D. M. Bagnall *et al.*, *Appl. Phys. Lett.*, **70**, 2230 (1997)
30) Z. K. Tang *et al.*, *Appl. Phys. Lett.*, **72**, 3270 (1998)
31) 川崎雅司, 大友明, 固体物理, **33**, 59 (1998)
32) D. M. Bagnall *et al.*, *Appl. Phys. Lett.*, **73**, 1038 (1998)
33) H. J. Ko *et al.*, *Appl. Phys. Lett.*, **77**, 537 (2000)
34) H. Yoshikawa and S. Adachi, *Jpn. J. Appl. Phys.*, **36**, 6237 (1997)
35) T. C. Damen, S. P. S. Porto, and B. Tell, *Phys. Rev.*, **142**, 570 (1966)
36) K. Kim, W. R. L. Lambrecht, and B. Segall, *Phys. Rev.*, **B 53**, 16310 (1996) ; **56**, 7018 (1997)
37) C. Kittel, Introduction to Solid State Physics, Wiley, New York (1976)
38) A. V. Rodina *et al.*, *Phys. Rev.*, **B 64**, 115204 (2001)
39) H. Haken, *J. Phys. Chem. Solids*, **8**, 166 (1959)
40) J. Pollmann and H. B ttner, *Phys. Rev.*, **B 16**, 4480 (1977)
41) 秩父重英, 宗田孝之, 応用物理, **73**, 624 (2004)
42) A. Ohtomo *et al.*, *Appl. Phys. Lett.*, **72**, 2466 (1998)
43) T. Makino *et al.*, *Appl. Phys. Lett.* **78**, 1237 (2001)
44) I. Takeuchi *et al.*, *J. Appl. Phys.*, **94**, 7336 (2003)
45) Z. Vashaei *et al.*, *J. Appl. Phys.*, **98**, 054911 (2005)
46) 天明二郎, 応用物理, **75**, 1239 (2006)
47) T. Matsuoka *et al.*, *Appl. Phys. Lett.*, **81**, 1246 (2002)
48) 牧野哲征ほか, 固体物理, **36**, 297 (2001)
49) T. Makino *et al.*, *Appl. Phys. Lett.*, **77**, 975 (2000)
50) H. D. Sun *et al.*, *Appl. Phys. Lett.*, **77**, 4250 (2000)
51) A. Ohtomo *et al.*, *Appl. Phys. Lett.*, **77**, 2204 (2000)
52) T. Makino *et al.*, *Appl. Phys. Lett.*, **81**, 2355 (2002)
53) Ü. Özgür *et al.*, *J. Appl. Phys.*, **98**, 041301 (2005)

第 2 章　結晶成長

1　バルク結晶成長

福田承生[*1]，三川　豊[*2]，小野隆夫[*3]

1.1　はじめに

　我々を取り巻くパソコン，携帯電話，デジタルカメラ，薄型テレビなどの情報家電・デジタル家電の心臓部には半導体を中心とした電子デバイスが多数使用されているが，そのキーマテリアルとしてバルク単結晶の存在は欠かすことが出来ない。シリコンを例にとれば直径 300 mm の無転位単結晶基板上にナノオーダーの素子が形成されるに至っており，高品質バルク結晶成長技術なくしてデバイス技術は成り立たないといえる。半導体結晶は LSI などの電子デバイス以外にも発光ダイオードやレーザーなどの光デバイスに利用されており，この場合も基板となるバルク単結晶の存在が鍵となる。ZnO は粉体，薄膜，焼結体，バルク単結晶まで様々な形態で利用され必ずしもバルク単結晶が必須ではない応用分野も多く存在しているが，現在熾烈な開発競争が繰り広げられている光デバイス用途には高品質なバルク単結晶が不可欠である。ワイドバンドギャップ半導体である ZnO は紫外・青色発光素子として現在主流である窒化ガリウム（GaN）系発光デバイスに替わる可能性を秘めており実現されれば波及効果は計り知れない。ZnO は GaN と同じく六方晶系ウルツ鉱型の結晶構造をとり格子常数も極めて近いため，GaN 系発光素子用基板として使用すれば格子不整合による転位増殖を抑えることが可能である。そのため現行のサファイア基板代替としての用途も期待されている。また圧電結晶でもあることからジャイロセンサーや燃焼圧センサーなどの圧電デバイス，そして極めて短い蛍光寿命（<1ns）を特徴とする超高速シンチレータへの応用[1,2]も期待されている。以上のような様々な応用が期待される ZnO バルク単結晶であるが，1990年代後半に紫外・青色発光素子応用により注目が高まるまでは ZnO バルク単結晶に対する関心は低かった。別の見方をすれば高品質な ZnO 単結晶が存在しなかったために，デバイスの研究開発が進まなかったともいえる。現在 ZnO 単結晶の育成は日本，米国，ロシアにて事業化されており，ヨーロッパ，アジアの多くの国々の大学・研究機関・

[*1]　Tsuguo Fukuda　東北大学　多元物質科学研究所　客員教授，名誉教授
[*2]　Yutaka Mikawa　㈱福田結晶技術研究所　結晶センター　センター長
[*3]　Takao Ono　東京電波㈱　専務取締役

企業が研究開発を行っているが，品質面・供給面においても解決すべき問題が数多く残っている。ここではバルクZnO単結晶の開発状況，および水熱法によるZnO単結晶育成技術と結晶品質評価について解説するとともに今後の課題についても述べる。

1.2 国内外のZnOバルク単結晶の開発状況

ZnOは常圧においては高温で分解してしまうため，SiやGaAsなどの半導体で用いられている融液からの単結晶育成法（引き上げ法など）の適用は非常に難しく，これまで大口径結晶の育成は，スカルメルト（Skull melting）法，化学気相輸送（Chemical Vapor Transport：CVT）法，及び水熱法などにより行われており，現在市場に出ているバルクZnO単結晶は米国，欧州，ロシア，日本を中心に主にこれらの方法で製造されている。

スカルメルト法は，水冷式の坩堝中で，電子ビーム，アークプラズマ，高周波誘導や赤外線を用いて原料を加熱溶融し，そこから結晶を育成する方法である。米国Cermet社がスカルメルト法[3]によるバルクZnO結晶を生産しており，酸素2〜10気圧中でZnO粉末の融解再結晶を行い，φ50 mmの結晶を供給している。育成装置の模式図を図1に示す[4]。結晶のエッチピット密度は，Zn面で<4×10^4/cm^{2}との報告がある[5]。現時点では不純物濃度や結晶性の面で水熱法結晶よりも劣るがドーピングによる機能付与などメルト法の特徴を生かした研究が進んでおり，今後結晶性などが改善されれば非常に競争力を持った技術となるであろう。

米国ZN technologies社（旧Eagle Pitcher Industries社）は，CVT法により2インチサイズのZnOウエハを生産している。この方法では，温度勾配をつけた反応管中で結晶成長を行う。高純度亜鉛蒸気および酸素ガスにより生成したZnO粉末は反応管の高温域（1150 ℃）で分解さ

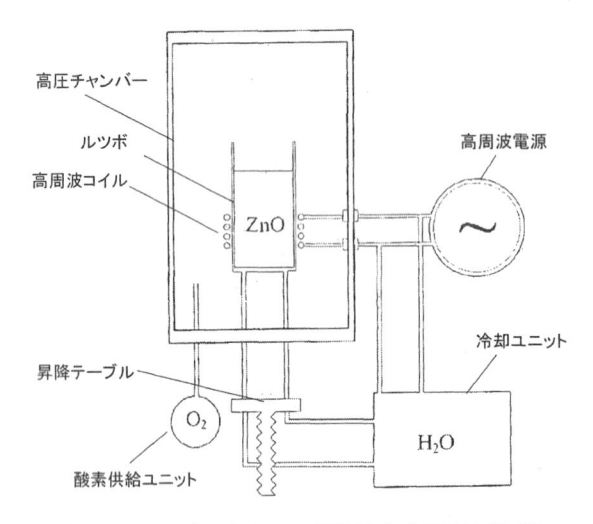

図1　メルト法によるZnO単結晶育成装置模式図[4]

第 2 章　結晶成長

れ，キャリアガスである H_2 ガスにより低温部に輸送される。低温部に設置した種結晶上に ZnO が育成される。この方法では，150-175 時間でバルク ZnO 育成が可能である[6]。本方法により育成された結晶は他の育成方法と比較して高純度であることが特徴であるが，気相法によるバルク単結晶育成は生産性が低くコスト的に極めて高くつくことが欠点である。しかしながら研究用途や超高純度が要求される特殊用途向けとして他の方法との棲み分けがなされるものと考えられる。

　水熱法によるバルク ZnO 結晶育成は，東北大学の坂上ら[7]，Bell Telephone Laboratories（米）の Laudise ら[8,9]，Air Force Research Laboratory（米）[10]，VNIISIMS（露）において長年研究されてきた。水熱法（ハイドロサーマル法）は人工水晶の製造方法[11]として実績がありバルク結晶成長法の中では溶液法に分類される。水熱法は亜臨界～超臨界状態の水を用いた溶解-再析出反応を利用しているため，融液法（引き上げ法，ブリッジマン法など）では育成困難な結晶（高融点結晶や相転移温度が存在する結晶など）にも適用できるなど多くの利点を有する。ZnO 単結晶は上述の気相法，融液法により育成可能であるが，結晶性・コスト・技術的難易度などを総合的に評価すると水熱法による育成が工業的に最も競争力があると考えられる。現在海外から入手可能な ZnO 基板のほとんどが VNIISIMS 製である。スウェーデンの ZnOrdic も水熱法による ZnO 結晶育成を行っているが育成技術はロシアからのトランスファーであると思われる。日本では東北大学と共同で開発を行った東京電波㈱[12]が唯一生産販売を行っているが，他にも複数の企業が ZnO の水熱育成研究を開始している。韓国でも大手メーカーを始めとして単結晶を含めた ZnO の研究開発に力を入れている。また中国も多数の人工水晶メーカーが存在し水熱育成炉を保有しているため今後の動きが注目される。ヨーロッパでは 2002 年から，ベルギー，イギリス，フランス，アイスランド，ドイツ，ギリシャ，ポルトガル，イタリア，スペイン，スウェーデン，ポーランド，計 11 カ国 24 機関が連携したプロジェクト Semiconductor OXides for UV OptoElectronics, Surface acoustics and Spintronics (SOXESS) を立ち上げ，水熱法によるバルク ZnO 単結晶開発を含む ZnO に関する広範囲な研究およびデバイス開発に取り組んでいる。現時点では東京電波㈱の ZnO 単結晶が品質，サイズの両面で最も優れていると評価されているが，海外における国家プロジェクトの立ち上げなど追い上げも急ピッチである。

1.3　水熱法による ZnO 単結晶育成技術

1.3.1　水熱法の歴史

　水熱法の歴史は古く水晶育成の歴史と重ね合わせることができる。その起源は 20 世紀はじめのイタリアの Spezia[13]に遡ることができ，その後第二次世界大戦を前後してドイツ，アメリカ，イギリス，ロシアなどで研究が進み，アメリカで世界に先駆けて工業化に成功した。日本では 1950 年代に山梨大学，東北大学，小林理研でそれぞれ人工水晶の育成技術が研究され，1950 年

代後半から60年代前半にかけて産業化された。Speziaから100年，日本で50年以上の歴史をもつ水熱法であるが産業化されたものは人工水晶のみであるといってもよいであろう。水熱法による他の結晶への適用が進まなかったのは様々な要因が考えられるが，最大の要因として他の結晶育成方法と比較して成長速度が遅く育成時間が長いために（10～100倍），研究成果を得るための時間がかかることが挙げられる。そのために大学・研究機関で積極的に取組む研究者数が少なかったと言えよう。しかしZnO単結晶育成に最適な方法として認識され再び世界中の研究者の注目するところとなった。

1.3.2 水熱法の特徴

水熱法は天然の鉱物が地中深く高温・高圧条件下で生成する環境を再現した結晶育成方法である。水晶やベリル（エメラルド）など大型の結晶はペグマタイト鉱床中の晶洞すなわち天然の圧力容器に閉じ込められた熱水中で成長する。チョクラルスキー法に代表される融液法がバルク単結晶育成の主流であると思われがちであるが，地球内部では太古の昔から大型高品質単結晶が水熱法によって育成されてきたのである。以下に水熱法の特徴を述べる。

① 熱歪みが導入されない

ペグマタイト鉱床中の晶洞では成長速度は非常にゆっくりではあるが外部からの応力や熱歪みなどが発生しにくいため長い年月をかけて巨大な結晶へと成長する。この熱歪みを受けないという点は水熱法の大きな特徴であり，大型の結晶を比較的容易に成長させることが可能である。半導体結晶，光学結晶，圧電結晶など大半の結晶は融液からの凝固により育成されるが，融液から固化させるためには成長界面，つまり固液界面において温度勾配が必要であり熱歪みの導入は避けられない。一方水熱法での結晶成長は温度勾配による固化ではなく濃度勾配による拡散析出により成長することから熱歪みが導入されず完全性の高い結晶を成長させることが可能となる。

② 低温成長

水熱法での成長温度は300～500℃程度と融液成長と比較して大幅に低いため，相転移温度が存在する結晶（水晶の場合$\alpha-\beta$転移温度が573℃）や高温で分解する結晶にも適用可能である。この500℃という温度は圧力容器，特に大型の量産装置を製造する上で重要な温度となる。これ以上の温度になると材料の問題から大型圧力容器を製作することが極めて困難となる。

③ 高い生産性

水熱法による結晶成長速度は融液法と比較して2桁以上遅いため，生産効率の低い方法であると捉えられがちであるが，装置の大型化により1バッチあたりの生産量を大きくし生産性を向上させている。水晶育成用大型炉の場合1バッチあたり2000 kgの結晶を約2カ月間で育成可能である。この間の温度制御は自動化されており少人数で10～20基の大型育成装置を稼働させることが可能である。

第2章 結晶成長

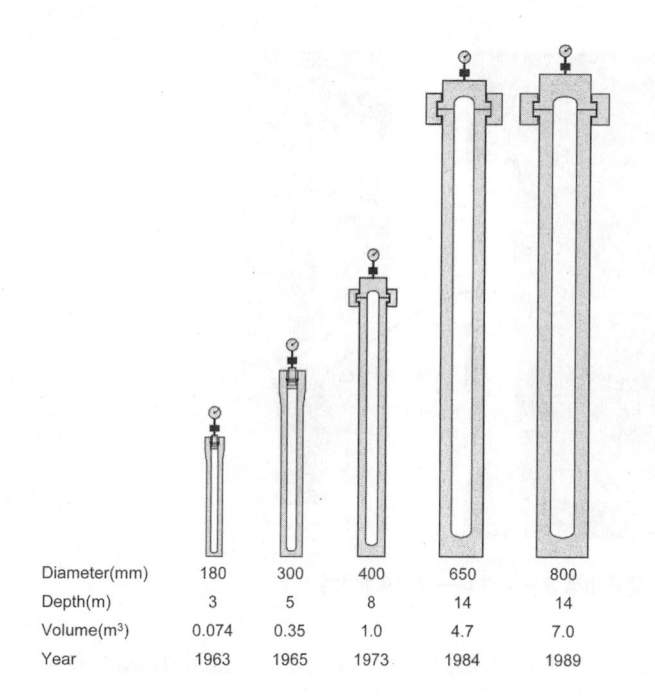

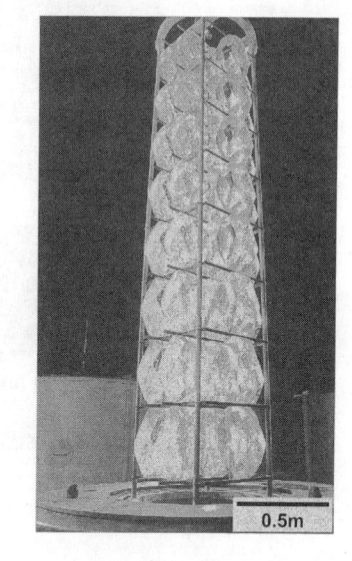

Diameter(mm)	180	300	400	650	800
Depth(m)	3	5	8	14	14
Volume(m³)	0.074	0.35	1.0	4.7	7.0
Year	1963	1965	1973	1984	1989

図2　水熱育成用圧力容器とその大型化

写真1　大型量産装置による人工水晶育成（東京電波㈱）

1.3.3　育成装置

　水熱法の原理は水溶液中に原材料を溶解し再析出させることで単結晶を得るという極めて単純な方法である。一般にイオン結晶などを除き常温常圧の水への溶解度は極めて小さいため，溶解度を増大させるためには高温高圧条件が必要となる。そのために結晶育成装置として圧力容器（オートクレーブ）を用いる。圧力容器は図2に示すように鉛直方向に長い円筒容器であり高温高圧に耐える耐熱構造材が使用される。ZnO単結晶育成のための温度圧力条件は人工水晶育成条件と同等あるいはそれ以下なので人工水晶育成用に開発した圧力容器を使用することが可能である。現在，圧力容器は大型化が進み，内径800 mm，長さ14 m，内容積7.0 m³という大型オートクレーブまで開発されている[14]。大型オートクレーブにより育成された人工水晶の写真を写真1に示す。圧力容器はその最高使用圧力・容積から労働安全衛生法におけるボイラー及び圧力容器構造規格の第一種圧力容器に該当し，日本国内で製造・稼働する場合は本規格に適合することが必要である。使用する材料には以下の条件が必要である。(a)高温高圧条件下に耐える材料（400～500 ℃，150 MPa），(b)第一種圧力容器構造規格で認定されている材料，あるいは個別に認定を受けた材料，(c)大型の鋼塊が製造可能な材料。これらの条件を満たす材料は限られており一般に低合金鋼（Cr-Mo-V鋼）が使用される。日本で量産用の大型圧力容器を製造しているメーカーは株式会社日本製鋼所のみであり日本国内の水晶メーカーに400基以上の納入実績を持つ。

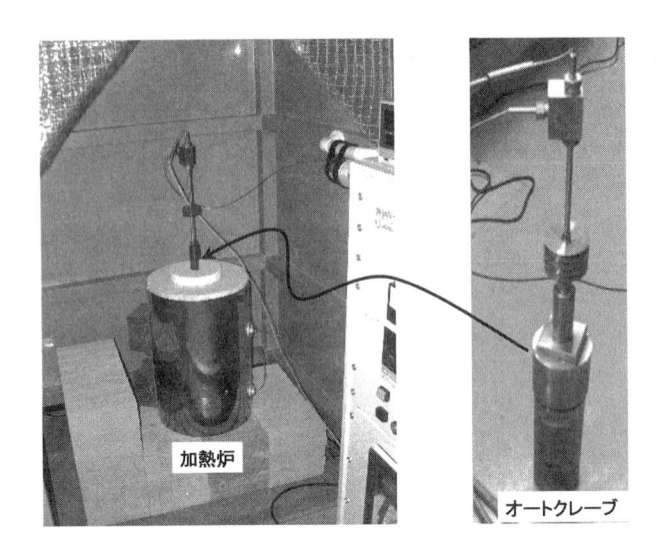

写真2　内筒式小型オートクレーブ（東北大学）

　実験室レベルの小型圧力容器（写真2）であれば危険性は大きくないが，大型圧力容器を導入する場合，材料の信頼性，製造技術，検査技術など十分な実績のあるメーカーの装置を選択するべきである。

　上述のように育成装置は人工水晶用オートクレーブが使用可能であるが，ZnO育成の場合はオートクレーブ材の腐食を防ぐための手段を講じる必要がある。人工水晶の場合は1 mol/lのNaOH水溶液もしくはNa_2CO_3水溶液を使用することに加えオートクレーブ内面に緻密なアルカリ珪酸鉄皮膜（acmite：$NaFeSi_2O_6$）が形成され防食皮膜として機能するためにライニングを施さなくても安全上問題がない。しかしながらZnO育成ではより高濃度のアルカリ溶液を使用するために強い腐食環境となりライニングなどの防食技術の導入が必要となる。一般的には耐腐食材製内筒を用いその内部にアルカリ溶液を充填し結晶育成を行う。内筒材料には耐食性に優れる白金，金，銀などの貴金属あるいはその合金が用いられる。内筒外部には水を充填することによりオートクレーブ材の腐食を防止する。

1.3.4　育成原理

　単結晶育成に用いている水熱法は正確には水熱温度差法に分類されるものである。溶液からの結晶成長は過飽和状態からの析出-結晶化プロセスにより進行する。過飽和を作り出すには除冷法や蒸発法など他の方法もあるが水熱法を用いてバルク結晶を育成する場合，密閉系で継続的に結晶成長を行う必要があるため過飽和状態を継続させるための方法として温度差法が適用される。育成装置の概念図を図3に示す。また大型装置の外観写真を写真3に示す。オートクレーブ上部が冷却域，下部が加熱域となっており，その中間には温度差と対流量を制御するためのバッフル

第2章 結晶成長

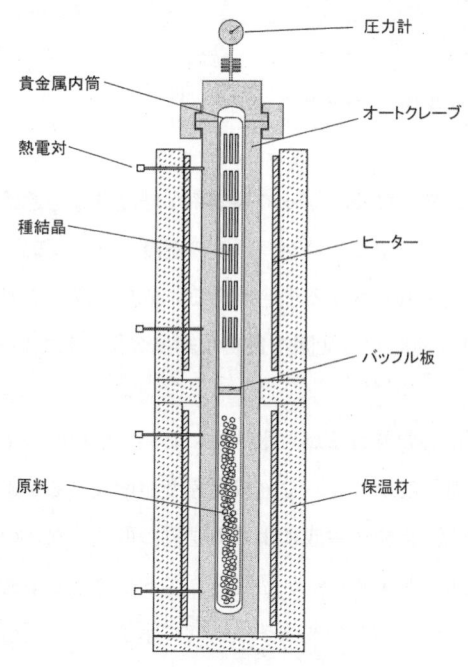

図3 水熱育成装置概略図　　写真3 人工水晶量産用育成装置外観

板（対流制御板）が設置される。上部育成域には種結晶を，下部原料域には原材料をそれぞれ配置する。種結晶には薄板状の ZnO 単結晶を用いる。上部育成域は過飽和状態すなわち準安定域であるため溶解している成分はあらゆる場所で核生成し結晶が発生する可能性があるが，種結晶上は最も結晶化エネルギーが低いために優先的に析出し単結晶へと成長する。原材料は ZnO 粉末の焼結体が用いられる。焼結温度や粒度など原料調整条件により溶解速度が変化し過飽和度に影響を与えるため最適な原料調整条件を見出すことが必要である。上部冷却域が結晶成長領域，下部加熱域が原料域という配置は，溶解度曲線が正（温度が高いほど溶解度が上昇する）の場合に当てはまるが ZnO は水晶と同様に溶解度曲線が正であるため，これまで水晶で蓄積してきた技術の展開が比較的容易である。溶解度曲線が負の結晶も存在するが過飽和度制御が困難である場合が多い。溶液には KOH に少量の LiOH など複数のアルカリ混合溶液が用いられる。これまで報告では KOH を用いた場合が最も高品質の結晶が成長するとされており[6]世界中の水熱育成 ZnO のほとんどが KOH ベースの溶液により育成されている。以上の種結晶，原材料，溶液が充填された後に密閉，加熱される。内部圧力は溶液充填率と溶液温度により決定されるため，充填率と温度，圧力の関係を把握し圧力容器の最高使用圧力を超えないよう溶液充填率を決定する必要がある。設定した温度圧力に到達した後は一定条件に維持され数カ月間の育成期間を経てバルク結晶が完成する。結晶品質は成長速度の影響を受けるため一定の成長速度を維持するために

温度条件，特に温度差の制御が重要である。

1.3.5 育成条件

水熱法による結晶成長に影響を与えるパラメータを以下に示す。

(1) 育成域温度

育成域温度が上昇するとそれに伴い成長速度も大きくなる。従って高効率な結晶育成を達成するためには成長速度が大きくなるよう高温であることが望ましいが，過度の温度上昇は反応の活性化による結晶表面粗さの増大をもたらし結晶品質を低下させる場合がある。成長に最適な温度は経験的に見出す必要があるが，ZnOの場合300〜400℃の範囲で良質な結晶が得られている。

(2) 炉内の温度差

結晶が成長するためには過飽和状態であることが必要であるが，水熱法においては温度差により過飽和度を制御する。温度差を大きくとれば過飽和度が大きくなり成長速度が増大するが過度の温度差は結晶中不純物濃度の上昇，点欠陥の増大，自発核生成による微結晶の取込みなどの品質低下をもたらす。温度差ΔTは5〜20℃の範囲で育成されるが品質・コストを考慮し最適な温度差を見出すことが重要である。図4に温度差と過飽和度の関係を模式的に示す。この場合溶解度曲線の傾きは正であり温度上昇に伴い溶解度が増大している。原料域の温度を$T2$，成長域の温度を$T1$とし$T2 > T1$となるよう温度を制御する。溶解度曲線Aにおいて温度$T2$，$T1$の時の溶解度をそれぞれ$S2$，$S1$とすると過飽和度σは$(S2-S1)/S2$と定義される。過飽和度σは温度差ΔTによって決定される関数となるためΔTの制御により過飽和度を制御，すなわち成長速度を制御することが可能となる。溶解度曲線の勾配が異なる場合について以下に述べる。曲線Bは曲線Aに比べて勾配が大きくなっている。この場合温度差が同じであっても過飽和度$(S2_B-S1)/S2_B$が大きくなることから，より小さいΔTで同等の過飽和度を確保することが出

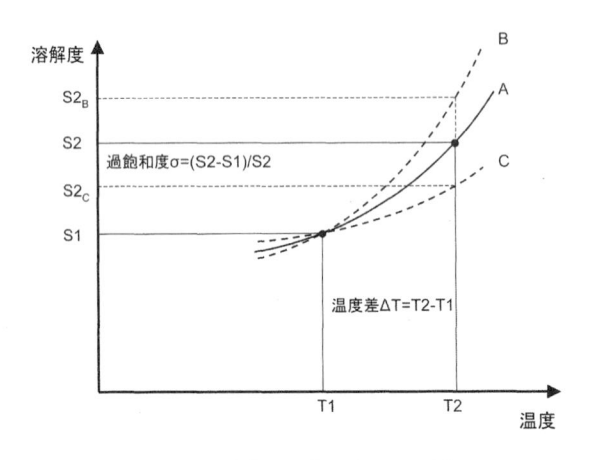

図4　温度差と過飽和度との関係

第 2 章　結晶成長

来る。反対に曲線 C は勾配が緩く同じ温度差での過飽和度（$S2_c-S1)/S2_c$ が小さいことから，同じ過飽和度を得るためには大きな ΔT が必要となる。鉱化剤の種類により溶解度曲線は異なるが勾配が大きすぎる場合は微小な温度変化が過飽和度の変動をもたらすことから温度制御が難しくなる傾向になる。逆に温度勾配が緩すぎる場合は所定の過飽和度を得るための温度差が大きくなることからエネルギー効率が低下するが温度制御性が向上する。

(3) 溶媒の充填率

圧力は溶液の充填率と平均温度により決定される。ZnO の育成は 50〜100 MPa の圧力範囲で通常行われているが，圧力効果に関する研究はまだ十分になされていない。同じ水熱法による人工水晶の成長では圧力上昇に伴い成長速度が増大することが確認されている。また ZnO 育成の場合，内筒を用いることから内筒内部と外部の圧力バランスを取るように内外の充填率を決定する。

(4) 鉱化剤の種類，濃度

鉱化剤の基本的な役割は溶媒（水熱法の場合は水）への溶質（原材料：ZnO）の溶解度を増大させることにある。鉱化剤の種類により溶解量，溶解度曲線の傾き，育成された結晶の品質などが異なるため，育成する結晶に適した鉱化剤の種類，濃度を選定することが必要である。ZnO 結晶の育成には 3〜6 mol/l の KOH 溶液が用いられる。また Li を添加することにより結晶面の平坦化などモルフォロジーを安定化させる効果がある[15]。

(5) 原料の純度およびその形状，粒径

原材料は結晶の用途（半導体基板，圧電，シンチレータなど）に合わせた純度を選定する必要がある。特に発光ダイオード（LED）基板など半導体用途では結晶中の微量な不純物の影響が懸念されている。原材料として ZnO 粉末の焼結体が使用されるが，焼結体の粒径は溶解速度に影響を与えるため適切な粒径分布となるよう原料調整を行う必要がある。

(6) バッフル板の形状，開口率

バッフル板の役割は上下の温度差をつけるとともに溶液の対流量を制御することにある。バッフルの開口率を小さくすれば対流量が減少し温度差が大きくなる。逆に大きなバッフル開口率は対流量の増大と温度差の縮小をもたらす。結晶成長のための必要十分な原料の供給量と過飽和度を実現する最適なバッフル開口率は圧力容器の大きさ，鉱化剤種類，濃度，育成結晶個数（種結晶表面積）により変化するため育成実験を繰り返し経験的に絞り込むことが必要である。また近年の計算機シミュレーション技術の発達によりオートクレーブ内対流の様子がかなり詳細に検討されるようになってきており[16]，これまでの経験とシミュレーション結果を融合することにより最適なバッフル形状および内部の温度制御が可能となるものと考えられる。

(7) 種結晶の方位

結晶の品質は成長方位により大きく異なる。特に不純物濃度は方位による依存性が顕著である。例えばC面（0001）種結晶を用いてZnO結晶を育成した場合，＋C面（Zn終端面）と－C面（O終端面）を比較すると＋C面側に育成した領域のほうが不純物濃度が低い。また成長速度は結晶方位により異なり＋C面の方が－C面と比較して約2倍の成長速度である。またカソードルミネッセンスによる評価でも成長領域により発光特性が異なり領域により欠陥濃度，欠陥種が異なることを示唆している[17]。特にm（10-10）領域の欠陥密度が低いことが示されており，光デバイス形成の点からもm面基板の使用が性能向上をもたらすことが期待されている。

1.3.6 成長過程

水熱法における結晶成長は原料域における溶解過程から熱対流による輸送過程を経て結晶表面における結晶相への拡散による取込み過程により進行する。

(1) 原料溶解

安定した結晶成長のためには必要十分な原料の供給が欠かせないが，そのための第一段階が原料の溶解である。水熱温度差法では過飽和度の制御は温度差により制御するが，その前提として原料域から飽和状態の溶液が育成域へ十分に供給されることが必要である。つまり原料溶解速度が結晶成長の律速過程にならないようにすることが重要である。原材料の充填量，粒度，表面積などにより溶解量が必要十分な範囲になるように調整する。

(2) 原料輸送

原料域において溶解した原料を育成域へ輸送するための駆動力は原料域と育成域との温度差である。温度差を大きくすれば対流量が増大し輸送量が増えることとなる。同時に過飽和度も大きくなる。ここでバッフル開度について過飽和度と原料供給量のバランスから考察する。バッフル開度が小さい場合は対流量が減少し温度差が大きくなる，つまり過飽和度が大きくなり成長速度が上昇する傾向となる。しかしながら極端にバッフル開度を小さくすると，温度差は更に拡大し見かけ上の過飽和度は大きくなるが，対流量が少ないため原料の供給量が追いつかなくなり結晶へ巨視的な欠陥が導入されるなどの悪影響を与える。逆にバッフル開度が極端に大きな場合は対流量が過大となり温度差が小さくなり成長速度が低下する。成長速度への寄与率は温度差による過飽和度が最も大きいため過剰な対流は結晶成長に寄与することなく循環し余分なエネルギーを消費することとなる。

(3) 結晶化

結晶の周囲は常に十分な原料供給がなされ一定の濃度（過飽和度）となっていることが安定な結晶成長にとって極めて重要である。図5に模式的に示すように結晶成長は環境相から拡散境界層中での拡散，脱溶媒和，付着，結晶化のプロセスを経る。環境相（濃度一様相）では対流によ

第 2 章　結晶成長

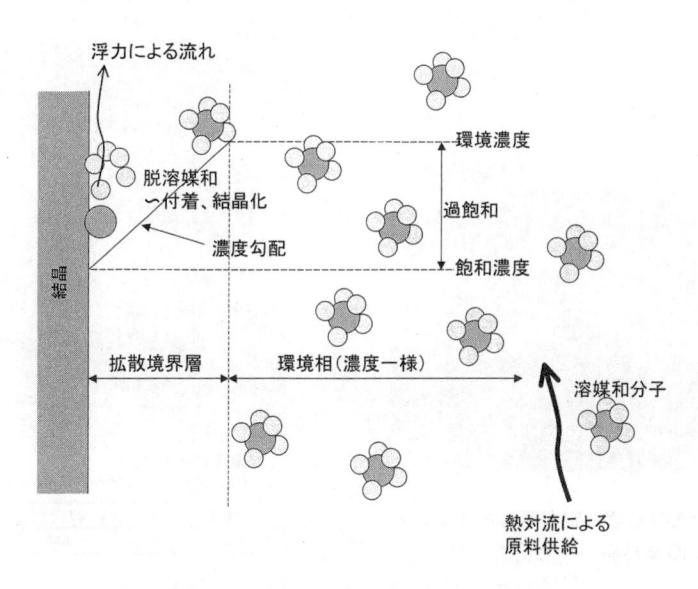

図 5　水熱法による結晶成長過程模式図

り原料が常に供給されることにより一定の過飽和度を保持していると仮定する。結晶成長は結晶表面における脱溶媒和と結晶相中への取込みが最終反応であると言えるが，そこへ至る過程を制御することが重要である。成長速度は過飽和度に支配されるが，図 4 に示した過飽和度は「静的な過飽和度」であり温度差のみにより決定されている。しかしながら結晶成長の駆動力たる過飽和度は図 5 にあるような熱対流による原料供給と結晶成長による消費のバランスの上に成り立つ環境相中の過飽和度であり，原料供給と消費のマスバランスを考慮に入れる必要があることは明らかである。また拡散境界層の厚みを一定にする，つまり濃度勾配を一定にするという意味でも結晶周囲には常に一定の対流が存在する必要がある。結晶表面では脱溶媒和により密度の小さくなった溶液が浮力により上方への流れが発生する。この流れは過飽和度の低下した溶液，つまり結晶成長に寄与しなくなった溶液を排出する働きがあるため，この流れを妨げないような種子結晶配置が行われる。このように熱対流による原料供給，拡散，脱溶媒和，付着，溶液排出の一連のプロセスが滞りなく進行することにより安定した結晶成長が実現する。

1.4　水熱法 ZnO 結晶評価

　水熱法による結晶成長は平衡状態に近いプロセスであることが特徴の一つである。そのため成長界面における温度勾配は極めて小さく熱歪みが導入されない。また融液成長などに比べて成長速度が 1 ～ 2 桁遅いことも結晶の完全性を高めることに役立っている。東京電波㈱にて育成された ZnO 単結晶を写真 4 に示す。写真 5 は 10 × 10 mm で切り出した ZnO ウエハの透過 X 線ト

ZnO系の最新技術と応用

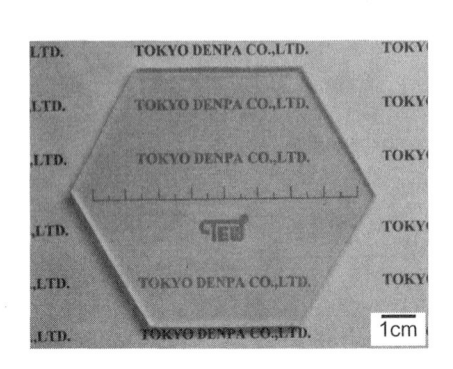

写真4 水熱法により育成された3インチ ZnO単結晶

透過X線トポグラフィー
(サンプル寸法：10mm×10mm t=0.15mm)

結晶面	h k l	2θ (°)	ω (°)
(0 0 1)	1 1 2	17.850	87.976

写真5 透過X線トポグラフィー観察

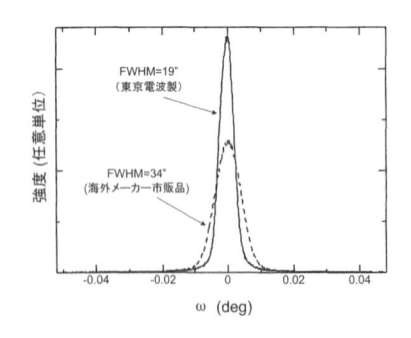

ポグラフ写真であるが転位密度が極めて低いことが分かる。ZnOの(0002)面のX線ロッキングカーブを図6に示す。FWHMは19 arcsecであり完全結晶に極めて近いことが確認された[11,18]。図7に二次イオン質量分析法にて測定した不純物濃度を示す。測定サンプルは+C領域から3枚，−C領域から1枚のウエハを切り出し化学機械研磨したものを用いた。表面近傍の影響を取り除くため深さ1～2μmにおける平均値をバルク結晶中の不純物濃度として採用した。ここで特徴的なのはAlとFe濃度が−C領域のほうが+C領域より2桁も濃度が高くなっていることである。またLiについても−C領域のほうが高濃度であることが確認された。一方K, Mgに関

図6 水熱法により育成されたZnO単結晶(0002)面のX線ロッキングカーブ
Ge(440)の4結晶モノクロメータを使用しRigaku ATX-Eにて測定。

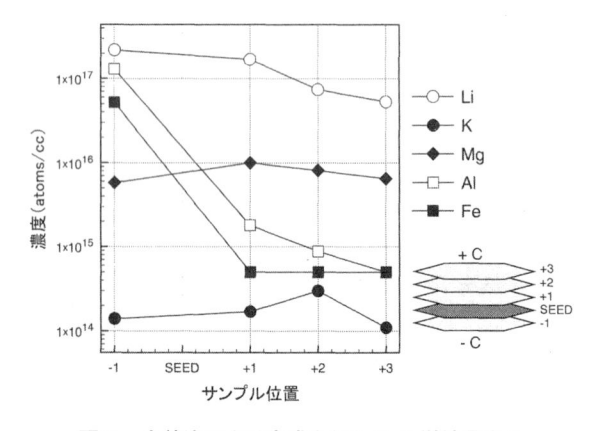

図7 水熱法により育成されたZnO単結晶中の不純物濃度分布

第2章　結晶成長

しては領域による依存性は見られない。特にKはKOHとして高濃度の鉱化剤として使用されているにも関わらず極めて濃度が低く抑えられている。

ホモエピタキシャル成膜用基板として使用する場合，バルク結晶の完全性に加えて基板表面の性状が極めて重要であり原子オーダーの平坦性が求められる。Choら[19]は高真空雰囲気（≤ 5×10⁻⁹ Torr），950 ℃，4時間のアニーリングにより(0001)面の表面粗さRMS値0.25 nmを得ており基板の表面処理に高真空下アニーリングが有効であることを示している。

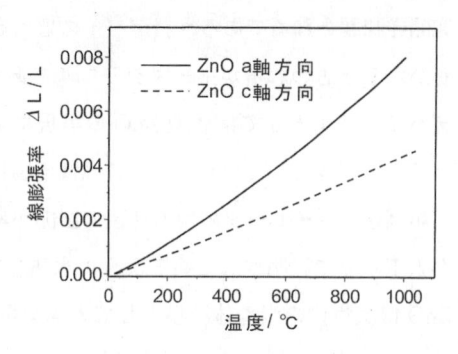

図8　水熱法により育成されたZnO単結晶の線膨張率

次に，ZnO結晶のGaN育成用基板としての特性を評価した。結晶育成において，格子不整合や熱膨張係数の違いが育成結晶への転位やクラック発生の原因となるため，育成結晶との格子定数や熱膨張係数の整合性は非常に重要である。しかしながらGaN育成は約1000 ℃で育成されているのに対し，ZnOの熱膨張係数は400 ℃付近までしか報告されていなかった[20]。そのため，リガクThermo plus TMA 8310を使用し押棒式変位検出法（示差膨張方式）にてZnOのa軸，c軸の熱膨張係数を1000 ℃まで測定しGaNとの比較検討を行った。ZnOの線膨張率の測定結果を図8に示す。1000 ℃におけるZnOの線膨張係数として，a軸 0.4 × 10⁻⁶/K，c軸 4.87 × 10⁻⁶/Kという値が得られ，ZnOのa軸方向とc軸方向の伸びに有意な差があることが分かった。これらの値を高温粉末X線から計算したGaNの1000 ℃における線膨張係数と比較すると，a軸方向の線膨張係数の差が5.0 × 10⁻⁶/Kに対し，c軸方向では1.0 × 10⁻⁶/Kと非常に小さくなり，GaN育成に適していることが分かった。ZnOを基板に使用したGaN薄膜育成は，東大・生産研，神奈川科学技術アカデミーの藤岡洋教授をはじめ，いくつかの研究所ではすでに行われており，原子レベルで平坦なテラス，原子ステップをもつ高品質GaNが得られている[21]。

1.5　おわりに

ZnO水熱育成の研究は1960年代に遡ることができるが，半導体デバイスとしての応用研究が本格化したのはつい最近のことである。したがって半導体結晶としてのZnO単結晶の研究は始まったばかりと言っても過言ではない。水熱法は量産性や高結晶性などの優れた点を生かし水晶育成においてほぼ完成形を見たが半導体結晶への適用は未知数である。東京電波㈱により3インチZnO単結晶の製造が達成されたが，半導体グレードの高純度化，ドーパント量の制御，導電率の制御などまだ解決すべき課題が残されており，水熱法でどこまで達成できるのかが今後の研

究開発課題となるであろう。デバイス応用を含めて市場が立ち上がるまでにはまだしばらく時間がかかると思われるがキーマテリアルである ZnO 基板の安定供給体制の確立は急務である。光デバイス応用としては p 型 ZnO の実現によるオール ZnO LED を待望しつつも，GaN 系光デバイス用基板としてのサファイア代替市場にも期待している。また極めて短い蛍光寿命を利用した超高速シンチレータ応用も今後の展開が期待される。いずれにしても普及の鍵はコストであるが人工水晶で証明されているように水熱法を用いれば大幅なコストダウンは十分に可能である。ZnO は次世代の半導体結晶として大きな可能性を秘めており大きな産業へと発展することを期待している。

文　　献

1) P.J. Simpson, R. Tjossem, A.W. Hunt, K.G. Lynn, V. Munne, Nuclear Instruments and Methods in Physics Research, A 505, 82-84 (2003)
2) J. Wilkinson, K.B. Ucer and R.T. Williams, *Radiation Measurements*, **38**, 501-505 (2004)
3) J.E. Nause, D.N. Hill, S.G. Pope, US Patent No.5,900,060 (1999)
4) J. Nause, W.M. Nemeth, US Patent No.6,936,101 B2 (2005)
5) J.E. Nause, G. Agarwal and D.N. Hill., Innovating Processing and Synthesis of Ceramics, Glasses, Composites II, 483-491 (1999)
6) D.C. Look, D.C. Reynolds, J.R. Sizelove, R.L. Jones, C.W. Litton, G. Cantwell and W.C. Harsch, *Solid State Communications*., **105** (6), 399-401 (1998)
7) 坂上登, 和田正信, 窯業協会誌, **82** (8), 405-413 (1974)
8) R.A. Laudise and A.A. Ballman, *J. Phys. Chem.*, **64**, 688-691 (1960)
9) R.A. Laudise, E.D. Kolb and A.J. Caporaso, *J. Am. Ceram. Soc.*, **47**, 9-12 (1964)
10) M. Suscavage, M. Harris, D. Bliss, P. Yip, S.-Q. Wang, D. Schwall, L. Bouthillette, J. Bailey, M. Callahan, D. C. Look, D. C. Reynolds, R. L. Jones and C. W. Litton, MRS Internet J. Nitride Semicond. Res. 4S1, G3.40 (1999)
11) 滝貞男, 日本結晶成長学会誌, **16** (2), 58 (1989)
12) E. Ohshima, H. Ogino, I. Niikura, K. Maeda, M. Sato, M. Ito, T. Fukuda, *J. Cryst. Growth*, **260**, 166-170 (2004)
13) Spezia, Giorgio, Contribuzioni di geologia chimica, Atti Reale Accad. Sci. Torino, 40, 254-22 (1905)
14) 伴野靖太郎, 畑中基秀, 三川豊, 日本製鋼所技報, No.48, 52-60 (1993)
15) A.J. Caporaso, E.D. Kolb, R.A. Laudise, US Patent No.3,201,209 (1965)
16) H. Li , E.A. Evans , G.-X. Wang, *Int. J. Heat Mass Transfer*, **48**, 5166-5178 (2005)

17) T. Sekiguchi, S. Miyashita, K. Obara, T. Shishido, N. Sakagami, *J. Cryst. Growth*, **214/215**, 72-76 (2000)
18) K. Maeda, M. Sato, I. Niikura and T. Fukuda, *Semicond. Sci. Technol.*, **20**, S49-S54 (2005)
19) M. W. Cho, C. Harada, H. Suzuki, T. Minegishi, T. Yao, H. Ko, K. Maeda, I. Nikura, *Superlattices and Microstructures*, **38**, 349-363 (2005)
20) H. M. O'bryan, L. G. Van Uitert, E. D. Kolb and G. Zydzik, *J. Am. Ceram. Soc.*, **61**, 269 (1978)
21) A. Kobayashi, H. Fujioka, J. Ohta, M. Oshima, *Jpn. J. Appl. Phys.*, **43**, L53 (2004)

2 エピタキシー法（単結晶薄膜）

加藤裕幸[*]

2.1 はじめに

ZnO（酸化亜鉛）は，古くからバリスター，センサー，化粧品（日焼け止め）や表面弾性波素子などに利用されてきた材料である。また最近では，主にディスプレイ関係の透明導電膜として使用されているITO（Indium Tin Oxideの略でIn_2O_3にSnO_2を添加）の主原料であるインジウム（In）の枯渇問題からその代替材料として，あるいは透明である利点からアモルファスシリコンを置き換える薄膜トランジスタとしての注目を集めている。さらに近年の薄膜結晶成長技術の進歩に伴い，半導体としての応用を目指した研究が盛んになってきた。特に光励起による室温でのレーザー発振[1,2]が確認されてから光デバイスとしての展開が注目されている。

ZnOは，室温で3.37 eVのバンドギャップを有している直接遷移型の半導体で，励起子の束縛エネルギーが60 meVと従来の半導体（ZnSe：18 meV，GaN：24 meV）に比べて大きく，室温で励起子発光過程を利用した高効率な紫外発光素子として期待されている。ZnO膜は，通常アンドープにおいても低抵抗なn型伝導性を示す。ZnOを発光デバイスなどの半導体材料として利用するためには，高品質な単結晶成長技術の確立と残留電子濃度の低減，その上で不純物添加による伝導性制御（n型，p型）が必要不可欠となる。ZnO単結晶薄膜の成長方法としては，PLD（パルスレーザー堆積法），MBE（分子線エピタキシー法）やMOCVD（有機金属化学気相成長法）法などがある。

本項では，ZnO単結晶薄膜の成長方法，基板の選択と結晶方位関係，ヘテロエピタキシャルZnO単結晶薄膜の高品質化に向けた取組み，ホモエピタキシャルZnO薄膜の成長について，半導体としてのZnO薄膜成長技術，欠陥評価，物性制御などを中心に概説する。

2.2 ZnO単結晶薄膜の成長方法

2.2.1 PLD (Pulsed Laser Deposition) 法

PLD法による薄膜作製は，レーザー光を固体原料の分解気化エネルギー源として利用する物理的気相蒸着法の1つである。PLD法の装置構成を図1に示す。通常，レーザー光を真空装置内の固体ターゲットに照射してアブレーションを起こし，放出される高いエネルギーを持った粒子（約100 eV）を基板上に堆積して薄膜を作製する。またチャンバーを超高真空中で排気しプロセス圧力を高真空領域で行なうことにより平均自由工程を確保し，アブレーションレーザー光強度・周波数・パルス数の制御により，成膜速度を原子層オーダーにコントロールすることにより，

---

[*] Hiroyuki Kato　スタンレー電気㈱　研究開発センター　主任技師

第 2 章 結晶成長

MBE法と同様にRHEEDによる精密な結晶成長制御が可能となる。ZnOのPLD成長においては，焼結したZnO多結晶あるいは単結晶ZnOをターゲットとして用い，平均自由工程が確保できる程度に酸素ガスを導入し，KrFエキシマレーザーによるアブレーションにより，基板上に結晶成長を行なう。この際，ターゲットとしては，高純度なZnO単結晶を用いた方が，残留キャリア密度の低減には有利である。PLD法にコンビナトリアル手法を取り入れ，混晶，不純物ドーピングや超格子構造などを系統的・網羅的実験を展開し，ZnOの物性を明らかにしてきた報告もされている[3]。

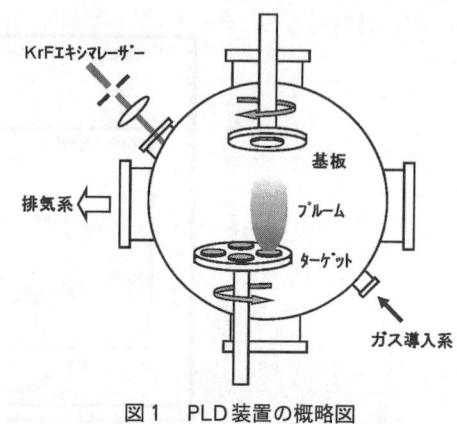

図1　PLD装置の概略図

2.2.2　MBE（Molecular Beam Epitaxy）法

MBE法による薄膜作製は，真空蒸着を高度化したエピタキシャル成長技術であり，超高真空中で，作製する結晶の個々の構成元素を別々のるつぼに入れて，るつぼを加熱して蒸発させる。出てくる蒸気を分子線の形で加熱されている基板に当て，その基板上に単結晶薄膜を成長させる方法である。高真空中での結晶成長であるので，成長しながら結晶成長表面の状態を反射高速電子線回折（RHEED：Reflection High Energy Electron Diffraction）でその場観察できるのが特徴である。図2にMBE装置の概略図を示す。ZnOのMBE成長では，亜鉛源は高純度Zn（7N）をクヌーセンセル（K-cell）で加熱することによりZnを分子線として，酸素源は酸素ガス（6N）をRFプラズマによって酸素ラジカルにして，基板表面に供給してZnO単結晶薄膜の作製をする。

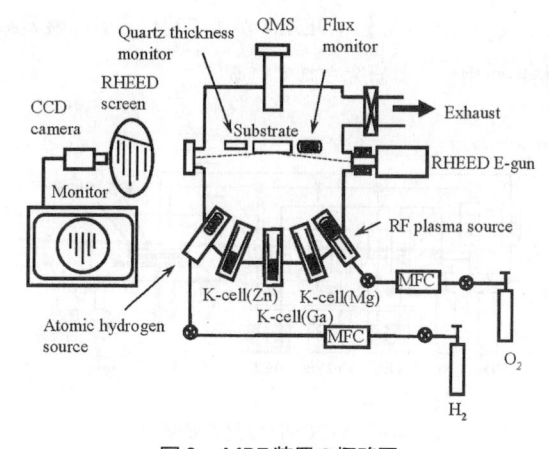

図2　MBE装置の概略図

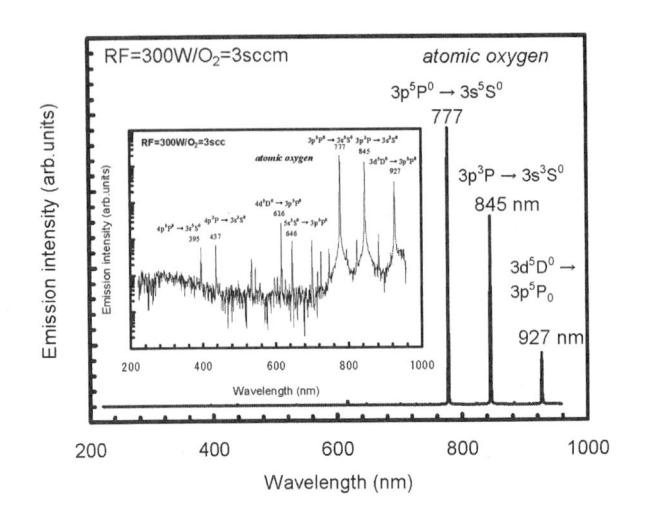

図3　酸素プラズマのOESスペクトル

図3にRF酸素プラズマの代表的なOESスペクトルを示すが，777 nmの$3p^5P^0 \rightarrow 3s^5S^0$遷移の発光が支配的で，ラジカル源として有効であることが示されている。酸素源としては，ECRプラズマ[4]，オゾン[5]，H_2O_2[6]なども用いられている。また亜鉛源としてジエチル亜鉛（DEZn）を用いたMOMBE法も行なわれている[7]。

2.2.3 MOCVD (Metalorganic Chemical Vapor Deposition) 法

　MOCVD法による薄膜作製は，原料として有機金属化合物を用い，熱分解反応により基板上に単結晶膜を成長させる方法である。一般に水素などのキャリアガスに原料を混合し，流量制御された反応ガスが熱分解し成長元素が基板上に堆積してエピタキシャル成長が行なわれる。図4にMOCVD装置の概略図を示す。ZnOのMOCVD成長においては，Zn源とO源の組合せは多岐にわたっている。Zn源としてジエチル亜鉛（DEZn）がよく用いられ，酸素源としては，O_2，N_2O，t-BuOH，など様々な材料が用いられ研究されている[8]。

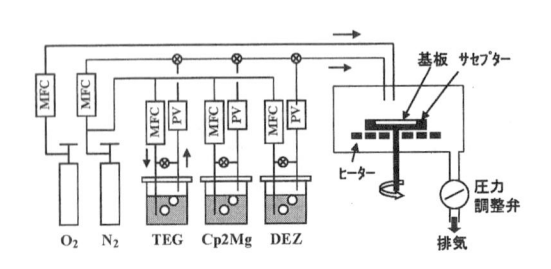

図4　MOCVD装置の概略図

第2章 結晶成長

2.3 基板の選択と結晶方位関係

　ZnOエピタキシャル成長の基板としては，c面サファイアとa面サファイア，ScAlMgO₄, GaN/sapphireテンプレート，SiC, SiやZnO基板が用いられる。単結晶薄膜の高品質化において，用いる基板の選択やその界面制御は非常に重要である。表1に主な基板材料の物性値を示す。この中でZnOのエピタキシャル成長用の基板としてサファイアが最も良く用いられる。サファイアとZnOとのエピ成長方位関係を明らかにするために，球面サファイア上にCVD (Chemical Vapor Deposition) 法により，ZnO膜の成長を行い，評価した結果が報告されている[9]。表2にZnO/サファイアのエピ方位関係を示すが，主にC面サファイアとA面サファイア上にはc軸に配向したZnO膜が，R面サファイア上にはa軸に配向したZnO膜が主に得られている。ただし基板の表面処理や成長条件によっては他の成長方向にも成長する。ScAlMgO₄は，ウルツ鉱構造の(Mg, Al)O_xの(0001)面と岩塩構造のScO_yの(111)面が積層した六方晶系層状化合物であり，その(0001)面に劈開性を有しており，容易に原子平坦面が形成できる。ScAlMgO₄とZnOの格子ミスマッチは0.09％と小さく，サファイア上に比べて結晶性が良い成長が可能であり，ScAlMgO₄

表1　基板材料の物性

材料	結晶構造	格子定数（nm） a	格子定数（nm） c	熱膨張係数 (×10⁻⁶/K)	格子ミスマッチ (％)	熱膨張ミスマッチ (％)
ZnO	Wurtzite	0.3250	0.5207	2.9	0	0
GaN	Wurtzite	0.3189	0.5185	5.6	1.9	48.1
c面サファイア	Corundam	0.4758	1.2291	7.5	18.3	61.3
a面サファイア				8.5	0.06	65.9
6H-SiC	Hexagonal	0.3080	1.5117	4.2	3.5	31.0
ScAlMgO₄	Hexagonal	0.3246	2.5195	6.2	0.09	53.2

表2　ZnO/サファイアのエピ方位関係

分類 モード	型	代表的成長面方位 ZnO//サファイア	in-plane方位関係 ZnO//サファイア
I	C₁	(0001)//(0001)	[10-10]//[11-20]
II	A₁	(0001)//(2-1-10)	[-1100]//[01-10]
III	X	(0001)//(20-29)	[1-100]//[-12-10]
	R₂	(-1102)//(1-102)	
	C₂	(11-24)//(0001)	
IV	R₁	(11-20)//(1-102)	[-1100]//[11-20]
	A₂	(01-1-1)//(1-102)	
V	R₄	(1-216)//(1-102)	[-1010]//[-3302]
(VI)	R₃	(0001)//(1-102)	[-12-10]//[11-20]

41

基板上ZnO膜はc軸に成長する[10]。GaNはZnOと同じ結晶構造をもち，格子ミスマッチも2％と比較的小さく，GaNと同じ結晶方位の成長が可能であるが，ZnO/GaN界面にGa$_2$O$_3$などが形成されると，極性の反転が起こるので，その界面制御に注意が必要である。SiC結晶は多種の結晶構造を有しているが，ZnO用の基板としては6H-SiCが用いられている[11]。

2.4 ヘテロエピタキシャルZnO膜の高品質化
2.4.1 界面制御

GaN用基板として一般的に用いられるサファイア基板を用い，MBE法によるヘテロエピタキシャルZnO単結晶薄膜の高品質化について述べる。c面サファイアとZnOの間には約18％の格子不整が存在し，エピ層の高品質化のためには，その界面制御が重要となってくる。エピ/基板界面に，同じ酸化物であるMgOをバッファー層として挿入することにより，結晶性の大幅な改善が見られた[12]。図5にバッファー層有無により成長したZnO膜のRHEEDパターン及びAFM（原子間力顕微鏡：Atomic Force Microscopy）像を示す。c面サファイア上に直接高温（700℃）でZnO膜の成長を行なった場合，成長開始直後から3次元成長であるVolmer-Weber（VW）型の成長機構となる。400℃以下の低温でZnOバッファー層を成長させ，アニール処理を施した後，700℃でZnO成長を行なうことにより2次元成長が可能になるが，膜中には図6に示したよう

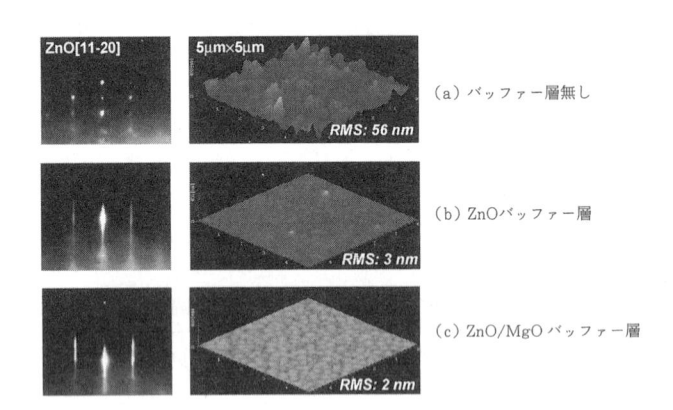

図5　ZnO膜のRHEEDパターン及びAFM像（バッファー層の効果）

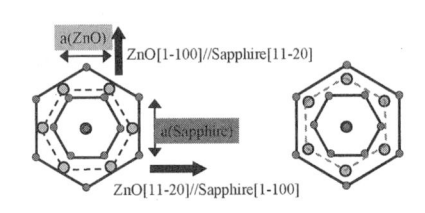

図6　ZnOとサファイアの原子配置と方位関係概略図

第 2 章　結晶成長

表 3　ZnO 膜の X 線回折/ホール測定結果

サンプルバッファー条件	XRC 半値幅 [arcsec] (0002)	(10-10)	n [cm^{-3}]	μ [cm^2/Vs]	ρ [Ωcm]
バッファー層無し	919	1788	1.5×10^{18}	39	0.11
ZnO バッファー	663	3199	5.6×10^{17}	73	0.15
ZnO/MgO ダブルバッファー	43	854	1.9×10^{17}	121	0.22

な 30°回転した 2 つのドメイン（ZnO [11-20] // sapphire [1-100] と ZnO [1-100] // sapphire [1-100]）が存在する。このような回転ドメインの存在は，XRD によっても確認されている[13]。また他の回転ドメイン[14]についての存在も報告されており，エピ/基板界面の制御が重要であることが示されている。サファイア基板上に極薄（約 1 nm）の MgO バッファー層を導入することにより，回転ドメインのない，高品質な ZnO 膜の成長が可能となる。一方同じサファイアでも a 面を使用することにより，格子ミスマッチの少ない系での成長が可能となり，回転ドメインのない成長が可能となる。表 3 に示したように，ZnO/MgO ダブルバッファー層の導入により結晶性が改善され，残留電子濃度は 1 桁減少し，電子移動度は約 3 倍に向上した。

2.4.2　極性制御

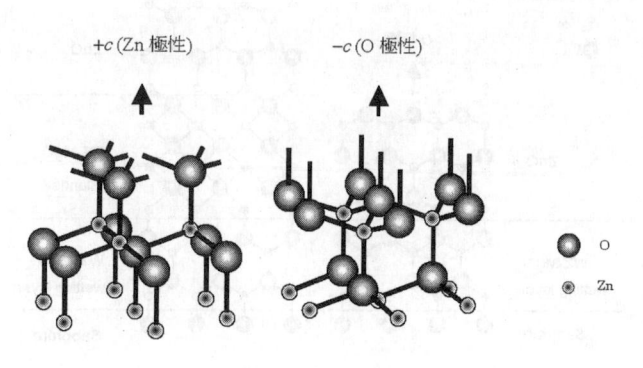

ZnO の結晶構造は六方晶ウルツ鉱構造で，その c 軸には図 7 に示したように 2 つの極性面（+c 軸方向が Zn 面，−c 軸方向が O 面）を有している。この極性の違いは，成長形態・不純物の取込み・転位形成などに影響を与える。無極性基板であるサファイアや ScAlMgO$_4$ 基板上の ZnO 成長では，通常 O 極性の ZnO 膜が得られる[15~17]。同じ結晶構造を有する GaN では，サファイアの窒化・AlN バッファー層の導入など初期成長プロセスにより，いずれの極性面（Ga 面，N 面）の成長が可能で，デバイスとして実用化されているのは Ga 面すなわち+c 軸方向に成長させた結晶である。ZnO の場合，サファイアと ZnO の間に MgO バッファー層を挿入し，その厚みにより，極性制御が可能であることが見出された[18]。図 8 に示したように，MgO バッファー層厚が 3 nm

図 7　ZnO の極性

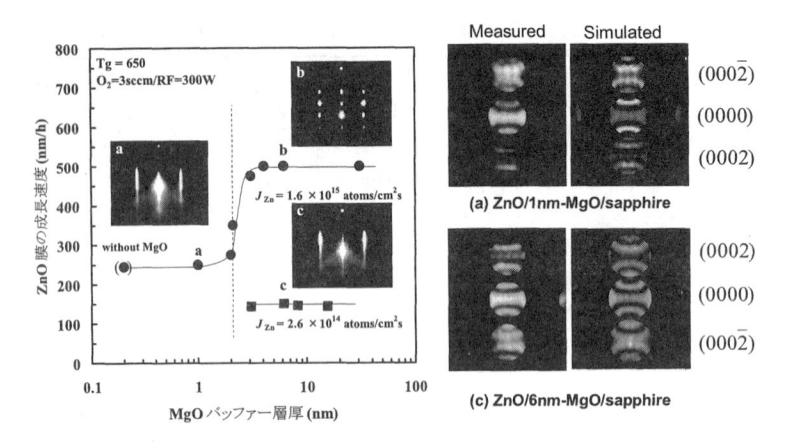

図8 ZnO成長速度のMgO厚依存性及びCBEDパターン

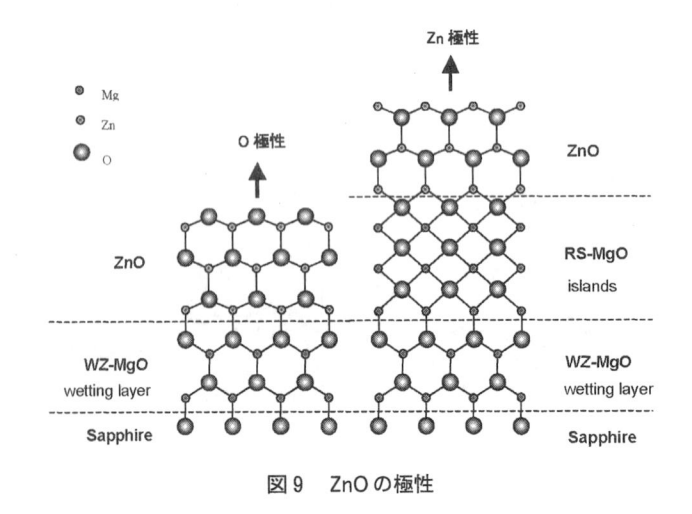

以上において，ZnO膜の成長速度が250 nm/hから500 nm/hと2倍になり，収束電子線回折（CBED：Convergent Beam Electron Diffraction）法により，ZnO膜の極性がO極性からZn極性に変化することが明らかとなった。その極性変化のメカニズムを以下に述べる。サファイア基板上のMgOはS-K（Stranski-Krastanov）モードで成長し，1 nmまではウェッティングレイヤーとしてウルツ鉱型のMgO（0001）が成長し，厚みが3 nm以上になると岩塩構造のMgO（111）がアイランド状に結晶成長することが，電子線回折及びX線回折より明らかとなった。ここで図9に示したように，ウルツ鉱構造MgO（0001）のO終端面はc軸方向に1本のダングリングボンドを有しており，そこに結合したZnはc軸方向に3本のダングリングボンドを持つO極性面となる。一方岩塩構造MgO（111）のO終端面はc軸方向に3本のダングリングボンドを有しており，そこに結合したZnがc軸方向に1本のダングリングボンドを持つZn極性面となる。

図9 ZnOの極性

第2章　結晶成長

このようなO極性からZn極性への極性変化に伴い，成長速度の増加や成長モードの変化が観測された。これは表面構造の違いからZnの付着係数・表面拡散長が変化したためと考えられる。

その他にサファイア基板の窒化処理[14]やGaNバッファー層[19]を用いた極性制御も試みられている。またGa極性GaNテンプレート上のZnO膜の成長において，成長前のGaN表面への処理により，ZnO膜の極性が制御できることも報告されている[20]。Zn照射によりZn極性ZnO膜の成長が，一方酸素ラジカル照射により，O極性ZnOの成長が得ることが出来る。これはZnO/GaN界面にGa_2O_3層が形成されたため，極性反転が起きていると考えられる。

2.4.3　O/Znフラックス比

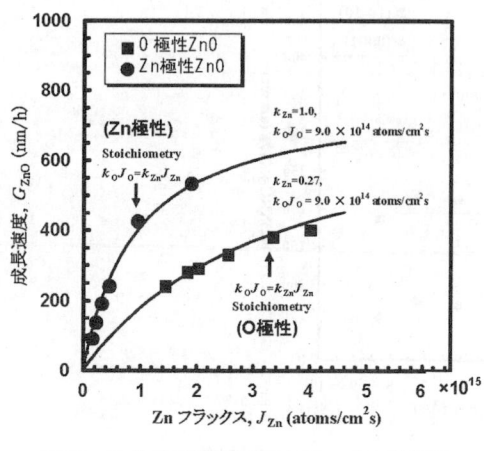

化合物半導体の結晶成長において，供給源のフラックス比の制御は高品質な結晶を得るための重要なパラメータのひとつである。また極性によっても，最適なフラックス条件は変化する。図10は，酸素フラックス条件を一定として，Znフラックスを変化させ，O/Zn比を酸素リッチから亜鉛リッチまで変化させたときの成長速度を示す[21]。成長温度は700℃であり，この温度ではZnもOラジカルも単独では付着せず，成長過程で相補的な役割を演じ，その成長速度は，次式 $G = [(k_{Zn}J_{Zn})^{-1} + (k_O J_O)^{-1}]^{-1}$ で与えられる。ここでk_{Zn}及びk_Oは，それぞれO終端面でのZn及びZn終端面へのOラジカルの付着係数であり，J_{Zn}及びJ_Oは，それぞれ基板に供給されるZnおよびOラジカルのフラックスである。k_{Zn}と$k_O J_O$をパラメータにフィッティングした曲線を図10中に実線で示している。この式から見積もったZnの付着係数（k_{Zn}）はO極性では0.27であるのに対し，Zn極性では1であった。また各極性において同じフラックス条件で，成長温度を変えたときの成長速度の変化を図11に示す。Zn極性では一定の成長速度なのに対し，O極性では成長温度の上昇とともに成長速度の低下が見られた。言い換えれば，Zn極性面では少なくとも成長温度900℃までは，Znの付着係数は1を維持しているのに対し，O極性面での成長では成長温度

図10　ZnO成長速度のZnフラックス依存性

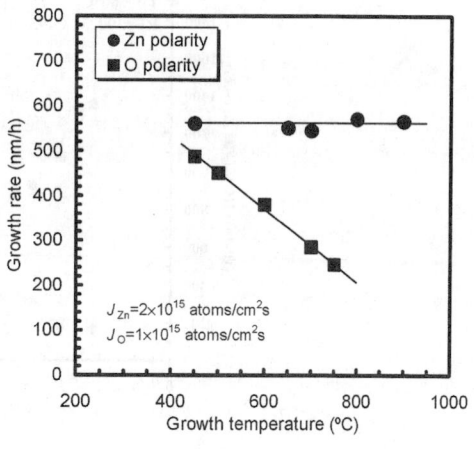

図11　ZnO成長速度の成長温度依存性

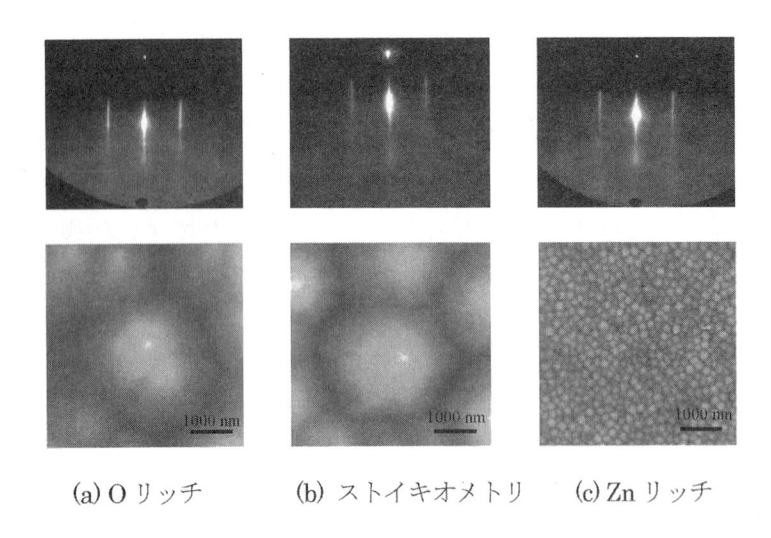

(a) O リッチ　　(b) ストイキオメトリ　　(c) Zn リッチ

図12　各フラックス条件におけるO極性ZnO膜のRHEEDパターン及びAFM像

が上がるとZnの付着係数が低下し，成長速度が減少する。これら極性によるZn付着係数の振舞いの違いは，最表面O原子の表面ダングリングボンドがZn極性では3本であるのに対し，O極性では1本であることが起因しているものと考えられる。図12にO極性面における各フラックス条件によるZnO膜のRHEEDパターン及びAFM像を示す[22]。いずれのフラックス条件においてもストリークパターンを示し，2次元成長をしているが，その表面モフォロジーはO/Zn比に強く依存している。六角形島状モフォロジーを示し，OリッチからZnリッチになるとそのサイズが3000 nmから200 nmと大きく減少し，表面粗さ（RMS値）も10 nmから2 nmと減少し平

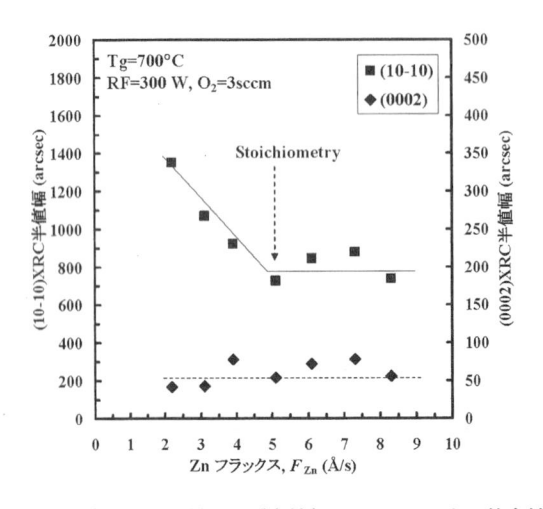

図13　X線ロッキングカーブ半値幅のZnフラックス依存性

第 2 章　結晶成長

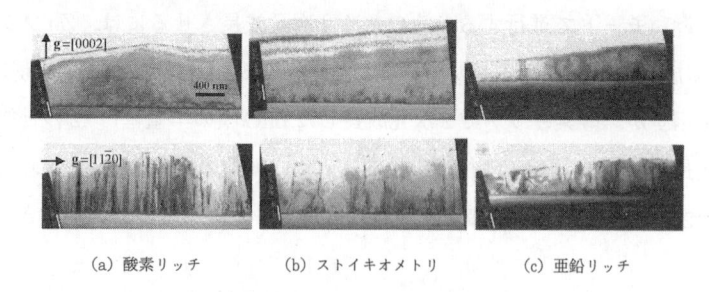

(a) 酸素リッチ　　(b) ストイキオメトリ　　(c) 亜鉛リッチ

図14　サファイア基板上 ZnO 膜の断面 TEM 暗視野像（O/Zn 比の効果）

(a) 酸素リッチ　　(b) ストイキオメトリ

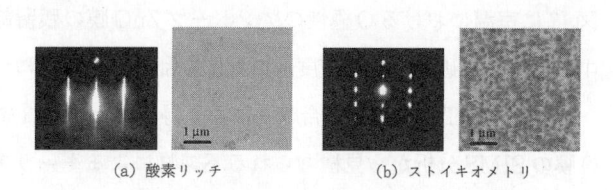

図15　Zn 極性 ZnO 膜の RHEED パターン及び AFM 像

坦性が向上した。図13に X 線ロッキングカーブ（XRC）半値幅の Zn フラックス依存性を示す[22]。ここで (0002) 回折は螺旋転位密度と関係し、(10-10) 回折は刃状転位密度と関係する。(0002) XRC 半値幅は約50秒と非常に狭く、tilt 方向にずれの少ない高品質な ZnO 膜が得られていることがわかる。一方 (10-10) XRC 半値幅は O リッチ条件において増加し、残留電子濃度も増加する傾向が見られた。図14に示すように断面 TEM（透過電子顕微鏡：Transmission Electron Microscopy）の暗視野像において、螺旋転位はほとんど観察されず刃状転位が支配的で、O リッチ条件においては明らかに刃状転位が増加することが確認された[23]。その転位密度は、ストイキオメトリ及び Zn リッチ条件では $8 \times 10^8 \mathrm{cm}^{-2}$、O リッチ条件では $2 \times 10^9 \mathrm{cm}^{-2}$ と見積もられる。このフラックス条件による転位密度の違いは、成長初期の転位の方向に起因しているものと思われる[24]。

一方 Zn 極性における ZnO 膜のフラックス条件による RHEED パターン及び AFM 像の変化を図15に示すが、極端な O リッチ条件でのみ2次元成長が得られ、Zn リッチ側での成長は3次元成長となった[21]。Zn 極性では、Zn の表面拡散長が O 極性に比べ短くなり、成長モー

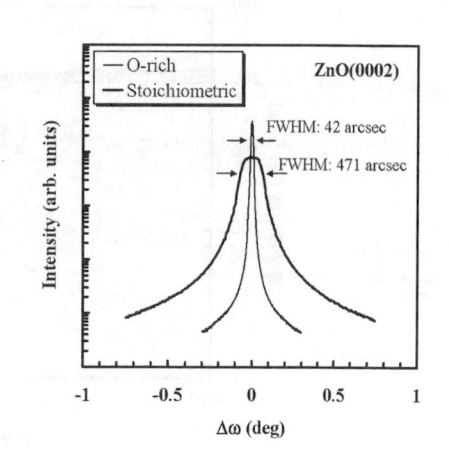

図16　Zn 極性 ZnO 膜の X 線ロッキングカーブ

ドが付着成長に近いモードで進行する。そのため2次元成長させるには，Znフラックスを落とし，c軸方向への成長速度を抑える必要があることがわかる。図16にZn極性ZnO膜のX線ロッキングカーブを示すが，酸素リッチで2次元成長したZnO膜の半値幅は42秒と狭く，亜鉛リッチ側で3次元成長したZnO膜は471秒と半値幅は広く，転位の発生・結晶性の悪化が示された。

このように極性によって最適なフラックス条件の違いや表面形態の違いが大きく変わる結果が得られている。

2.4.4 アンドープZnO膜の電気的特性向上

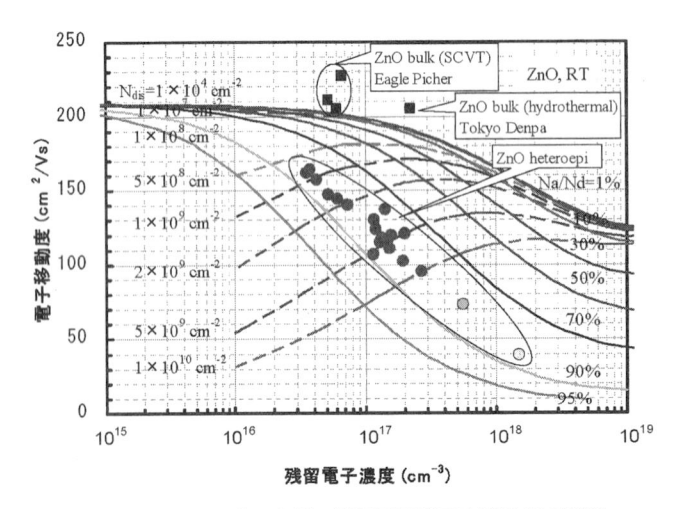

半導体としてのZnO薄膜の第一のターゲットとしては，低残留電子濃度で高品質な結晶を作らなければならない。図17に室温におけるO極性のアンドープZnO膜の残留電子濃度と電子移動度の関係を示す。図中の実線及び破線は，補償度及び転位散乱の考慮有無について計算した結果である[25]。また比較のためにSCVT法及び水熱合成法により得られた高品質なZnOバルクのデータ[26~28]も示した。ZnO膜のSIMS分析から見積もられる不純物によるキャリアの補償度：N_A/N_Dは1％程度であり，電子移動度は転位散乱に強く依存するものと考えられる。すなわちこれら残留電子濃度の低減及び電子移動度の向上は，ZnO膜中の転位密度の減少によるものと考えられる。さらに各層の成長条件や成長プロセスの最適化により，残留電子濃度：$3.7\times10^{17}\,cm^{-3}$，電子移動度：$164\,cm^2/Vs$の高品質なヘテロエピタキシャルO極性ZnO膜が再現性良く得られている。一方Zn極性のアンドープZnO膜は半絶縁性を示した。極性制御において，MgO厚みを変化させた時，2nmでは，＋cと－c（Zn極性とO極性）が混在しており，残留キャリア濃度は$1.3\times10^{17}\,cm^{-3}$に増加するが，3nmでZn極性のみとなり，残留キャリア濃度が$2.5\times10^{16}\,cm^{-3}$まで減少する。MgO厚みが6nm以上となると，抵抗率が$100\,\Omega cm$以上の高抵抗膜となる。これら高抵抗

図17 アンドープZnO膜の残留電子濃度と移動度の関係

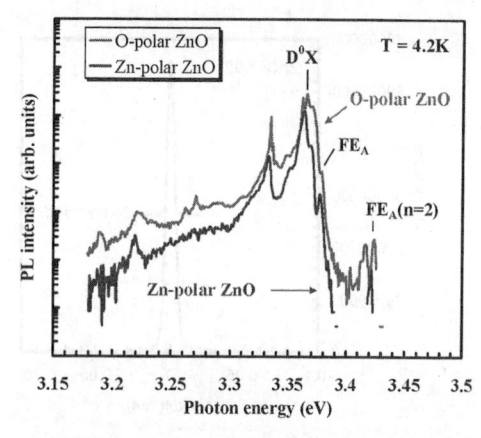

化したZn極性ZnO膜は，図18に示したように低温PLにおいて，O極性に比べてD^0X強度の減少が観測され，n型ドナーとして働くイントリンシックな欠陥が減少したためと考えられる。またこのように残留キャリア濃度の減少したアンドープZnO膜からは，Zn及びO極性いずれにおいても自由励起子発光（FE_A）が明瞭に観察され，その高次（$FE_{A,n=2}$）の発光も観察されており，光学的に見ても高品質であることがわかる。

図18 アンドープZnO膜のPLスペクトル

またZnOとの格子ミスマッチが0.09％と少ないScAlMgO$_4$基板上にPLDにより残留キャリア10^{16} cm^{-3}，移動度440 cm^2/VsとZnOバルクのデータをしのぐ高品質なZnO膜も報告されている[3]。この際やはりエピ/基板界面には低温バッファー層とアニール処理を施した層を介して，高温ZnO膜の成長を行なっており，界面制御が結晶の高品質化には必要不可欠であることが言える。

2.5 ホモエピタキシャルZnO膜の成長

ZnO基板の成長方法としては，SCVT法[26]，水熱合成法[29]，溶融法[30]，フラックス法などがあ

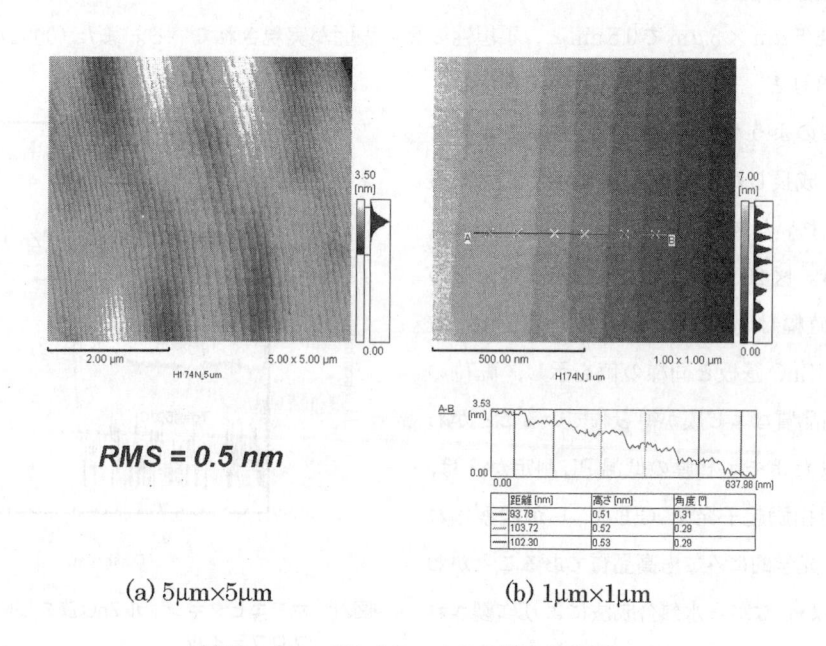

(a) 5μm×5μm   (b) 1μm×1μm

図19 ホモエピタキシャルZnO膜のAFM像

ZnO系の最新技術と応用

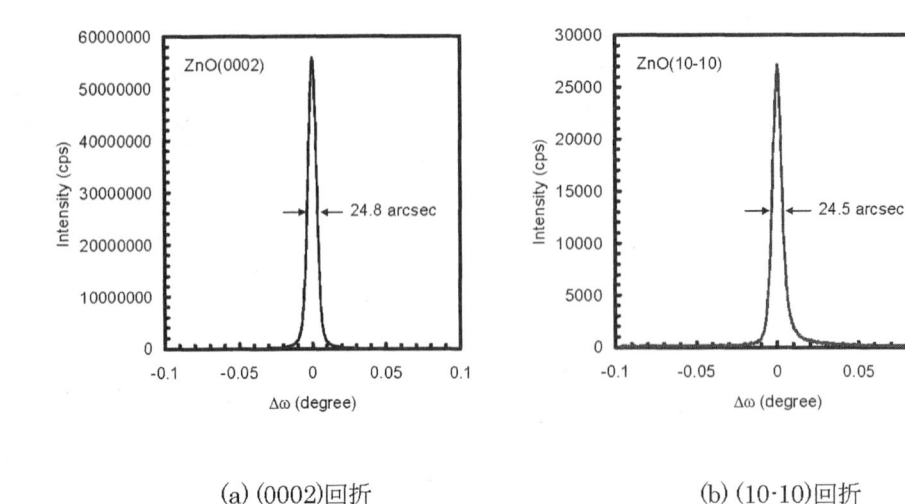

(a) (0002)回折　　　　　　　　　　　　(b) (10-10)回折

図20　ホモエピタキシャルZnO膜のX線ロッキングカーブ

り，結晶の純度の点ではSCVT法が，結晶性の点からは水熱合成法がいい結果を出している。近年，高品質な2インチサイズのZnO基板が水熱合成法により得られており[29]，ZnO基板を使用することにより，格子不整や熱膨張不整の問題を考慮することなく，高品質なエピタキシャル膜を得ることが可能となる。ZnO基板のAFM像及びX線回折から，ZnO基板表面には一様にステップ＆テラス構造が観察され，そのステップ高さは0.52nmとZnOのc軸長にあたり，表面粗さRMS値も5μm×5μmで0.5nmと，平坦性の高い表面が実現されている。また(0002)XRC半値幅も18秒と，理論半値幅に近い値を示している。このようなZnO基板の上にホモエピタキシャル成長した結果を図19に示す。エピ表面にもきれいなステップ＆テラス構造が観測されている。図20に示したようにホモエピ層のXRC半値幅は(0002)で24.8秒，(10-10)で24.5秒とZnO基板と同様の値を示し，転位の少ない高品質なエピ膜が得られていることがわかる。またホモエピ膜の低温PL測定からは，高次の自由励起子発光（$FE_{A, n=2}$）が観察されており，光学的にみても高品質であることがわかる。しかしながら水熱合成法により作製されたZnO結晶中には，その成長方法に起因した

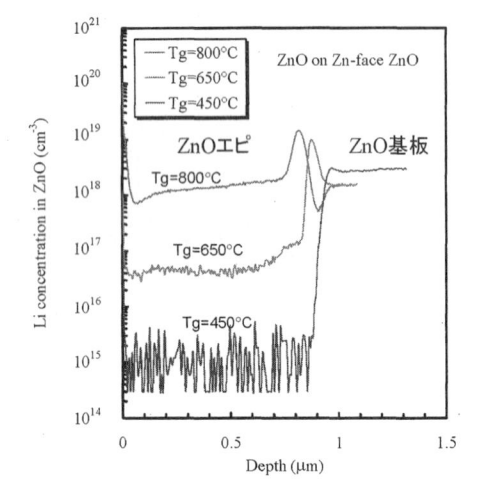

図21　ホモエピタキシャルZnO膜のSIMSデプスプロファイル

第2章　結晶成長

不純物が多く含まれている。特に Li は結晶中を拡散しやすいことから，大きな問題となりうる。図21に成長温度を変えて成長させたホモエピ膜の SIMS 結果を示すが，成長温度が高くなるに従い，基板からエピ層に拡散する Li 濃度が高くなっていることがわかる。

2.6　おわりに

　半導体としての高品質 ZnO 単結晶薄膜成長技術について，最近の研究の進展を述べた。発光デバイスをめざした伝導性制御に向けた，低残留キャリア密度かつ高品質な単結晶薄膜が近年の薄膜結晶成長技術の向上により，得られつつある。不純物添加による伝導性，特に低抵抗 p 型 ZnO 膜の実現がデバイス実現に向けて期待される。p 型化に向けた研究は数多く見られるものの再現性も含め確実かつ安定な p 型 ZnO 膜の実現された結果はまだ数少ない。今後これら高品質 ZnO 単結晶薄膜成長技術の上に，低抵抗 p 型作製及び混晶成長技術の向上により，発光デバイスが実現されるものと強く望まれる。

文　　献

1) D. M. Bagnall et al., Appl. Phys. Lett., **70**, 2230 (1997)
2) Z. K. Tang et al., Appl. Phys. Lett., **72**, 3270 (1998)
3) A. Ohtomo et al., Semicond. Sci. Technol., **20**, S1 (2005)
4) H. B. Kang et al., Jpn. J. Appl. Phys., **37**, 781 (1998)
5) M. Fujita et al., Jpn. J. Appl. Phys., **42**, 67 (2003)
6) A. Bakin et al., J. Cryst. Growth, **287**, 7 (2006)
7) A.B.M. Ashrafi et al., Jpn. J. Appl. Phys., **41**, 2851 (2002)
8) R. Triboulet et al., Prog. Cryst. Growth Chracter. Mater., **47**, 65 (2003)
9) M. Kasuga et al., J. Cryst. Growth, **54**, 185 (1981)
10) A. Ohtomo et al., Appl. Phys. Lett., **75**, 2635 (1999)
11) A. B. A. Ashrafi et al., J. Cryst. Growth, **275**, e2439 (2005)
12) Y. Chen et al., Appl. Phys. Lett., **76**, 559 (2000)
13) K. Nakahara et al., J. Cryst. Growth, **227-228**, 923 (2001)
14) A. Yoshikawa et al., Phys. Stat. Sol. (b), **241**, 620 (2004)
15) T. Ohnishi et al., Appl. Phys. Lett., **72**, 824 (1998)
16) F. Vigué et al., Appl. Phys. Lett., **79**, 194 (2001)
17) S. K. Hong et al., Appl. Surf. Sci., **190**, 491 (2002)
18) H. Kato et al., Appl. Phys. Lett., **84**, 4562 (2004)
19) O. H. Roh et al., Phys. Stat. Sol. (b), **241**, 2835 (2004)

20) S. K. Hong *et al.*, *Appl. Phys. Lett.*, **77**, 3571 (2004)
21) H. Kato *et al.*, *J. Cryst. Growth*, **265**, 375 (2004)
22) H. Kato *et al.*, *Jpn. J. Appl. Phys.*, **42**, 2241 (2003)
23) 加藤裕幸ほか, 第120回結晶工学分科会研究会, p.27 (2004)
24) A. Setiawan *et al.*, *J. Appl. Phys.*, **96**, 3763 (2004)
25) K. Miyamoto *et al.*, *Jpn. J. Appl. Phys.*, **41**, L1203 (2002)
26) D.C Look *et al.*, *Solid State Commun.*, **105**, 399 (1998)
27) D. I. Florescu *et al.*, *J. Appl. Phys.*, **91**, 890 (2002)
28) 前田克巳ほか, 第21回人口結晶工学特別講演会, p.12 (2003)
29) K. Maeda *et al.*, *Semicond. Sci. Technol.*, **20**, S49 (2005)
30) J. Nause *et al.*, *Semicond. Sci. Technol.*, **20**, S45 (2005)

3 種々のZnO多結晶薄膜作製法

富永喜久雄*

3.1 はじめに

ZnOは六方晶系のウルツァイト構造を持つ圧電半導体であり，バンドギャップ（3.35 eV）や電気機械結合係数が大きく安定している。ZnOと同様の構造を持つ材料としてCdSがあるが，この材料も圧電性が優れているために，両者は圧電材料として注目されてきた。その先鞭をつけたのは1964年のFosterらによるCdS圧電膜の研究である[1,2]。今日ではZnOは圧電材料としてばかりでなく，酸化物半導体として透明導電膜やTFT用半導体膜，さらには青色LEDやLDを視野に入れたp形ZnOの開発への挑戦もなされようとするなど，酸化物半導体としての応用も可能な興味深い材料である。また，ZnOは組成が単純でZnとOの強い反応性のため，低温でも十分c軸の揃った多結晶となりうるという膜作製上有利な性質を持っている。

ZnOは常圧下では融点を持たず1720℃で昇華するため，初期の膜作製においては困難なものとなっていた。そのようななかで膜作製に成功したのはスパッタリング法と反応性蒸着法（Rreactive evaporation）であった[3]。1965年にはWanugaらによりDC2極スパッタ法でZnO圧電膜が作成されている。しかし当時のスパッタ法の付着速度が非常に小さいために，Malbonらは反応性蒸着法を用いてZnO膜の作製を試みた[4]。この方法は通常の蒸着法とは異なり，$10^{-3} \sim 10^{-4}$ Torr（およそ$10^{-1} \sim 10^{-2}$ Pa）の酸素ガス中で蒸着が行われ，基板上の金属（Zn）を酸化する。酸素ガス分子の平均自由行程は10^{-4} Torrでは約50 cmになり，このような状況では反応性ガス中といえども金属が蒸着源から基板に到達するまでに酸化される確率は低く，酸化反応は主に基板上で行われる。このような方法で得られた膜は，基板面にc軸が垂直な圧電膜であった。

スパッタ法は初期段階では不十分な製作法とみなされたものの，引き続いて多くの研究がなされてきた。その長所はZn金属やZnO酸化物をターゲットにし，酸素ガス雰囲気中で蒸着法に比べて容器内を汚染せずにZnO膜が作製でき，またスパッタ粒子の持つ運動エネルギーが熱蒸発よりもはるかに大きいため低温基板上でも多結晶膜が作製できる点にある。ただし，他の材料作製に装置を共用せざるを得ない場合には，Zn単体が残留する割合の多い導電膜の作製においては残留Znの汚染が問題となる。

ZnO膜については多岐にわたる多くの研究がなされているが，大別すると圧電膜と導電膜にわかれる。おのおのは別個に研究されてきたために，それぞれの分野での求める特性が異なり，そ

---

* Kikuo Tominaga　徳島大学大学院　ソシオテクノサイエンス部　先進物質材料部門
　電気電子創生工学コース　助教授

の作製法においても，一方で成功する方式がもう一方では高品位膜を必ずしも作製できる手法とはならない。本節では膜作製の歴史的な流れに沿ってプラズマを利用した ZnO 多結晶膜の合成法と，そこでの問題点をスパッタリング法を中心にして話を進める。

3.2 プラズマ生成法とスパッタリング[5,6]

初期のスパッタ法は Zn ターゲットとして金属を使用し，その後高周波スパッタ法が広まるにつれて ZnO ターゲットも使用されるようになった。また，通常の平行平板2極スパッタ法のみならず，種々の形状のターゲットを用いた装置が提案され，マグネトロンスパッタ法の発明と相まって，今日では量産化されるまでに至っている。

スパッタリング法による膜作製法は，放電中に生成する正イオンをターゲット物質に衝突させ，ターゲット物質を原子状にした後，再度基板上で ZnO を再合成する薄膜作製法である。正イオンはターゲット前方部の高電界領域（陰極降下部，カソードフォールという）で加速された後にターゲットに衝突する。図1にターゲットとアノード間の電位分布を示す。このときターゲットからは Zn や酸素以外に，2次電子（γ電子）が発生し，それらはカソードフォールでターゲットからプラズマ領域方向へ加速され，ガス分子を衝突電離させ，正イオンを再生産する。放電はグロー放電を用いる。グロー放電には正規グローと異常グローの2種類があり，スパッタリングには後者が使用される。異常グロー放電ではターゲット全面がプラズマ領域に接しており，電流 I を増加させると放電電圧 V_T が上昇する特性を示す。その電流と放電電圧やガス圧との関係は

$$V_T = K_1 \frac{\sqrt{I}}{P} + K_2 \tag{1}$$

であらわされる。ここで，P はガス圧で，K_1，K_2 は電極材料，その形状，ガスの種類等により異なる定数である。図2に ZnO，$BaTiO_3$ や Cu に対する I，V_T 特性例を示す。ターゲットに接

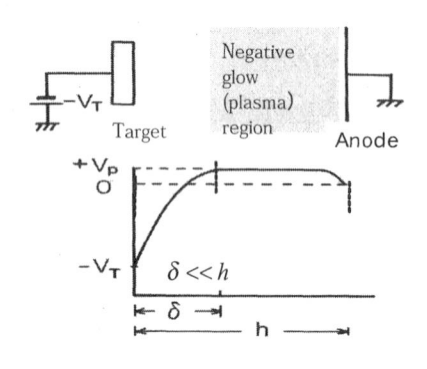

図1 ターゲットとアノード間の電位分布
ターゲット直前に高電界領域（カソードフォール）ができる。

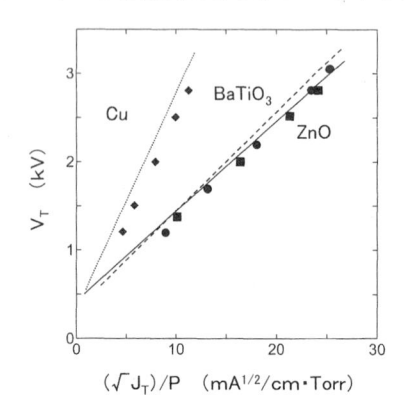

図2 2極スパッタリングにおける放電電流と放電電圧，ガス圧の関係

第2章 結晶成長

するイオン密度が大きいほど大きな電流を流すことができる。ガス圧の低下とともに放電電圧が上昇するのは以下の事情による。ターゲットから放出されたγ電子は陰極ターゲット前方部に存在する陰極降下部で加速された後，それに続くプラズマ領域（負グロー）でArやO$_2$分子の電離を引き起こす。ガス圧の低下とともにArやO$_2$の数が少なくなるため，衝突電離により同一のイオン密度を保つためにはγ電子のより大きなエネルギーを要するためである。

RF（radio frequency）放電も基本的には同様のメカニズムでスパッタされるが，絶縁性ターゲットにピーク値でV_TのRF電圧を印加すると図3に示すようにターゲット表面電圧はほぼ0から$-2V_T$まで正弦波で振動し，平均として$-V_T$の負電圧にバイアスされる。これをセルフバイアスという。イオンはこの負バイアスによりプラズマ領域からターゲットへ引き込まれ，平均してeV_Tのエネルギーでターゲット物質をスパッタする。

磁界中では電子が磁束密度Bのまわりに円運動を起こし，運動電子の軌道半径は

$$r = \frac{\sqrt{2mE}}{eB} \tag{2}$$

である。100ガウスのBでは$E=300\,\text{eV}$の電子に対して軌道半径は5.84 mmとかなり小さな値となり，電子の軌道が磁束のない場合よりも長くなる。これに対してArイオンの軌道半径は2 mで系のサイズに対してはるかに長く，磁界の影響を受けない。マグネトロン放電はこの原理を利用する。磁界中の電子がガス分子を衝突電離する確率が上昇し，その結果高いプラズマ密度が達成できる。通常用いられる13.56 MHzのRF放電では，電子がターゲット表面を加速電界と磁界が直交する領域においてガス分子を衝突電離する。電子は図4に示すようにサイクロイド運動をしながらガス分子と衝突するまでターゲット電極上を動き，このためガス分子の希薄な10^{-3} Torr台まで高いプラズマ密度をターゲット近傍で維持できるので，マグネトロンスパッタに利用されている。プレーナマグネトロンスパッタの場合の電流Iと放電電圧V_Tの関係は

$$I = KV_T{}^n \quad (n = 5\sim10\,\text{程度}) \tag{3}$$

で示され，イオン化効率の大きい程n値は大きくなる。マグネトロンスパッタの特長は，電流

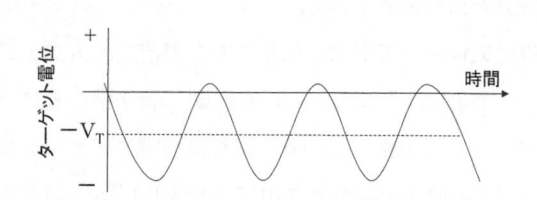

図3　RFスパッタリングにおけるターゲットの電位変化
セルフバイアス（負電位）が発生する。

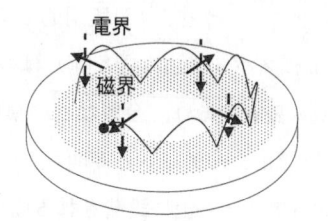

図4　プレーナマグネトロンスパッタ法におけるターゲット上の電子のサイクロイド運動

が変化しても放電電圧はほとんど変化せず一定に保たれることにある。これはプラズマ領域から正イオンがターゲットに流入しても，その分を補う高いプラズマ密度が達成されていることを意味している。大きなイオン電流がターゲットに流入する特徴を有し，高速膜作製が可能となる。

また，電子の回転数は粒子のエネルギーには関係なく，サイクロトロン周波数として知られる周波数で磁束の周りを回転する。回転の周波数 f は

$$f = \frac{eB}{2\pi m} \tag{4}$$

で与えられ，$f = 2.45$ GHz に対して $B = 874$ Gauss となる。この条件で電子はサイクロトロン共鳴を起こし，電子は十分に加速される。したがって，マグネトロン放電がターゲット近傍にプラズマが限定されるのに比べ，マイクロ波電界中ではガス分子内の電子を直接励起でき，マイクロ波放電をおこすことができる。この場合はマグネトロンスパッタ法よりもさらに低いガス圧（10^{-4} Torr 台）でも高いプラズマ密度を維持できる点に特徴がある。ECR（Electron cycrotoron resonance）スパッタ法におけるマイクロ波プラズマ源として用いられる。

3.3 ZnO スパッタ膜作製法
3.3.1 c 軸配向 ZnO スパッタ膜の作製

一口にスパッタ法といっても用いられる手法の違いにより多くの作製法が提案されている。ターゲット電極やアノードや基板の配置，ターゲット電極数や，使用電源の種類（直流，高周波，マイクロ波），磁界の有無等により多種多様のスパッタ方式があり，それらはその時代時代の問題を解決すべく提案されてきたものである。ZnO に関しては，最初 Wanuga らやそれにつづく Dietz や Rozgonyi and Polito による報告では c 軸の分散（通常はロッキング曲線の半値幅）が 10 度程度もあり，今日の ZnO 膜の結果（$0.58° \sim 6.4°$）と比べてかなり大きなものであった。これ以降のスパッタ法の改良としては圧電性 ZnO 膜に関してはいかに c 軸を基板に対して揃えた多結晶膜を作製するかに主眼を置いている。

これらの中で代表的な手法を図 5(a)〜(c)に示す。(a)は平板 2 極スパッタ法，(b)はプレーナマグネトロンスパッタ法，(c)は実用的な基板回転装置を持つ装置である。

DC 2 極スパッタ法（図 5(a)）はスパッタの歴史において最初に使用された方法で，スパッタ法の基本装置であり，金属などの膜作製では今日でも普通に用いられている。ZnO 膜作製においては，Zn ターゲットと接地された陽極（アノード）電極からなる。基板は通常ターゲットに対向するアノード上に設置される場合が多い。Ar と酸素の混合ガス中で，0.03-0.1 Torr 程度の範囲で，Zn ターゲットに数百 V から数 kV にわたる負の電圧を印加するとグロー放電をおこし，ガス分子が電離される。2 極スパッタ法の特徴として，大きな電流を流すためには DC では 1

第 2 章　結晶成長

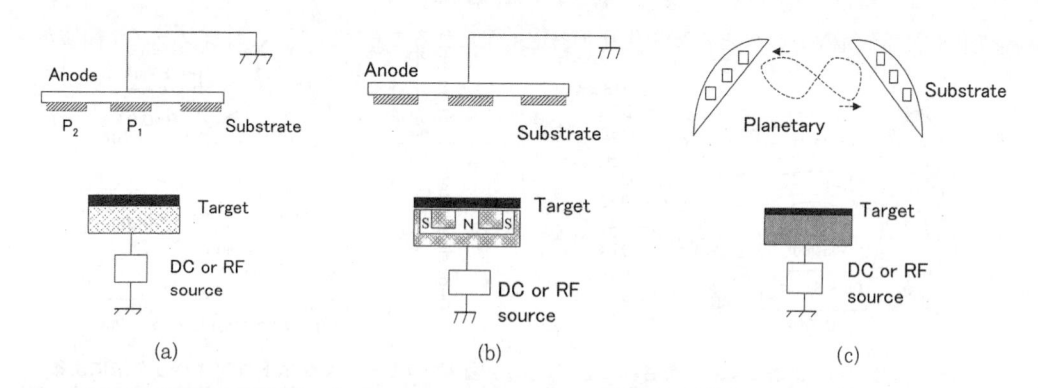

図5　代表的なスパッタ法
(a)平板 2 極スパッタ法，(b)プレーナマグネトロンスパッタ法，(c)実用的な基板回転装置付スパッタ法。

kV 以上の高い電圧を必要とするが，スパッタ時に発生したγ電子の大半は高いエネルギーを持ったままアノードに到達してしまうために電離効率は高くない。このためアノードの加熱が無視できないことになり，基板を精密に一定温度に保持するという点ではかなり問題となる。また，後述の負イオン発生に伴う高速酸素イオンの影響も問題となり，高品質の ZnO 膜作製には後述の工夫を要する。

その後図 5(b)に示すようなマグネトロンスパッタ装置により c 軸配向度の高い ZnO 膜作製に成功した。現在ではこの方式が膜作製の主流となっている。スパッタ法の特長として，大きい放電電流による高速の膜作製と低い放電電圧があげられる。しかしながら，この装置の特長と X 線回折線のロッキング曲線の半値幅から評価できる ZnO 膜の c 軸配向性の向上との因果関係は 1980 年までは明確でなかった。(c)図に示す装置では基板をサテライト運動をさせることで膜の均一性がさらに向上する。

3.3.2　圧電性 ZnO スパッタ膜作製における問題点

上に述べたように，1965 年以降の圧電性 ZnO 膜作製においての問題点は c 軸配向度の向上と膜形成速度の向上であったといえる。前者は X 線回折線のロッキング曲線の半値幅から評価できる。これらについて改善を目指したスパッタ方式について以下に述べる。

① 膜特性の基板位置依存性とターゲット形状依存性

基板の設置位置が ZnO 膜の c 軸配向度に関係があることをはじめて指摘したのは 1972 年 Minakata らであった[7,8]。かれらは図 5(a)に示すような平板 2 極 DC スパッタリング法により ZnO ターゲットをスパッタして ZnO 膜を合成して，そのときターゲット面に向かい合った前方部の基板位置よりも off-axis の基板位置の方が c 軸配向性が向上し，実用に供することのできる圧電性 ZnO 膜が得られることを示した。さらに，膜の形成速度の空間的分布を丹念に測定した結果，図 6 に示す結果を得た。off-axis の位置で膜形成速度が大きいことを示している。同

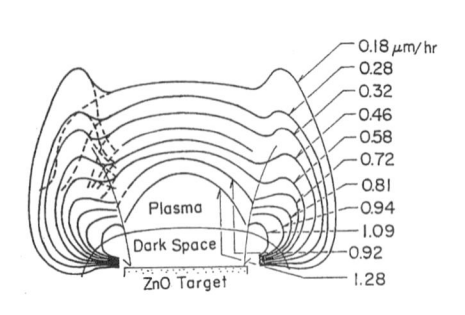

図6　2極スパッタ法により作製されたZnO膜の膜付着速度の基板位置依存性[7]

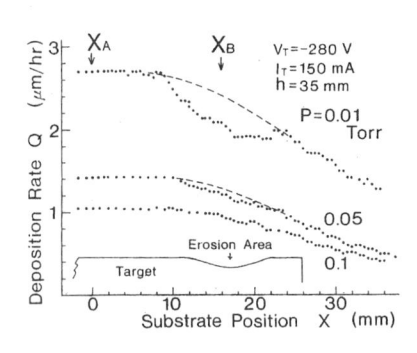

図7　プレーナマグネトロンスパッタ法によるZnO膜の膜付着速度の基板位置依存性

様の結果は1976年，Ohjiらにより基板位置P_2では基板位置P_1よりもc軸配向性がよくなることが報告された。また，ターゲットの形状を半球型にすることでc軸配向性が平板ターゲットの場合に比して向上することも同時に報告された[9,10]。プレーナマグネトロンにおける例として同様の結果がTominagaらにより図7に示すように報告されている[11]。消耗部に対向する基板位置で膜形成速度が減少している。この場合，実験的に通常のプレーナマグネトロンスパッタよりもターゲット消耗部の領域を制限し，電流密度が高くなるように設計しているので，プレーナマグネトロンスパッタにおいてもこのような現象が観測されたものであろう。これらの結果はZnOの膜形成速度がターゲット消耗部に対向する基板位置では何らかの理由により低下していることを示すものである。この結果はc軸配向度と基板位置やターゲットの形状が関係のあることを示している。

② スパッタ膜作製における高速酸素イオンや高速酸素原子

上述の不可思議な現象を理解するためには膜を衝撃している高速粒子について定量的測定が重要であるので，以下この測定について述べる。ZnOのスパッタにおいて，これらの高速粒子が高速酸素負イオンや高速酸素原子であることがTOF（Time-of-flight）法を用いて証明された[12]。

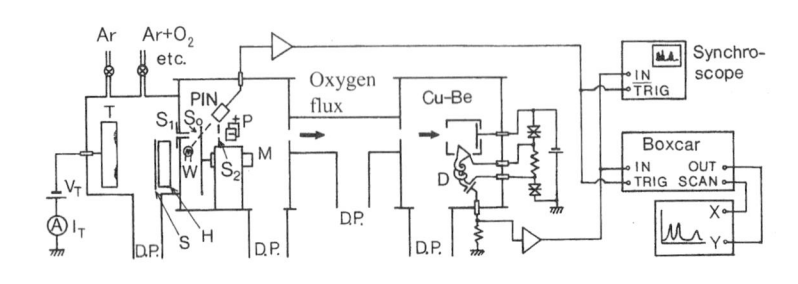

図8　飛行時間法（TOF法）による高速酸素検出装置[12]
ターゲット（T）から出発した高速酸素は高速回転円板でチョップされた後，Cu-Be検出板位置まで飛行した後にCu-Be板から2次電子を放出する。その2次電子を増倍して検出する。

第 2 章 結晶成長

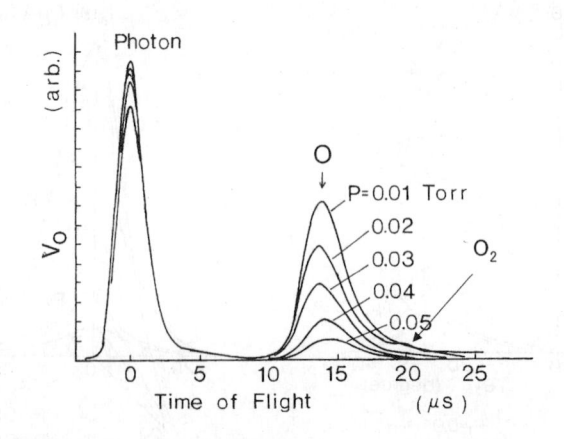

図 9 高速酸素による TOF 信号例（RF スパッタ法，ターゲット ZnO）

図 8 にその測定の概略を示す。ターゲット表面で生成した高速粒子を細いスリット S_1 を通して測定室へ導き，途中でチョッパーによりパルス上のビームにする。その粒子ビームを 1 m 飛行後検出し，その飛行時間を計測するものである。図 9 にその測定例を示す。第 1 のピークはスパッタ時にターゲットから発生するフォトン（短波長紫外線）による信号であり，第 1 ピークから遅れて現れる第 2，第 3 ピークがそれぞれ酸素原子，酸素分子によるものである。それらの持つエネルギーはターゲットに印加した電圧に相当する。Ar や ZnO といったものには対応した信号は観測されなかった。スパッタ時にターゲット表面の酸化物を Ar や O_2 などでスパッタする際，負イオン（O^- イオン）が生成し，それがターゲットに接したプラズマ領域端に形成されているカソードフォールで加速され，ターゲット前方へ高速酸素負イオンとして飛来する。この高速酸素負イオンの一部はガス分子との電荷交換により中性化され高速酸素原子として飛来する。これにより，高速粒子の大半は酸素負イオンや原子によるものであることが判明した。したがって，基板をターゲット前方部へ設置したときにはこれらの高速負イオンや高速中性原子による膜衝撃の影響が強くあらわれる場合がある。

これらの高速酸素原子，負イオンは図 10 に示す簡便なプローブを使っても検出でき，Tominaga らはこの高速酸素原子，イオンを同時に測定した。スリットの直後に電子トラップやプラズマからの流入イオンを取り除くフィルタを置き，高速粒子のみをコレクタで検出するものである。コレクタのバイアス電圧により負イオンと中性イオンビームを分離して計測できる。プレーナマグネトロンスパッタの

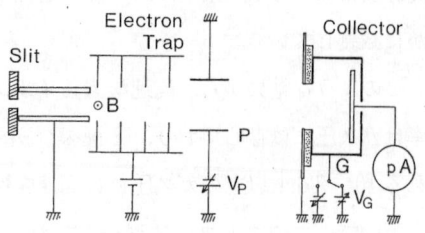

図 10 高速酸素の中性原子，負イオンの検出プローブ
O 原子はコレクタ G での 2 次電子放出電流として検出され，O^- イオンはそのままコレクタ電流として検出される。

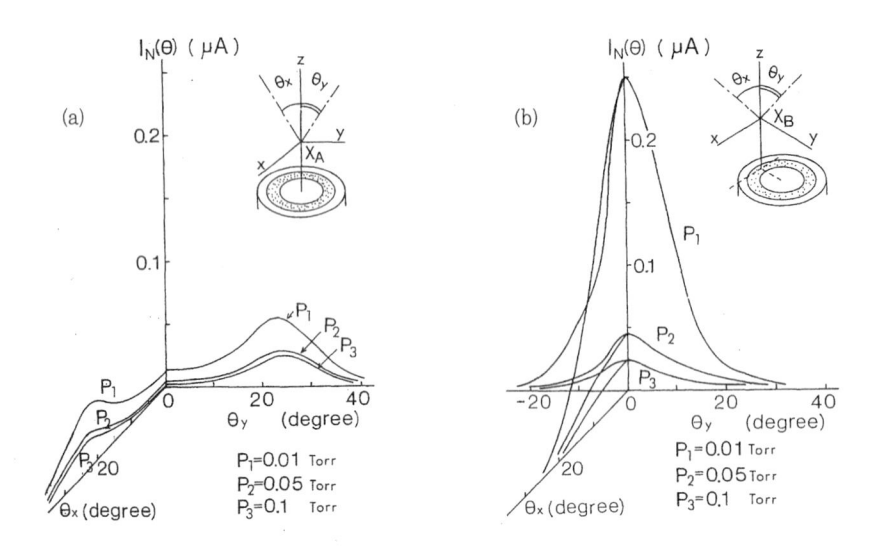

図11 プレーナマグネトロンスパッタリングにおける高速酸素の信号強度分布
(a) ターゲット中心に対向する基板位置，(b) ターゲットのエロージョン部（消耗部）に対向する基板位置

場合のターゲットの中心より消耗部に対向する基板位置での高速酸素原子の分布を図11に示す。ターゲット消耗部に対向する位置での高速酸素による信号が強いことがわかる[11]。

ZnOのスパッタ時の高速酸素負イオンによる電流I_{im}と高速酸素原子によるコレクタ電流I_NのArガス圧依存性を図12に示す。高速酸素負イオンはガス圧の増加とともに指数関数的に減衰していく。これに対して、高速酸素原子は6×10^{-3} Torrで極大値をとり、そのガス圧より高いガス圧では指数関数的に減衰していく。およそ5×10^{-3} Torrで両者の量が等しい。高速酸素原子は高速酸素負イオンとAr原子との電荷交換で生成される。このときは高速酸素負イオンの持つエネルギーはほぼ高速中性酸素原子へ引き継がれる。その後、高速酸素原子はAr原子による散乱過程によりゆるやかに減衰していく。

このような結果から、高速酸素負イオンと原子の比率はガス圧に依存しており、2極スパッタで主に行われる10^{-2} Torr以上のガス圧では高速中性酸素原子が支配的で、マグネトロンスパッタでの3×10^{-3} Torr以下のガス圧では高速酸素負イオンが支配的となるといえる。その間のガス圧では両者は同程度である。ZnO膜への高速酸粒子の影響を考える場合この点に

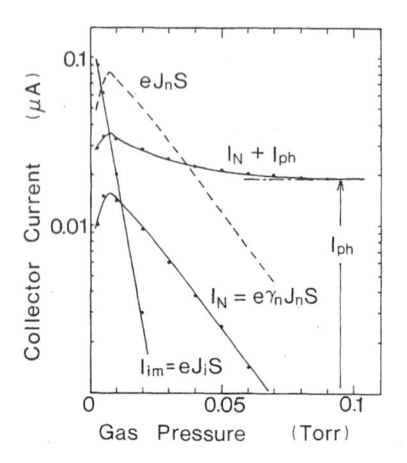

図12 高速酸素による粒子束による電流のガス圧依存性
J_iはO$^-$イオン束、J_nはO原子束。

第2章　結晶成長

注意する。

　ZnO ターゲット消耗部のパターンが ZnO 膜の c 軸配向度の低下にほぼ転写されることに端を発し，高品位圧電膜作製の阻害要因の鍵が高速酸素の存在にあることがあきらかになった。次節ではこれまでの圧電性 ZnO 膜合成法と高速酸素粒子束との関連について検討する。

3.4　圧電性 ZnO 膜のその他の合成法
3.4.1　off-axis 位置での作製

　ZnO 膜の c 軸配向度に及ぼす高速酸素の影響の度合いは高速酸素（中性原子，負イオン）の粒子束 Φ とそのエネルギー E の積と膜形成速度 Q の比（$\Phi E/Q$）が関係してくる。図13(a)に示すように，2極スパッタ装置において基板をターゲットに対向する位置からずらして off-axis 位置に設置することで c 軸配向度が改善できる。これは多分に高速酸素が ZnO 膜の結晶化を妨げていることで説明できる。図13(b)に示す半球型ターゲットを使用することでも c 軸配向度の改善が見られる[9,10]。このことは高速酸素の粒子束 Φ を平行平板電極に比べて低減できるためである。

3.4.2　マグネトロンスパッタ法

　プレーナマグネトロンスパッタ法は図5(b)で示すように，ターゲットの背後に内臓磁石を設置したスパッタ法であるが，放電電圧が2極スパッタ法に比べて低くでき，高速酸素の持つエネルギーはほぼ放電電圧に等しいので膜への影響が低下できる。同じマグネトロンスパッタ法でも，図13(c)に示す同軸型マグネトロンスパッタ法も提案されている[13]。これは柱状ターゲットの軸方向に磁界を印加して，柱状ターゲット面上で電子をサイクロイド運動させて高密度プラズマを発生するものである。同軸型マグネトロンスパッタ法は放電電流を大きくできるため膜の形成速度の増大を図るとともに，基板を設置するアノードの面積を大きくして Φ を小さくできる。このことは Φ/Q 小さくすることで高速酸素の膜への影響を低減する。さらに，図5(c)のように基板をサテライト回転することで，高速酸素の当たる時間を短く，かつ平均化することで，高速粒子束 Φ の平均値を小さくすることで膜特性の向上が達成できる。

　ZnO 膜を圧電体として使用するときに膜に高電界を印加する必要があり，圧電性の ZnO 膜は絶縁性に優れていることが必要である。現在では ZnO に Ni などを添加して絶縁性に優れ，かつ c 軸配向度の良好な膜作製が行われている[14]。マグネトロンスパッタ法は c 軸の配向度の高い膜ができる手法である。

3.4.3　対向ターゲット式スパッタ法[15～19]

　スパッタ時には高速酸素以外に γ 電子が発生し，基板の温度を上昇させてしまう。2枚のターゲットを向き合わせ，ターゲット面に垂直な磁界でこの γ 電子をトラップするとともに，ターゲット間を往復運動させることで電離効率を上げることができる（図13(d)）。また，極性の異なるプ

ZnO系の最新技術と応用

図13 種々のZnO膜作製方式
(a) off-axis位置でのZnO膜作製，(b) 半球型ターゲットによる作製，(c) 円柱形ターゲットを用いる同軸型マグネトロンスパッタ法，(d) 対向ターゲット式スパッタ法，(e) 対向ターゲット式マグネトロンスパッタ法，(f) ECRスパッタ法，(g) PLD法，(h) ECRアシストMBE法

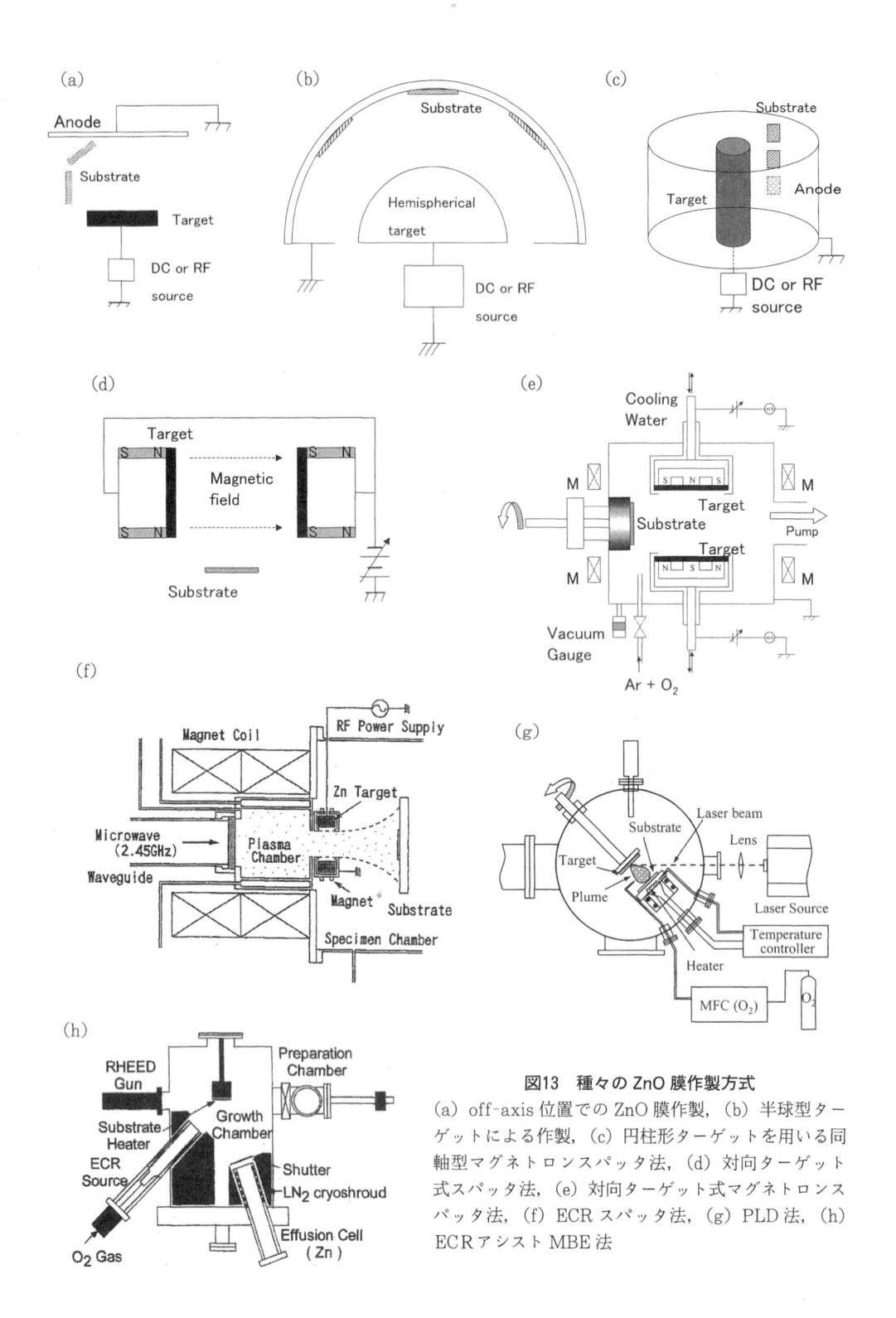

レーナマグネトロン用ターゲットホルダを同様に向かいあわせる方式（図13(e)）や斜めに対向させる方式なども提案されている。いずれも 10^{-3} Torr 以下の低ガス圧まで放電を維持できる。基板は off-axis の位置に設置されているので，原理的に高速酸素粒子の影響を避けることができる。

3.4.4 ECR スパッタ法

Kadota らは図13(f)に示すような ECR スパッタ法により ZnO 膜作製を試みた[20~22]。ターゲットに印加する電圧とターゲットがマグネトロンスパッタ用かどうかで DC 型，RF 型，RF マグネトロン型に分類される。この方法の特徴は，マイクロ波をガス分子の電離に用いるため，通常のマグネトロンスパッタよりも低ガス圧の 10^{-4} Torr でも放電が可能で，構造上 Zn ターゲットの消耗部に対して基板位置が off-axis の配置で膜作製を行っていることでΦは小さい。DC 型では異常放電がおきやすく，高抵抗率の圧電用 ZnO 膜には向いていないが，RF を用いると安定な放電が維持できる。低ガス圧であるため，スパッタ原子のエネルギーを保持したまま基板上へ到達し，蒸着原子の運動量が大きいことや，導入ガスの膜中への取り込みを低減することにより，スパッタ膜では通常観察される柱状構造を持たない緻密な膜が得られることが知られている[23]。

ECR 法の導電性 ZnO 膜作製への適用例は見当たらないが，理由は導電膜では大面積の膜作製を目指しているためであろう。

3.4.5 PLD 法（Pulsed Laser Deposition）

PLD 装置の基本配置を図13(g)に示す。O_2 雰囲気で作製しても抵抗率は $10^3 \Omega$cm 程度しか上昇せず，原理的には酸素欠損を補填するにいたらない[24]。これはプルーム内で ZnO の分解が進むことが原因であろうが，圧電膜に関しての報告はまだ十分出揃ったとはいえない。

3.4.6 ECR アシスト MBE 法

ECR アシスト MBE が主に単結晶 ZnO 膜作製を目指して行われている[25]。図13(h)に示すように超高真空チャンバー内でクヌーセンセル（分子線源）や酸素ラジカル源としての ECR プラズマ源や RF プラズマ源を用いて基板上で Zn と O を直接反応させる手法である。

その他，ZnO 膜の作製においての全般的な問題として工業的には異常放電が大きな問題である。その原因はスパッタ時に ZnO ターゲット消耗部とそれ以外の境界上に絶縁性の微小粒子が堆積し，そこへ電子が帯電することでアーク放電が生ずることが原因であることが知られている。そこでこの帯電電子を中和するために，単一のターゲットを持つスパッタ装置では負の直流放電電流に正のパルスを重畳することが有効であり[16]，また，対向ターゲット式スパッタ法やデュアルマグネトロンスパッタ法のように，2個のターゲットを使用する装置では DC パルスを交互に印加するバイポーラスパッタ方式が有効である[26]。

3.5 透明導電膜における ZnO 多結晶膜作製法

導電膜としての ZnO は可視光に対して透明な半導体であり,酸素欠損(もしくは格子間 Zn)がドナーとなることが知られている。したがって,Ar ガス中で ZnO ターゲットをスパッタして薄膜を作製すると幾分の酸素欠損状態となり n 形導電を示す。また,ZnO に Al,Ga,In などのⅢ価の金属を添加することで価電子制御型の n 形半導体が得られる。このため In_2O_3:Sn(ITO)と同様に透明導電材料としての利用がなされている。透明導電膜の作製法における課題は圧電膜とは幾分異なり,まずは透明で,低抵抗率の薄膜作製を実現することで,その他に緻密さや表面平坦性,高速製膜などが要求される。太陽電池用としては,光の反射を減らすための textured cell として,ITO では実現できないテクスチャー(凸凹化)構造を持つ ZnO 導電膜も検討されている。

最初は不純物の添加が無い酸素欠損(もしくは格子間 Zn)によりキャリア生成された ZnO 膜(ZnO:Ov)からスタートし,現在 ZnO:Al(AZO)や ZnO:Ga(GZO)などの材料開発が進み,安価で低抵抗,大面積な膜作製が可能になっている。これは作製法において多くの課題を克服してきた結果である。これと相まって作製手法も多彩になり,スパッタ法のみならずプラズマを用いた特徴ある膜作製法が試みられ,その他半導体製造分野での手法でも ZnO 膜作製が検討されるに至っている。

3.5.1 各種スパッタ法による導電膜作製と抵抗率の基板位置依存性

ZnO:O$_V$ については,2極スパッタ法によりターゲットに対向する基板位置で得られた膜の特徴は結晶の c 軸配向性が低く,基板面に対して c 軸が必ずしも単一にそろっていないし,アモルファスに近いほど回折線強度は弱くなる。また,作製時の雰囲気ガスとしてほとんどの場合純 Ar が用いられるが,Ar のガス圧に対する ZnO のキャリヤ密度や移動度の依存性が大きいものとなっている。これに対して,プレーナマグネトロンスパッタ法では 10^{-3} Ωcm くらいの抵抗率の膜が 10^{-2} Torr 以下のガス圧で実現されているが,これより低い抵抗率の膜作製は非常に難しい。この場合でもターゲット消耗部から影になる off-axis の基板位置では低抵抗になることが認められている。透明導電膜の抵抗率への基板位置依存性が認められたのは,圧電膜の c 軸配向性の基板位置依存性の報告の約10年後の 1983-84 年である[27,28]。

酸素欠損をドナー源とする ZnO:O$_V$ 膜は酸素に対して敏感で,高温での使用に対する耐性に劣る。このために不純物を添加した ZnO 膜の作製が試みられた。不純物添加 ZnO 膜は ZnO:O$_V$ に比べて c 軸配向度が揃う傾向にあるが,その理由は明確ではない。不純物添加導電膜としては1983年にスプレー法で In が ZnO に添加され,約 10^{-3} Ωcm の膜を得ている。スプレー法にもかかわらず In を添加した膜は c 軸が基板面に垂直に配向する傾向が強いことが示された[29]。また,Minami らにより Al 添加の ZnO 膜(AZO)作製がプレーナマグネトロンスパッタ法で

第2章 結晶成長

なされた。この手法で比較的簡単に 10^{-4} Ωcm 台の ZnO 膜が得られるようになった[30, 31]。プレーナマグネトロンスパッタ法でも導電性 ZnO 膜の抵抗率において圧電膜の c 軸配向度の基板位置依存性と同じ基板位置依存性が観測され、特に低温基板温度においては顕著になる[32~35]。

その後 AZO のみでなく、Ga を添加した ZnO 膜（GZO）に関してもプレーナマグネトロンの磁界強度を強くし、Ga の添加量の最適化をはかることで 2.2×10^{-4} Ωcm の GZO を得ている[36, 37]。ZnO スパッタ膜の（00・2）回折線は ZnO 粉末のそれより低角度側にずれるが、磁界の強度が弱いときの方がそのずれ角が大きく、回折線の半値幅（FWHM）も大きい。これは格子歪や格子欠陥が大きいことを示している。磁界を増すことでずれ角、FWHM も小さくなる。これは磁界の強度を強くすることが放電電圧を低下させ、その結果、高速酸素のエネルギーが減少することによると考えられている。

同様の現象は ITO においても観測される。特に ITO 膜では放電電圧を低下させることで抵抗率の低減が実現できることを示している[38~40]。図11に示すように、抵抗率の上昇した基板位置では高速酸素原子、負イオンが多く、これらの特異な基板位置依存性は酸素原子、負イオンの供給過剰によるものと考えられている。

高速酸素粒子による膜衝撃の影響を避ける方式として off-axis 位置での膜作製が有効であるが、これに対応するマグネトロンスパッタ装置に対向ターゲット式スパッタ法がある。図13(e)に示すような装置で、2つの極性の反対称な磁界分布を持つプレーナマグネトロンスパッタ用ターゲットホルダにより膜作製を行った。おのおののターゲットでマグネトロンスパッタが可能であるため、独立にスパッタが行うことができる点に便利さがある。高速酸素粒子はターゲット面に垂直方向のみに限定され、off-axis の位置の基板ホルダには直接飛来しないため容易に低抵抗の ZnO 膜が作製できる[17]。また、図14に一方に ZnO：Al や ZnO をターゲットとし、他方に Zn ターゲットを用いてスパッタした例を示す。これにより最適の条件は Zn が幾分過剰にスパッタされる方が最低抵抗率の膜が得られ、そのときキャリア密度、移動度も最大値をとり、（00・2）回折線の FWHM も最小値を示す[41~43]。この結果は単一ターゲットのスパッタでは Zn が不足気味の条件にあり、最適な ZnO 成長には Zn を補充する必要があることを示す。特に ZnO：O$_V$ 膜の場合は顕著である。

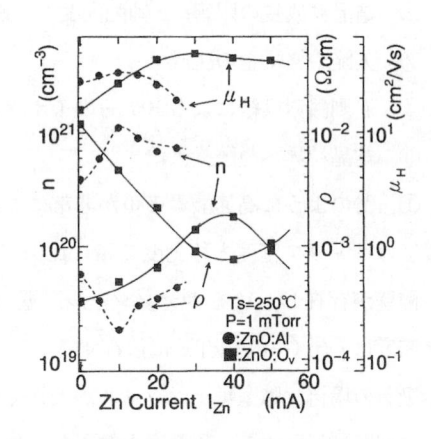

図14 ZnO と Zn の同時スパッタによる膜作製の電気特性の Zn 放電電流依存性
実線：ZnO：O$_V$　　破線：ZnO：Al

3.5.2 導電膜作製における高速酸素の役割

透明導電膜用 ZnO の膜作製における高速酸素の影響はまず抵抗率がターゲット消耗部のパターンを複写する形で観測されている。特に不純物を添加していない ZnO：O_V 膜においてはこのようなパターンが顕著に観測される。ZnO：Al 等のように Al_2O_3 を添加したときには抵抗率の基板位置依存性は認められるが，ZnO：O_V ほど明らかではない。先に示した GZO の例では，マグネトロンの磁界強度が 600-1000 Gauss と強くなり放電電圧が低下すると，抵抗率の基板位置依存性はそれほど目立たなくなる[36]。

圧電性 ZnO 膜と同様な基板位置依存性を示すことは膜を衝撃している高速酸素粒子（イオン，原子）が抵抗率へ影響している結果であろうが，粒子束のレベルやエネルギー，結晶粒界の多寡によりその現れ方はそれぞれ異なるであろう。また，導電膜は酸素原子，分子との反応を伴っており，それが直接キャリア密度に影響してくる。この点は圧電性 ZnO の場合には，キャリアの多寡については無視し得て，結晶粒の c -軸の配向度や膜の密度，結晶粒径に注意を払っておればよかったことと異なる。

半導体は昔から構造敏感な材料であるといわれており，金属とは異なりわずかな影響が電気伝導を大きく変化させる。ZnO の場合も半導体である以上，Si ほどではないがこのような性格を有する。ZnO スパッタ膜においては常に酸素原子の存在下で膜作製を行う。その中で高速酸素が膜の電気伝導に及ぼす影響は圧電膜の場合に比べて敏感なものになる。

高速酸素の ZnO 膜に及ぼす影響は 3.4 で述べたようにその粒子束Φとエネルギー E に依存する。程度の大きいものから列挙すると，

① 組成比のずれや膜の再スパッタリング（甚だしい時は基板の再スパッタリングもある）
② 結晶粒成長の阻害，c 軸配向度への影響
③ 欠陥や格子歪の生成
④ 過剰酸素供給によるドナーのイオン化度の低下や酸素欠損の補償
⑤ 結晶粒界への酸素供給

①，②のように高速酸素束Φが非常に大きな場合の電気伝導は次のように考えられる。電気伝導度はキャリア密度と移動度の積に比例する。多結晶 ZnO の場合，粒界においてはポテンシャル障壁が存在し，V をポテンシャル障壁の高さとすると，実効的に電気伝導に寄与するキャリア密度は $\exp(-eV/kT)$ に依存する。粒界面を通じて外部から酸素の出入りが可能なため，酸素吸着の場合は障壁ポテンシャルが大きくなる。さらに，粒界の占める割合が大きくなるとキャリア密度は低下する。移動度も粒界の占める割合の増加とともに，そこでのキャリアの散乱のために減少する。高速酸素の膜衝撃は ZnO：O_V の場合は結晶粒成長を妨げるため，粒界の占める面積を増大させる。このことはキャリア密度，移動度の両面から電気伝導度を低下させるため，

第 2 章　結晶成長

高速酸素の膜衝撃が大きな影響を及ぼす理由と考えられる。ZnO：Al 中ではキャリア密度が 10^{21} cm^{-3} 程度存在している。このような半導体は縮退半導体として知られており，フェルミ準位が伝導帯の中まで入っており，伝導電子は金属的な振る舞いをする。このような場合，粒界での電子の散乱にかわり Al 等によるイオン散乱が移動度を決める支配要因になる。キャリア密度は Al が Zn 位置を占める割合（ドナーのイオン化効率）と ZnO 粒内部と粒界および基板と膜の界面での欠陥生成が支配要因であろう。膜作製時の高速酸素の膜衝撃のこれらの要因への影響は単純に分離して議論できるまで解明されていない。

　スパッタ装置の改良が進むにつれて，高速酸素のエネルギーも小さく，かつ酸素粒子束も低減されるような構造のものになっている。それに伴い，高速酸素の影響についても小さなものになりつつある。最後に挙げた上記④，⑤のレベルでは膜成長時における活性酸素の過剰供給のみが残る。このような条件では ZnO の導電性を決めるのは活性酸素と ZnO の化学反応で支配される特性であろう。これらの中間の③のレベルにおける高速酸素の ZnO 導電膜への影響は化学的か物理的かは一概に言えず，スパッタ装置に依存しており，おそらく両者が並存しているのであろう。

3.5.3　スパッタ法以外による ZnO 導電膜作製

　MOCVD 法[44~46]が 1981 年にジエチル亜鉛を亜鉛の原料ガスとして試みられて以降，主にテクスチャー構造を持つ太陽電池用の透明導電膜としての開発がなされている。各種の出発原料を変えて試みられているが，いずれの場合でもスパッタ法よりも幾分高い基板温度で低抵抗の薄膜作製が実現されている。MOCVD は基本的に取り扱いに注意を要する手法であり，環境や安全面で特段の設備を要する。その中で，Minami らは安定な Zn$(C_5H_7O_2)_2$ を用いる方法を試みている[47, 48]。

　Suzuki らは図 13(g) に示した PLD 法により 1.43×10^{-4} Ωcm の Al 添加の ZnO（AZO）が得られることを示した[49]。プルームに対して磁界を垂直に印加するなど，製膜条件の最適化をはかることで現在最小抵抗値 8.54×10^{-5} Ωcm を報告している[50]。そのときガラス基板と AZO 膜の界面では AZO 原子配列の乱れが非常に小さいことが認められている。これはアブレーション源のエネルギーを緩和したためであるとされている。Ga を添加した ZnO（GZO）についてもテクスチャー構造を持つ膜作製に成功している[51]。

　また，イオンプレーティング法の一種として最近アーク放電蒸着法が提案されている[52, 53]。イオンプレーティング法は蒸着粒子をイオン化した後，電界で加速して基板上に付着させ，おもに基板との密着性を向上させることに特徴がある。従来は蒸着源にるつぼ，電子ビーム蒸発が用いられたが，図 15 に示すような装置で，Uramoto[54]により発明された Ur-gun を用いて製膜室を酸素ガス圧の 10^{-3}-10^{-4} Torr 台に保って，プラズマガンの陰極部と製膜室内に設置されたアノー

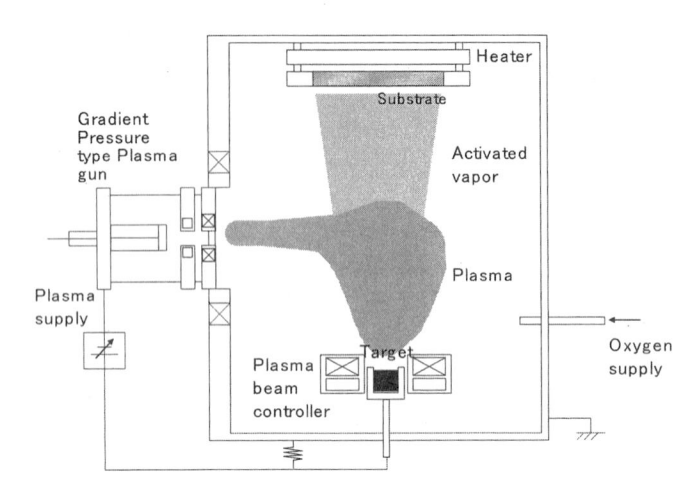

図15 アーク放電蒸着法によるZnO膜作製[52]

ド間でアーク放電をおこす。アノードにZnOを蒸発源として設置し，蒸発したZnOはプラズマ中でイオン化され基板上へアノード電圧に相当するエネルギーを得て加速される。大電流で蒸発させるため製膜速度の大きな7-11 μm/h, 抵抗率 $3\times10^{-4}\Omega$cm のGZOが得られている。

3.6 おわりに

　初期の装置開発はおおむね圧電デバイス用のZnO絶縁膜の品質向上をめざして行われてきた。そこではスパッタリング法が中心であり，c軸の配向度の高い膜の作成装置の開発が進められ，その中でプレーナマグネトロンスパッタ法に至った。それらの膜作製技術の中で困難さを引き起こしてきたのは高速酸素イオンや原子の存在であり，これらへの対策が装置改良の上で重要な要因のひとつとなってきた。今後も高周波用フィルタ，超音波顕微鏡，光波制御，アクチュエータをはじめ多くの分野で高品位のZnO圧電膜の開発が必要とされ，そのためのZnO膜作製技術の向上が望まれる。透明導電膜の分野では，太陽電池や光デバイス用電極への関心が高まるにつれITO膜作製法としてのスパッタ装置の改良があり，その過程でAZOやGZOの低抵抗膜に至り，それにつづいて関連したその他の膜作製法が試みられてきた。このようにZnOはITOに匹敵する中心的な位置にある材料である。今日過度にITOに依存する傾向が高まり，脱ITOの機運も見られ，そのための有力材料のひとつと見られている。さらに，GaNやZnSeなどの青色発光ダイオード，レーザーに触発され，p形半導体化やナノドット構造をZnOで実現しようとする試みもされている。ZnOは圧電材料，光デバイス材料の2つの領域で重要な位置を占めていくものと予想できる。

第2章 結晶成長

文　　献

1) N. F. Foster, *IEEE Trans. Sonics and Ultrasonics*, **11** (2), 63 (1964)
2) J. deKlerk and E. F. Kelly, *Appl. Phys. Lett.*, **5**, 2 (1964)
3) S. Wanuga, T. A. Midford and J. P. Dietz, Proc. IEEE Ultrason. Symp., Boston MA, 1-6 (1965)
4) R. M. Malbon, D. J. Walsh, and D. K. Winslow, *Appl. Phys. Letters*, **10**(1), 9 (1967)
5) J. L. Vossen and W. Kern, Thin Film Processes, Academic Press, New York (1978)
6) J. L. Vossen and W. Kern, Thin Film Processes II, Academic Press, San Diego, (1991)
7) M. Minakata, N. Chubachi and Y. Kikuchi, *Jpn. J. Appl. Phys.*, **11**, 1852 (1972)
8) 中鉢, 応用物理, **46**, 663 (1977)
9) K. Ohji, T. Thoda K. Wasa and S. Hayakawa, *J. Appl. Phys.*, **47**, 1726 (1976)
10) K. Ohji, O. Yamazaki, K. Wasa and S. Hayakawa, *J. Vac. Sci. & Technol.*, **15**, 1601 (1978)
11) K. Tominaga, N. Ueshiba, Y. Shintani and O. Tada, *Jpn. J. Appl. Phys.*, **20**, 519 (1981)
12) K. Tominaga, S. Iwamura, Y. Shintani and O. Tada, *Jpn. J. Appl. Phys.*, **21**, 688 (1982)
13) K. Setsune, T. Tanaka, O. Yamazaki and S. Hayakawa, Proc. 1st Symposium on Ultrasonic Electronics, Tokyo, 1980, *Jpn. J. Appl. Phys.*, **20**, Suppl. 20-3, p.137 (1981)
14) H. Kawamura, H. Yamada, M. Takeuchi, Y. Yoshino, T. Makino, S. Arai, *Vacuum*, **74**, 567 (2004)
15) N. Matsushita, K. Nomura, S. Nakagawa and M. Naoe, *Vacuum*, **51**, 543 (1998)
16) 橋本研也, 小川正太郎, 野々口晃典, 大森達也, 山口正恆, 電子情報通信学会論文誌 C-1, J82-C-1, 777 (1999)
17) K. Tominaga, M. Kataoka, T. Ueda, M. Chon, Y. Shintani and I. Mori, *Thin Solid Films*, **253**, 9 (1994)
18) K. Tominaga, Y. Sueyoshi, M. Shirai and H. Imai, *Jpn. J. Appl. Phys.*, **31**, 1863 (1992)
19) K. Tominaga, Y. Sueyoshi, H. Imai and M. Shirai, *Jpn. J. Appl. Phys.*, **31**, 3009 (1992)
20) 門田道雄, 笠次徹, 皆方誠, 電子情報通信学会論文誌A, J76-A, No.2, 138 (1993)
21) M. Kadota, T. Kasamatsu and M. Minakata, *Jpn. J. Appl. Phys.*, **31**, 3013 (1992)
22) M. Kadota, T. Kasamatsu and M. Minakata, *Jpn. J. Appl. Phys.*, **32**, 2341 (1993)
23) M. Kadota and M. Minakata, *Jpn. J. Appl. Phys.*, **37**, 2923 (1998)
24) 門田道雄, 皆方誠, 電子情報通信学会論文誌A, J78-C-I, No.11, 580 (1995)
25) H. B. Kang, K. Nakamura, K. Yoshida and K. Ishikawa, *Jpn. J. Appl. Phys.*, **36**, L933 (1997)
26) 鈴木功一, 小島啓安, 工業材料, **49** (6), 94 (2001)

27) 中沢達夫, 伊東謙太郎, 真空, **24**, 889 (1983)
28) H. Nanto, T. Minami, S. Shooji and S. Takata, *J. Appl. Phys.*, **55**(4), 1029 (1984)
29) S. Major, A. Banarzee and K. L. Chopra, *Thin Solid Films*, **108**, 333 (1983)
30) T. Minami, H. Nanto and S. Takata, *Jpn. J. Appl Phys.*, **23**, L280 (1984)
31) T. Minami, H. Nanto and S. Takata, *Thin Solid Films*, **24**, 43 (1985)
32) H. Nanto, T. Minami, S. Shooji and S. Takata, *J. Appl. Phys.*, **55**, 1029 (1984)
33) T. Minami, H. Hirotoshi , H. Imamoto and S. Takata, *Jpn. J. Appl. Phys.*, **31**, L257 (1992)
34) K. Tominaga, T. Yuasa, M. Kume and O. Tada, *Jpn. J. Appl. Phys.*, **24**, 944 (1985)
35) K. Tominaga, K. Kuroda and O. Tada, *Jpn. J. Appl. Phys.*, **27**, 1176 (1988)
36) 澤田豊監修：透明導電膜の新展開, 佐藤一夫, 第4章, pp.20-36, シーエムシー, 東京(1999)
37) 技術情報協会監修, 脱ITOに向けた透明導電膜の低抵抗・低温点大面積製膜技術, 阿部能之, 第1章第2節, pp.12-23, 技術情報協会, 東京 (2005)
38) S. Ishibashi, Y. Higuchi, H. Nakayama, T. Komatsu, Y. Ota and K. Nakamura, Proc. 1st Int. Symp. On Sputtering and Plasma Processes (ISSP), Tokyo, p.153 (1991)
39) S. Ishibashi, Y. Higuchi, Y. Ota and K. Nakamura, *J. Vac. Sci. & Technol.*, **A8**, 1405 (1990)
40) Y. Shigesato, S. Takagi and T. Harano, *J. Appl. Phys.*, **71**, 3356 (1992)
41) K. Tominaga, M. Kataoka, T. Ueda, M. Chon, Y. Shintani and I. Mori, *Thin Solid Films*, **253**, 9 (1994)
42) K. Tominaga, M. Kataoka, H. Manabe, T. Ueda and I. Mori, *Thin Solid Films*, **290-291**, 84 (1996)
43) K. Tominaga, H. Manabe, N. Umezu, I. Mori and I. Nakabayashi, *J. Vac. Sci. & Technol.*, **15**, 1074 (1997)
44) A. P. Roth and D. F. Williams, *J. Electrochem. Soc.*, **128**, 2684 (1981)
45) J. Hu and R. G. Gordon, *J. Electrochem. Soc.*, **139**, 2014 (1992)
46) W W. Wenas, A. Yamada, M. Konagai and K. Takahashi, *Jpn. J. Appl. Phys.*, **30**, L442 (1991)
47) H. Sato, T. Minami, T. Miyata, S. Takata and M. Ishii, *Thin Solid Films*, **246**, 65 (1994)
48) 南内嗣, ZnO形透明導電膜, 澤田豊監修, 透明導電膜の新展開, pp.6-19, シーエムシー, 東京 (1999)
49) A. Suzuki, T. Matsushita, N. Wada, Y. Sakamoto and M. Okuda, *Jpn. J. Appl. Phys.*, **35**, L56 (1996)
50) H. Agura, A. Suzuki, T. Matsushita, T. Aoki and M. Okuda, *Thin Solid Films*, **445**, 236 (2003)
51) A. Suzuki, T. Matsushita, T. Aoki, Y. Yoneyama and M. Okuda, *Jpn. J. Appl. Phys.*, **38**, L71 (1999)
52) S. Shirakata, T. Sakemi, K. Awai and T. Yamamoto, *Thin Solid Films*, **445**, 278

第 2 章 結晶成長

(2003)
53) T. Yamamoto, T. Sakemi, K. Awai and S. Shirakata, *Thin Solid Films*, **451-452**, 439 (2004)
54) 浦本上進, 溶融塩, **31**, 47 (1988)

第3章　透明導電膜

山本哲也*

1　はじめに

透明導電膜とは，文字通り，①透明である，②電気伝導度が高い，の2つの性質を併せ持つ薄膜と定義される[1]。要求される前記2つのそれぞれの特性は，抵抗率（比抵抗）がおよそ1×10^{-3} Ωcm以下であり，可視光領域（波長領域：380〜780 nm）において，透過率80％以上となる。

透明導電膜の用途としては，液晶ディスプレイ（LCD），プラズマディスプレイ（PDP）といったディスプレイでの透明導電膜，太陽電池用透明電極，タッチパネル用導電膜，熱線反射などの機能を有する機能性ガラス上でのコーティング層，電磁遮蔽機能や反射防止機能などを有する，あるいはフレキシブルディスプレイ用導電性フィルムなどが挙げられる。

図1に酸化亜鉛（ZnO）関連ビジネス，特に透明導電膜関連をにらみ，材料形態，加工，基材，

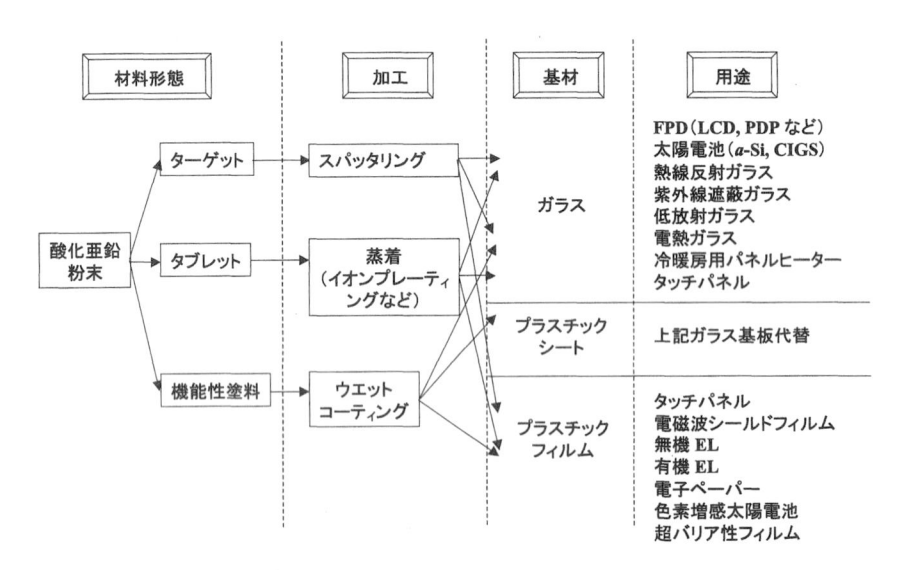

図1　酸化亜鉛関連ビジネス：材料形態，加工，基材，用途

* Tetsuya Yamamoto　高知工科大学　総合研究所　マテリアルデザインセンター　センター長・教授

第3章 透明導電膜

用途についてまとめた[2]。

代表的な（無機）透明導電膜材料としては，

(a) 金属薄膜（例：Au, Ag, Al など）

(b) 酸化物半導体薄膜（例：In_2O_3, SnO_2, ZnO など）

(c) スピネル型化合物（例：$MgInO_4$, $CaGaO_4$）

(d) 窒化物薄膜（例：TiN, ZrN, HfN など）

(e) 硼化物薄膜（例：LaB_6）

などが挙げられる。前記の材料の中でも毎年の需要量，そして関連する応用としての市場規模においては，錫（Sn）添加 In_2O_3（ITO と一般に略称される）が従来，最も使用されてきている。

しかしながら，2003年から，LCD，PDPでの需要が急激に増大する一方で，インジウム（In）供給の大手生産者であったメタルヨーロッパ社が2002年末にはIn生産から撤退，国内での唯一のIn生産地であった豊羽鉱山は2006年3月に閉山した。その結果，現在，In生産の7割は中国となっている。2005年国内In消費量は，633.7 t と推定され[3]，その8割はITO用途である。テレビ放送の完全デジタル化が2011年に予定される中，レアメタル In 代替技術が国内成長産業の安定化と国際競争力の観点から検討されている[4]。

上述の ITO 代替材料として，ここ最近，特に国内外から期待されているのが，酸化亜鉛（ZnO）である。亜鉛（Zn）鉱は世界に広く分布しており，生産量はアメリカ，アジア，オセアニア，ヨーロッパ，アフリカの順となっている。Zn 元素は，地殻中で 70 mg/kg（多い方から23番目），海水中では 4.9 μg/L（多い方から21番目），昨今，注目される人体中では 33 mg/kg（多い方から15番目），それぞれ存在する。Zn 地金（JIS H2107：日本規格協会（1999））の用途は，鉄鋼メッキ，ダイキャスト等が代表的である中で，ほぼ1割は ZnO の原料として用いられている。大きな市場が見込まれる分野においては Zn 鉱と酸素（O）とを用いる ZnO はコストの他，供給など十分にその生産面で優れていることを改めて強調したい。

ZnO は直接遷移型半導体であり，そのバンドギャップは 3.37 eV（室温）である。この基本特性から，電子の価電子帯から伝導帯へのバンド間遷移に基づく基礎吸収端を紫外部にもつこととなる。それゆえ，紫外光領域における強い吸収と可視光領域における大きな透過率による高い透明性とが実現する。実際，可視光領域での透過率はITOよりも高い。

一方，ZnO の透明導電膜としての研究開発は，ITO，SnO_2 よりも遅い[5]が，和佐らによるスプレーパイロリシス法[6]，南らによる rf マグネトロンスパッタ法[7,8]など，様々な製膜法による技術の蓄積が行われ，低抵抗化実現への研究開発が確実に進んでいる。抵抗率に関しては，鈴木らがパルスレーザー堆積法（PLD）により，8×10^{-5} Ωcm なる低抵抗化を報告し[9]，ZnO 透明導電膜の可能性が大きく開かれた。最近では，筆者らによって，アーク放電を用いた高速イオン

プレーティング法である反応性プラズマ蒸着法（RPD：Reactive Plasma Deposition）を用いて，$1 \times 1\,m^2$ の大きさの透明導電膜が実現され[10~14]，さらに 30 nm の膜厚といった薄い膜厚でも抵抗率 $4.4 \times 10^{-4}\,\Omega cm$ になる低抵抗化が実現された[15~17]。現在，GaN 青色発光ダイオードにおいて，Ga 添加 ZnO 透明電極が実際，製品中に使用されるまでに至っている[18]。

透明導電膜として要求される特性は，前記した①光学特性，および②電気特性以外に，

③　微視的な表面平滑性，等方・均質性

④　雰囲気や環境に対して性能が安定

⑤　耐摩耗性など機械的強度に優れ，各種 2 次加工に適応

⑥　製造行程が容易であり，歩留まりが高いこと

などが応用実現上，必要不可欠である。しかし，これら後半 4 つの要求項目とそれに応じた諸特性とは，出口とその生産ラインの内訳に大きく依存する。そこで，本稿では主に電気的特性，光学特性に絞り，最近のわれわれの ZnO をベースとした透明導電膜研究開発成果を中心に紹介する。

2　基板温度と薄膜モルフォロジー

2.1　製膜法と基板温度

図 2 に ZnO の結晶構造を記した。また表 1 に基本特性をまとめた。

ZnO はウルツ鉱型結晶（空間群：$P6_3mc$，点群：$6mm$）を有しており，金属亜鉛（結晶：六方最密充填格子）と同様，中心対称性をもたない六方晶である。図 2 が示すように，配位数は最密充填構造をとる金属と比べて小さく，4 である。それゆえ，結晶構造中の正規な格子点に原子

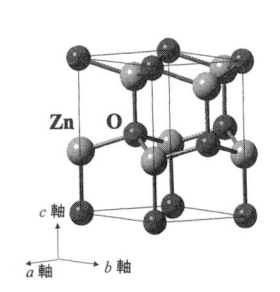

図 2　酸化亜鉛の結晶構造

表 1　酸化亜鉛の基本物性データ

ZnO 式量	81.39, CAS：No.1314-13-2
結晶構造	六方晶ウルツ型構造
融点	1973 ℃（加圧下），1800 ℃
昇華温度	1100 ℃
蒸気圧	1600 Pa (1773 K)
	1.0×10^5 Pa (2223 K)
比熱容量	40.3 $JK^{-1}mol^{-1}$ (298K)
熱伝導率	54 $WK^{-1}\,m^{-1}$ (300K)
線熱膨張率	$2.92 \times 10^{-6}\,K^{-1}$ ($\alpha \parallel c$, 300 K)
	$4.75 \times 10^{-6}\,K^{-1}$ ($\alpha \perp c$, 300 K)
密度	$5.676 \times 10^{-3}\,kg\,m^{-3}$（X 線）
比誘電率	8.15 (298 K, 赤外)
モース硬度	4～5
屈折率	1.9～2.0（赤外，可視）
溶解度	25.2×10^{-4} ((g / 100 g・H_2O), 93 ℃)

第3章 透明導電膜

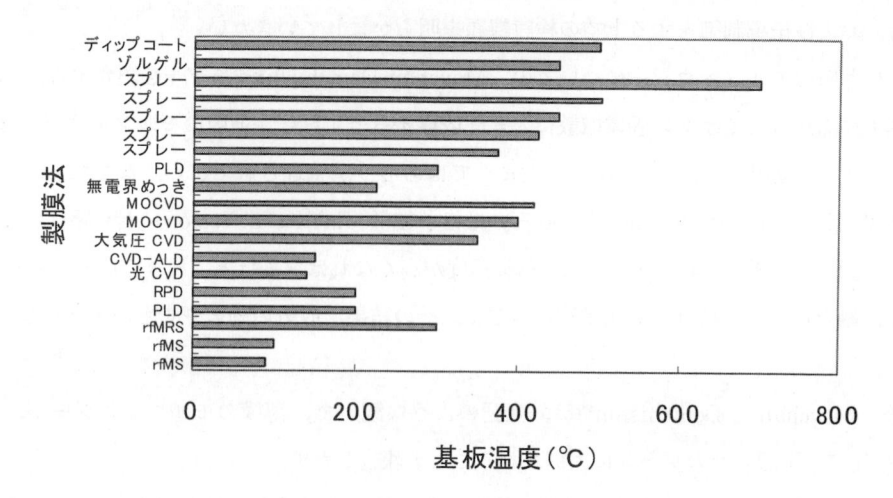

図3 酸化亜鉛製膜における製膜法とその基板温度

が占有することで化学量論的組成を実現し，絶縁性の良いものを得るためには，大きな熱エネルギーが必要となり，高温製膜が必要となる。一方，導電性を得るためには，格子欠陥導入（酸素空孔（V_O），格子間亜鉛（Zn_i）），不純物ドーピング（第Ⅲ族元素，第Ⅶ族元素など）による方法をとるため，プラズマプロセスや非平衡状態を用いる。このときには室温製膜をも可能となる。

ZnO薄膜は，これまで化学気相成長法（CVD）と物理気相成長法（PVD：rf（radio frequency）マグネトロンスパッタ法（rfMS），DCマグネトロンスパッタ法，分子線エピタキシー法（MBE），パルスレーザー堆積法（PLD），イオンプレーティング法）等の乾式法，ゾル-ゲル法やスプレーパイロリシス法等の湿式法により作製されている[1]。図3には文献1）をもとに各製膜方法と基板温度とをまとめた。なお，図中，RPDとある製膜法が付与されているが，先に記した反応性プラズマ蒸着法（Reactive Plasma Deposition）の略で，アーク放電を用いたイオンプレーティング法の1種であり，筆者らのデータに該当する。

ゾル-ゲル法，スプレーパイロリシス法，ディップコート法および金属有機化合物を用いたMOCVD法は，比較的高温，PLD法，無電界めっき法，RPD法，CVD-ALD法などは，150～200℃といったやや低温，そしてrfマグネトロンスパッタ（MS）法とrfマグネトロン反応性スパッタ（MRS）法は，100℃以下での低温製膜の報告となっている。

2.2 薄膜モルフォロジーと成長機構

乾式法でのZnO透明導電膜は，これまで多結晶薄膜である。また多くは強いc軸配向であり，結晶性は膜厚に依存することが報告されている。そこで，最初に薄膜のモルフォロジー（形態）を決める主な製膜パラメータは何か，次に成長機構について議論することで，表面構造の異方性

の理解,および伝導制御をする上での検討課題を明らかにしていきたい。

第1に薄膜のモルフォロジーについての,Movchan-Demchishin[19]モデルを紹介する。

薄膜の結晶が成分イオンの固体拡散に大きく依存するとすれば,薄膜のモルフォロジーは,基板温度（T_s）と融点（T_m）との比で,大まかではあろうが整理されてよい。なぜなら,固体拡散（体積拡散（volume diffusion）,あるいは格子拡散（lattice diffusion）とも呼ばれる）すなわち,固体中の成分の動きやすさは,基板温度が高くなればなるほど,大きくなるからである。加えて,融点が低い材料ほど,化学結合が弱く,その結果,成分の動きやすさが大きくなるからである。

実際,MovchanとDemchishin[19]は,上記のような観点で,薄膜のモルフォロジーが,T_sとT_mとの比で,下記3つのゾーンに大別されることを報告した[19]。

ZONE I：$T_s/T_m < 0.3$のとき,構造は柱状晶となる。この場合,個々の柱の間には空隙が生じる。

ZONE II：$0.3 < T_s/T_m < 0.45$のとき,構造は柱状晶となる。この場合,ZONE I とは異なり,個々の柱の間には空隙がなくなり,緻密な膜となる。

ZONE III：$T_s/T_m > 0.45$のとき,バルク材料の組織と同様に,当方的な結晶粒となる。

実際のZnO多結晶薄膜では構造欠陥が単結晶よりも多く,転位,粒界,外表面といった欠陥をもつ。上記の区別は,より低温側や粒の細かい試料では,粒界拡散が重要であり,高温側や粒の大きい試料では,固体拡散が重要であることを意味している。

ZnOの融点は,1800℃であり,$T_s/T_m = 0.3$なる基板温度は,$T_s = 540$℃,$T_s/T_m = 0.45$なる基板温度は,$T_s = 810$℃となる。図4に反応性プラズマ蒸着法により,無アルカリガラス基板,$T_s = 200$℃,上で,Ga添加（Ga_2O_3：3 wt%）ZnO（GZO）を製膜した断面走査型電子顕微鏡（SEM）像を記す。図4に示されるように,構造は柱状晶となっていることがわかる。

図4 ガリウム添加酸化亜鉛薄膜の断面SEM像

第 3 章　透明導電膜

後述するが，個々の結晶子中では，c 軸方向に強い配向性があることが高分解能 X 線回折法（XRD）によって得られたデータの解析からわかっている。

薄膜のモルフォロジーは，上記，基板温度以外に，製膜法が乾式法であれば，気相粒子の種類（中性原子・分子，イオン，電子など）やその運動エネルギーおよびそのガス分圧，基板電圧（例：バイアス電圧など）にも依存することを付け加える。

これまでは，柱状構造と基板温度との関係に関する説明を紹介してきたが，次に，成長機構に議論を移し，ZnO 薄膜の表面構造について理解する。以下の議論は，基板温度には依存しない。

格子面の中で，原子が密に結合している面は特異面（singular surface）と呼ばれ，c 軸に垂直な底面である {0001} 面が該当する。他の格子面は，面内の原子間の結合手の密度が小さく，1 本の化学結合力自体も弱い。このような場合，気相の飛来粒子が，この面（"非特異面"と呼ばれる）に足をおろした場合，回復する結合エネルギーは大きいことがわかる。すなわち，非特異面に入射した飛来粒子は結晶相に組み込まれることとなる。この結果，成長速度の速い非特異面は，成長が進むにつれて，小さくなり，やがては消えてしまい，最終的には成長に寄与しないこととなる。一方で，成長しにくい特異面での成長が最終的には重要となる。

図 5 に，成長中に供給する酸素ガス流量を異にする Ga 添加（Ga_2O_3：3 wt%）ZnO（GZO）（基板：無アルカリガラス，基板温度：200 ℃，膜厚：200 nm）の out-of-plane XRD の測定結果を記す。図 5 から，GZO 薄膜は強い c 軸配向を示しているのがわかる。

薄膜のモルフォロジーは，ZnO 薄膜の電気特性と大きな関わりがある。これまで，ZnO を基材とした透明導電膜での大きな課題は，電気特性の膜厚依存性である。透明導電膜としての ZnO は多結晶薄膜が多い。気体から固体への凝縮が生じ，それは超急冷現象である。すなわち，製膜中の薄膜の状態は，熱力学的には非平衡状態である。結果として，多量の構造欠陥が含まれ

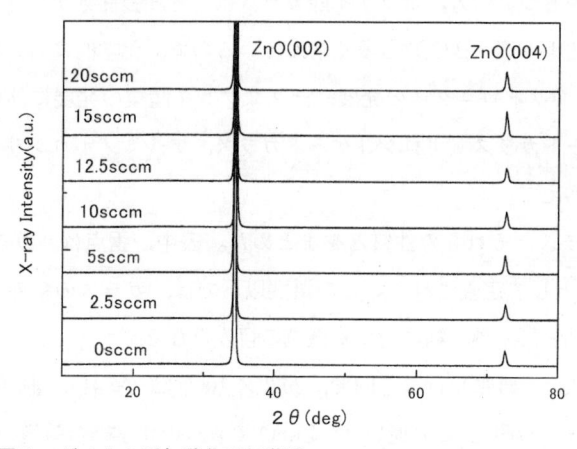

図 5　ガリウム添加酸化亜鉛薄膜の out-of-plane XRD パターン

ている。結晶成長の界面での律速過程（飛来粒子が結晶相に組み込まれていく過程，界面への補給（拡散）過程，界面で発生する結晶化の潜熱の排除過程）と，粒界および結晶子内での物質移動，および熱運動による原子の緩和などを考えると，薄膜の結晶性は，膜の厚さ方向で変化することが容易に予想される。低抵抗化が膜厚の薄い数 10 nm でも可能であれば，ITO 代替として十分実用化材料として検討される。この課題に関する測定データをもとにした最近の成果は後で詳述する。

透明導電膜として使用される ZnO 薄膜は，上で触れたように，多結晶のものが多い。この場合，薄膜の成長は，表面，粒界，そして結晶子内部での物質移動によって決まる。プラズマプロセスを用いる多結晶 ZnO 薄膜は，Zn の蒸気圧が大きいこと，単結晶やバルク材料と比較して，多くの欠陥を含むこと，容易にアモルファス化されない ZnO は，原子の移動度が大きいと考えられることなど，特に今後は成長初期の機構解明とそれに応じた製膜技術開発とが，大いに期待される。

3　ガラス基板

本節では，透明導電膜基板として使用されるガラス基板について説明する。

透明導電膜用基板として使用されているガラスの大部分は，組成的にはソーダライムガラスである。ソーダライムガラスの組成は，SiO_2 70〜75 %，$(IA)_2O$ 13〜15 %，CaO 10 %，MgO 5 %，Fe_2O_3 0.1 % である。ここで，$(IA)_2O$ はアルカリ（主に Na と K）金属酸化物である。ソーダライムガラスはアルカリ成分が多く，後述するようにアルカリ溶出量や熱膨張係数が大きいので，急激な温度差を与えると割れたり，熱水で煮沸するとガラスからアルカリ成分が溶け出したりするといった問題をもつ。一方，ホウケイ酸ガラスは，熱膨張係数が小さく，加えて熱衝撃温度が高く，さらに酸化ホウ素（B_2O_3）も多く含んでいるので，化学的にも大変耐久性が高い。

最近では，（光）エレクトロニクスの発展，ディスプレイ産業の発展に伴い，高品質ガラス基板として各種シリケートガラス（ボロシリケートガラス，アルミノボロシリケートガラスなど），石英ガラスの需要が増えている。

表 2 に代表的なガラスとそれらの性質とをまとめた。表中，歪点は，ガラスの粘性係数が 10 の 14.5 乗になる温度として定義される。この温度以下では，ガラスの粘性流動がほとんど生じないので，ガラスの熱変形や熱収縮に対する抵抗の目安となる。

ZnO の熱膨張係数は，c 軸に平行な方向で，29.2×10^{-7}/℃（室温），垂直方向で 47.5×10^{-7}/℃（室温）となる（表 1 参照）。この違いは，Zn-O の 4 つの化学結合軌道の中，c 軸と平行にあるものがあることに因る（図 2 参照）。ZnO 透明導電膜は基板に垂直方向に c 軸配向している場

第3章　透明導電膜

表2　各種ガラス基板材料と性質

	密度 (g/cc)	歪点 (℃)	熱膨張係数 (10^{-7}/℃)
ソーダライムガラス（AS）	2.49	512	86
Corning #7059	2.76	539	46（0-300℃）
NA35		650	37（1000-300℃）
			39（3000-500℃）
石英ガラス（SiO_2）	2.20	990	5
ホウケイ酸ガラス（T-41）	2.41	530	40

合が多いが，熱膨張係数がZnO，特に上記，垂直方向のそれに近いのは，表2より，Corning #7059，ホウケイ酸ガラス，NA35である。但し，これらのガラスは高コストではある。

　ガラスの主成分はSiO_2である。SiO_2は化学的にも熱的にも安定である。熱膨張係数は5.4×10^{-7}/℃であり，ZnOのそれと比較して極めて小さい。熱膨張係数を大きくするためには架橋酸素を非架橋酸素に変えればよい。すなわち，網目が一部，切断される。このためにはNa_2Oを混合，結合を弱く（溶融温度の低下）させるのが有効であるが，それがソーダライムガラスである。安価なことから，最も多量に生産されており，様々な分野で使用されている。しかしながら，ソーダライムガラスは，ガラス内部からのアルカリ（Na）の溶出があり，表面コート膜が劣化する，あるいは特性の面内ばらつきの原因となるなど使用するには解決すべき問題もある。

　アルカリバリアコート層としては，CVD法によるSiO_2，ポリシラザンを用いたSiO_2が有効である（ポリシラザン〈Polysilazane〉は，-(SiH_2NH)-を基本ユニットとする有機溶剤に可溶な無機ポリマーで，ペルヒドロポリシラザン（PHPS＝側鎖全部が水素のポリシラザン）が正確な物質名である）。しかし，熱膨張係数の課題はなお，残される。

　無アルカリガラスでは，前記のアンダーコート層は不要であり，歪点も高いので高温での熱処理工程においての熱変形による【ガラス基板/ZnO】界面での歪みから生じる特性変化の解決すべき問題も解消される。

4　伝導性制御

　本節では，最初に，いかにして伝導性を制御するかにおけるドーパントの選択について議論し，次に，n型としての伝導性の制御が，薄膜の安定性制御にも関わることを説明する。

4.1　ドーパントの選択

　本稿では，導電型の中で，現在研究開発が実用化に近い中で進んでいるn型についてのみ，

議論を行う。また酸化亜鉛中での真性欠陥についての詳しい解説は他を参照されたい[20]。以下の議論では，半導体としてのドーピングは，構成元素（ZnとO）以外の元素を外的に添加するドーピングに絞り，いかにして，伝導性制御を設計的に行うかについて紹介する。

最初に，応用をにらんでの，ドーピングに使用するドーパント候補の選び方の指針として，次の4つの要求項目を挙げる。

① 溶解度が高い
② 第1イオン化エネルギーが低い
③ 膜中での安定性が高い
④ 低コスト

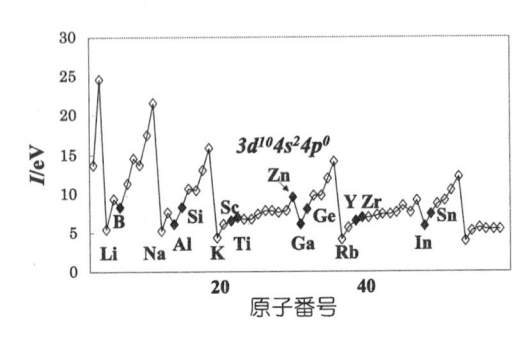

図6は各元素の第1イオン化エネルギーをまとめたものである。図中，黒塗りされている◆として記されている元素が，ドナーとして有効であると判断された第Ⅲ族元素，および第Ⅳ族元素である。

図6が示すようにⅡ族元素Znでは，その2つの価電子が$4s$軌道を閉殻にさせているので，第1イオン化エネルギーが大きいことがわかる。一方，第Ⅲ族元素（ⅢA = B, Al, Ga, In：ⅢB = Sc, Y）では，3つの価電子の中，2つは最外殻s軌道を占め，残り1つの価電子は最外殻p軌道を占有している。このために第1イオン化エネルギーが小さいことがわかる。

硼素（B）は第2周期のために最外殻p軌道のエネルギー準位が深く，その結果として第1イオン化エネルギーが大きい。このために電子を他の第Ⅲ族元素（Al, Ga, In）と比較して容易には供与しない。すなわちBがZnの位置に置換（B_{Zn}）し，化学結合を形成した場合，共有結合性が強くなる。これは高い電子の移動度を期待する場合には有効なドーパントとなることが予測されよう。

第ⅢA族元素であるSc, Yの場合，共有結合半径がZnの1.25に対して，それぞれ1.44, 1.72と大きく，高濃度ドーピングした場合，歪による自由エネルギーの増大が予想され，薄膜の熱

図6　各元素の第1イオン化エネルギー

第3章 透明導電膜

安定性などに問題が生じる可能性もある。また第ⅢB族元素の電子配置 s^2p^1 とは異なり，d^1s^2 であることから，第1イオン化エネルギーが大きく，キャリア密度はその分，第ⅢB族元素よりも小さくなるであろう。

第Ⅳ族元素，特に第ⅣB族では，第2周期のCは，最外殻電子のエネルギーが深く，本質的に電子アクセプターであるので，それを除いたSi, Ge, Snが良いドナー候補となる。Snは共有結合半径がZnの1.25に対して，1.41と大きいが，他のSi, Geよりもイオン化エネルギーが小さく，高いキャリア密度が期待される。この観点からも，その違いは興味あるものとなろう。一方，第ⅣA族では，前記のSn同様，共有結合半径はいずれもZnのそれよりも大きいが，Si, Geよりもイオン化エネルギーが小さく，より高いキャリア密度が期待される。いずれにしても，こういった共有結合半径の異なる場合には，アニール処理条件をも含めた構造安定化を睨んだ製膜後の処理が必要であろう。

上記の議論から，総合的には，第ⅢB族元素，AlとGaとが最優良候補として挙げられる。

表3として文献5)にまとめられている表を記す。加えて文献21)から，各製膜法と抵抗率との成果をまとめたものを図7に表す。図中，RPD, PLDにおいては文献11～14)および9)に基づいたものとした。また各製膜法の名称左コロンの次に，ドナー元素を記してある。

半導体としての観点からは，導電性の良好なものを得るためには，可能な限り真性欠陥，不純物（n型不純物ではなく，成膜装置などから混入するものを指す）欠陥を抑え，残留電子密度を 10^{16} cm^{-3} 台以下に制御した上で，すなわちドーピングの効果を抽出可能な状態で制御するのが，n型を得るにしても，p型を得るにしても正攻法である。

表3 ドーピングされたZnOの電気特性

添加物	添加量 (at %)	抵抗率 (10^{-4} Ω・cm)	キャリア密度 (10^{20} cm^{-3})
Al	1.6-3.2	1.3	15.0
Ga	1.7-6.1	1.2	14.5
B	4.6	2.0	5.4
Y	2.2	7.9	5.8
In	1.2	8.1	3.9
Sc	2.5	3.1	6.7
Si	8.0	4.8	8.8
Ge	1.6	7.4	8.8
Ti	2.0	5.6	6.2
Zr	5.4	5.2	5.5
Hf	4.1	5.5	3.5
F	0.5	4.0	5.0

after Table.1, T. Minami, *MRS BULLETIN*, **25**, 39 (2000)

ZnO系の最新技術と応用

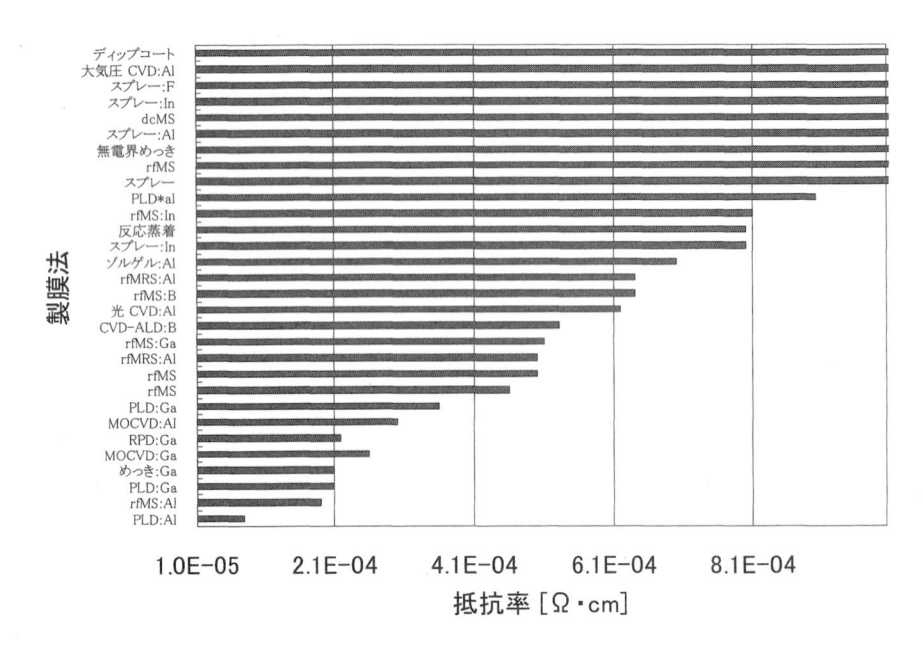

図7 酸化亜鉛製膜における各製膜法とその抵抗率

多結晶薄膜 ZnO の場合，真性欠陥が多く，しかもその欠陥が n 型として機能することから，外的なドーピングと適度に n 型真性欠陥とを混合させて，低抵抗を実現させるのが実際的であり，これまでの導電性制御のための研究開発もこのような方法がとられてきた。これは n 型の導電性制御として，結晶が熱力学的にもつ特性を有効に利用するので，実用化の観点からは有効な方針である。

そこで次に，ドナーを用いたドーピングが，ZnO 中にどのような変化をもたらすのかを，化学結合の安定性といった観点から，特に Al，Ga を中心にして議論する。

4.2 ドナー・ドーピング効果

異なる符合をもつ電荷間のクーロン引力エネルギーは電荷の積に比例する。ZnO の場合，陽元素 Zn の一部が，ドーピングによってより大きな電荷を有する Al，Ga，In に置換したことで，より強い引力により，周辺の酸素 O は安定化される。このようなドナー・ドーピング効果は化学結合性に，イオン結合性を有するウルツ鉱型結晶となる ZnO には重要な役割を演じる。

図8に第ⅢB族元素，Zn，および O の最外殻 s，p 電子軌道エネルギー準位を表す。図中の数字は，上記の p 準位，s 準位のエネルギー差（sp $splitting$ と呼ばれる）を表している。

B は最外殻の p 軌道が深いことから，上述したようにイオン化エネルギーが大きく電子を供与しにくいことが図から理解される。また B の $2s$，$2p$ 軌道と O の $2p$ 軌道とのエネルギー差が小

第3章　透明導電膜

表4　無添加 ZnO とドナードーピングされた ZnO とのマデルングエネルギー差（ΔE）

ドナー	ΔE [eV]
B	-3.91
Al	-6.44
Ga	-13.72
In	-9.73

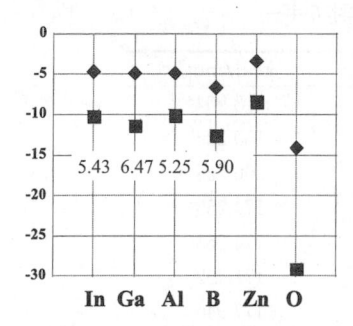

図8　各元素の最外殻電子の軌道エネルギー

さいことから，各々の原子における軌道混成の結果得られた混成軌道を基にした相互の波動関数の重なりが他のドーパントに比べ大きく，その価電子の波動関数は大きく拡がる。その結果，高移動度が期待されることが改めて理解されよう。

図8が示すように，Ga は Al, In に比べて sp splitting が大きく，よりイオン結合性の強い化学結合が生じることが予想される。その結果，格子エネルギー（マデルングエネルギー）が，無添加の状態と比較して大きく減少することが期待される。表4ではわれわれの第1原理電子構造計算によって得られた無添加の ZnO のマデルングエネルギーとの差でその変化をまとめた[22]。計算モデルはスーパーセル法を用い，セル内総原子数は32個である。表4に表されているように検討している n 型ドーパントはいずれもマデルングエネルギーを減少させ，ドーピングされた ZnO 結晶内ではイオン結合性による電荷分布を安定化させていることが確かめられた。

次に，第ⅢB族元素をドーピングした場合に，周辺の酸素に与える効果，Zn-O 1結合当たりの凝集エネルギーに与える効果について議論する。

表4が示すように，B, Al, Ga, In を用いた n 型ドーピングはマデルングエネルギーを減少させる。これは n 型ドーピングは格子系を安定化させることを意味する。特に Ga ドーピングは，B, Al, そして In に比べて，大きくマデルングエネルギーを減少化させるのが特徴である。これは酸素の最外殻，特に O の 2p 軌道に占有する電子のエネルギーを低エネルギー化することを意味し，安定化させることにほかならない。換言すれば，「Ga ドーピングは酸素空孔（V_O）の濃度を減少させる効果をもつ」ことが注意すべきドーピング効果である。

次に1結合あたりの凝集エネルギーに与える効果を紹介する。表5に他の代表的な半導体をも含んだ値をまとめた。ZnO は Si, GaN に次いで，上記凝集エネルギーが大きく，固体素子などへの応用には適当であることがわかる。表中，第1列の中で，＊がついているものは筆者らによる第1原理電子構造計算法を用いて得た値である。

酸素空孔をドーピングした場合には，1結合あたりの凝集エネルギーが減少する一方で，Al

表5 1結合当たりの凝集エネルギー

物質	実験 [eV]	[kcal/mol]
Si	2.32	213.904
GaAs	1.63	150.286
GaN	2.24	206.528
ZnO	1.89	174.258
ZnO*	1.89	174.258
ZnO : V$_o$*	1.86	171.492
ZnO : Al*	1.93	177.946
ZnO : Ga*	1.90	175.180
ZnS	1.59	146.598
ZnSe	1.29	118.938
ZnTe	1.14	105.108

やGaをドーピングした場合には，反対に増大し，より安定となることがわかる。先に，Gaドーピングは酸素空孔（V$_o$）の濃度を減少させる効果をもつ，といった効果を述べたが，この効果との相乗作用が期待されるのである。

多結晶薄膜の場合には，物質移動は，単結晶の場合と共通な，表面，固体内における物質移動に加えて，粒界でも生じる。上述したように耐熱性は，伝導性制御のための上記，ドナー・ドーピングによって，同時にかなりの制御が可能と考えられるが，H$_2$Oの出入りが特性を決める耐湿性については，疑問である。その場合には，本章で議論している添加剤とは異なる添加剤をドーピングすることで，粒界改質を行う必要があるかもしれない。

5 反応性プラズマ蒸着法

ここでは製膜法としては，筆者らが選択した物理気相成長法としての，イオンプレーティング法を中心に述べる。基板を搬送形式にした反応性プラズマ蒸着法装置の概要図を図9にまとめた。

物理気相成長法での膜堆積は，蒸発やスパッタによって，粒子になった原料が基板に付着することに特徴がある。蒸発させるには，抵抗加熱，電子ビーム加熱，熱プラズマ加熱などを用いればよい。この場合，ZnOにおける1化学結合当たりの凝集エネルギーが，1.89 eVであることに注意する必要がある（表5参照）。例えば通常の真空蒸着では，その蒸発した飛来粒子の運動エネルギーは，たかだか0.1 eV（1000℃程度）であり，これでは安定なZn-Oの化学結合を生じ得ない。いうなればこういった条件で製膜すれば，真性欠陥（主にV$_o$, Zn$_i$）が多く，密度の粗い，薄膜となる。解決策としては，蒸発粒子を基板に到達する前にイオン化し，エネルギーを与えることである。この製膜方法はイオンプレーティング法と呼ばれる。

第3章　透明導電膜

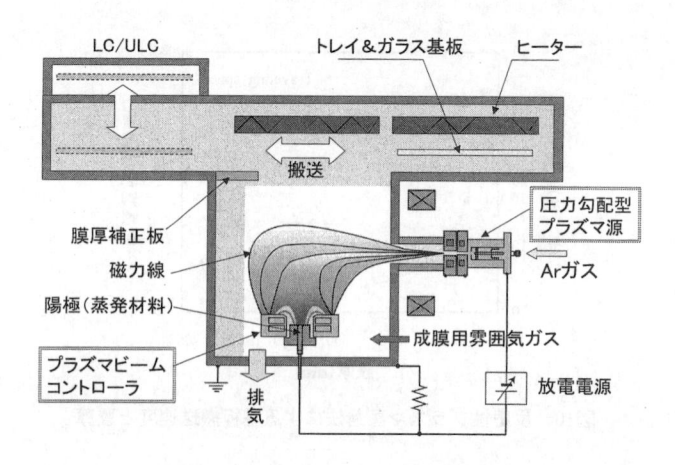

図9　反応性プラズマ蒸着法の概要図

　反応性プラズマ蒸着法（RPD：Reactive Plasma Deposition）は，前記のイオンプレーティング法の1種である。昇華し，生成した蒸着粒子のイオン化は，蒸着源（ZnOの焼結体）とガラス基板との間に励起したアルゴン（Ar）ガスプラズマによって効率よく実現される。プラズマ雰囲気ガスは酸化度を高く制御することが目的であれば，酸素ガスなどを混合すればよい。蒸発材料の酸化度に依存した条件出しが重要ポイントとなる。さて，当方での蒸発粒子のエネルギーは真空蒸着法のそれよりも2桁大きく，またスパッタ法（大きなエネルギーで100 eVほど）のそれよりも十分小さい，40 eV程である（ファラデーカップを用いたフルエンス測定による）。プラズマはDCアーク放電による。マグネトロンスパッタ法は，DCスパッタ法における問題点であったプラズマの影響を低減させる方法として考案されたが，RPDでは基板は高温のプラズマに曝されている。成長中，基板温度の上昇は，200 ℃製膜ではプラス20 ℃程度であるので，製膜中の基板温度変化は無視できる。無加熱条件では，成長条件，特に膜厚を厚くするために低速で搬送させる場合は製膜中に100 ℃を超えることとなるので，プラスチックフィルム基板の場合，そのガラス転移点を考慮した処理（基板の冷却，ハードコートなど）が必要である。

　膜厚と搬送速度，成長速度との関係は図10にまとめた。例を挙げると，膜厚200 nmを形成する場合，搬送速度5 mm/secとし，この場合，成長速度はほぼ2.9 nm/sec（174 nm/min）といった高速製膜となる。

　熱速度よりも大きい運動エネルギーをもつ粒子の照射は，結晶核成長の促進が期待され，薄膜の緻密化，そして結晶化において優位となる。プラズマガンは浦本ガン[23]と呼ばれ，陰極部（電子銃材料は，低仕事関数（=～2.5 eV），高融点（= 2500 ℃）である六硼化ランタン（LaB_6））と製膜室との間に中間電極をもたせることで，圧力勾配を実現しているプラズマガンであること

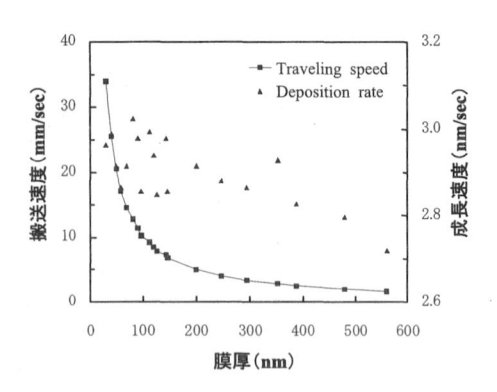

図10 反応性プラズマ蒸着法による基板搬送速度と膜厚

が特徴である。ガス雰囲気に曝されず，その結果として陰極構成材料の薄膜への混入も極少なく，その結果，陰極寿命が長いので長時間製膜が可能となることが特徴である。

6 ガリウム添加酸化亜鉛薄膜の特性

6.1 薄膜構造の膜厚依存性とその制御

われわれは，第Ⅲ族元素，ガリウム（Ga）をドーピングし，多結晶 ZnO 薄膜（GZO）の抵抗率を下げるべく，RPD や他のイオンプレーティング法（電子ビームを蒸発機構に用い，イオン化機構として rf プラズマを用いた）を主に用いて，抵抗率の膜厚依存性を検討してきた[24,25]。

本小節では，これまで課題とした抵抗率の大きな膜厚依存性（特に数 10 nm での大きな抵抗率増大）制御に成功したデータを中心に議論する。

図11 に高分解能 XRD（リガク製：ATX-G），断面 SEM 像，断面走査型電子顕微鏡（TEM）像などから得たデータを基にモデル化した，薄膜モルフォロジーの膜厚依存性の概要図を表した。

図11(a)は，断面 SEM 像（左図）と理想的な柱状結晶（右図），すなわち，各結晶子は全て c 軸配向し，さらに全ての c 軸が平行，かつ結晶子同士の不規則な回転もないことを表している。これは，次の4つの条件を全て満たしたときに実現される多結晶配向性平滑膜である。

① 初期核発生密度が大きい

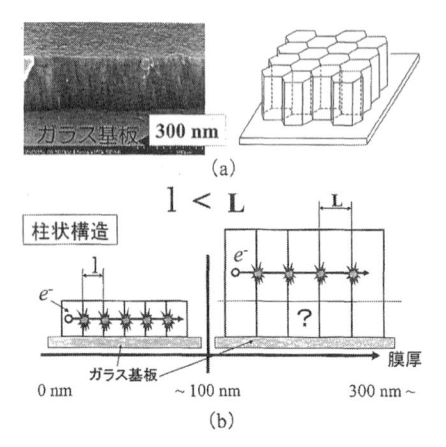

図11 ガリウム添加酸化亜鉛薄膜の (a) 断面 SEM 像と理想的な多結晶薄膜構造，(b) 実際の薄膜構造の膜厚依存性

第 3 章　透明導電膜

② 初期核が配向している

③ 2 次核発生が少ない

④ 結果的に配向面の成長速度が最も大きい

反応性プラズマ蒸着法では，上記条件③は，プラズマ発生における異常放電を失くす，蒸発材料の組成成分の分布を抑える，製膜室内における残留水を可能な限り失くす（基底圧力を下げる），などを常に行うことで満たされる。上記条件④については，ウルツ鉱型の ZnO，ガラス基板を製膜基板として用いる場合については，本質的に満足される。

以上のことから，ZnO 薄膜の電気特性の膜厚依存性を制御する最重要因子は，薄膜の成長初期の成長核発生密度の制御とその配向性・秩序制御となる。

反応性プラズマ蒸着法によって製膜された ZnO 薄膜の実際は，図 11(b) である。図 11(b) は，膜厚が 100 nm 以下では，基板に平行な結晶子のサイズが 10-15 nm と小さく，かつ少々ランダム配向である。それ以上の膜厚では，図 11(a) に該当する，といった形状を表している。特に，成長初期から膜厚が 70 nm 近傍までは，高分解能 XRD（リガク ATX-G）による解析によれば，結晶格子の a 軸の大きさは，バルクのその値に比べて，小さく，反対に c 軸の大きさは，バルクのその値に比べて，大きいことがわかった。このことから核発生密度の大きい成長初期状態では，薄膜には圧縮応力が働いているように見える。化学結合の観点からは，基板に平行な面では，Zn-O 結合における角度の広がり，および垂直方向におけるダングリングボンドが，前記のような格子定数の実現を許容する。その後の膜厚では，a 軸の大きさは減少し，それとともに c 軸の大きさは増大することでバルクのその値に近くなっていく。

ガラス基板に，垂直方向に c 軸配向するときには，4 つの Zn-O 化学結合の中，1 つがその方向にあることを考える。すなわち，σ 結合のボンド長の変化が与える全エネルギーの利得を考えると，前記の格子定数の挙動は十分理解できる。求められた格子定数から算出される単位格子の体積は，膜厚にほとんど依存せず，一定である。いうなれば，密度の膜厚依存性は小さい。

前記のような薄膜構造の膜厚依存性が，そのまま，抵抗率の膜厚依存性として反映していると考えている。われわれは，蒸発材料（Ga 量の最適化，焼結温度など），成長条件（主には，基板温度，酸素ガス流量など）ともに工夫を行い，前記①，②を改善し，抵抗率の膜厚依存性を従来よりも抑える結果を最近，再現性よく実現している。

図 12 にイオンミリング加工された無アルカリガラス基板（基板温度：200 ℃）上，GZO 薄膜（Ga_2O_3：4 wt%）の断面 TEM 像を示した。上図の GZO 薄膜の膜厚は 30 nm，下図のそれは 600 nm である。膜厚は段差計（Alfa-Step, IQ），および XRD の反射からの解析などのクロスチェックを行っている。いずれも基板に垂直，かつほぼ真っ直ぐに成長している柱状構造が見える。

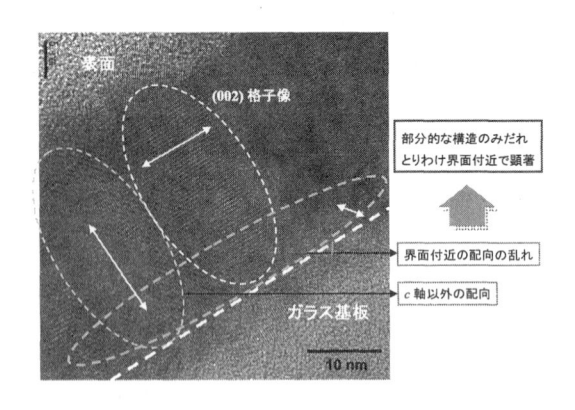

図12 ガリウム添加酸化亜鉛薄膜の断面 TEM 像。
上図：膜厚 30 nm，下図：膜厚 560 nm

図13 ガリウム添加酸化亜鉛薄膜の高分解能断面
TEM 像。膜厚 30 nm。ガラス基板界面付近

しかし，高分解能でもって構造解析の精度を上げ，観察すると様相は異なる。

図 13 には，膜厚 30 nm の高分解能 GZO 薄膜断面 TEM 像を示した。界面付近で，配向性の乱れが見えていることがわかろう。加えて各結晶子同士の配向に秩序が見られない状態が生じている。このような場合，粒界散乱が大きくなることと，結晶子内での構造秩序の乱れとから，ホール移動度が減少することが推測される。また前記の構造秩序の乱れは，アンチサイトの真性欠陥も誘発し，補償と合わさってキャリア密度の減少をも招くことが容易に予想される。

膜厚が 100 nm を超えると，前記の結晶子相互の配向性（c 軸間の平行性の度合い，結晶子同士の回転のずれによる粗い粒界）の改善と共に，結晶子内での構造秩序の乱れも軽減される。これらの薄膜構造の向上は，キャリア密度，ホール移動度を増大させ，抵抗率を下げる。

6.2 電気特性

これまで ZnO 薄膜では，膜厚が 100 nm よりも薄い膜厚では，大きく抵抗率が増大することが応用への面で，課題であった。膜厚依存性が完全に解決されたわけではないが，応用といった観点からは，十分，ITO 代替として使用可能な技術レベルに到達するデータが，われわれのグループによって最近，報告された[15〜17]。抵抗率では，従来の ITO 膜とほぼ同程度の抵抗率を，数 10 nm の膜厚において，再現性よく確認している。この項では，そのデータをもとに議論していく。

図 14 に GZO 薄膜（Ga_2O_3：4 wt%）の抵抗率の膜厚依存性を，図 15 にキャリア密度，ホール移動度の膜厚依存性をまとめた（アクセントオプティカルテクノロジーズ社製，HL5500PC）。基板温度は 200 ℃とした。基板は無アルカリガラス（NH テクノグラス㈱製，NA35（以下のデータは当該社ホームページによる）：板厚＝0.7 mm，密度＝2.49 g/cm³，歪点＝650 ℃，

第 3 章　透明導電膜

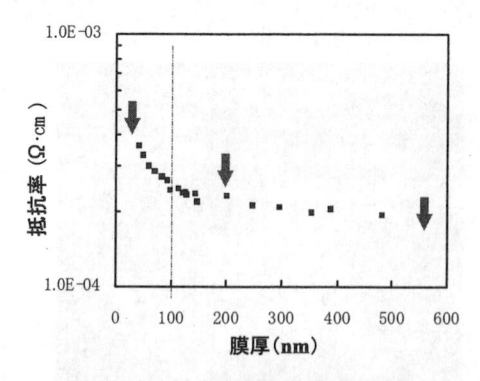

図14 ガリウム添加酸化亜鉛薄膜における抵抗率の膜厚依存性

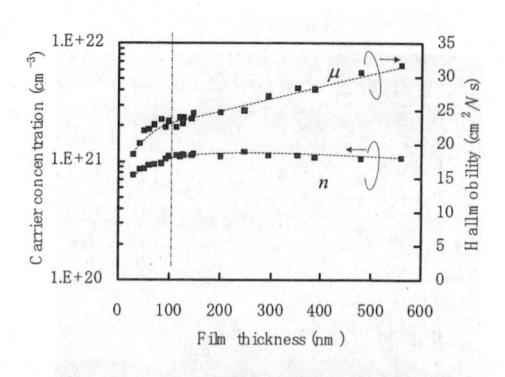

図15 ガリウム添加酸化亜鉛薄膜におけるキャリア密度，ホール移動度の膜厚依存性

熱膨張係数＝ 37.3 × 10^{-7}/℃（50 ～ 300 ℃））を用いている。ガラス表面の原子間力顕微鏡（AFM（JEOL 製　JSPM-4210））による平均粗さ（R_a）は，0.4 nm であった。

図 14 が示すように，GZO 薄膜の抵抗率は膜厚依存性をもつ。すなわち，膜厚の増大と共に抵抗率が減少する。特に膜厚 100 nm 以下では，その度合いが大きいことがわかろう。この膜厚依存性は図 15 が示すように，主にホール移動度の膜厚依存性にその原因がある。キャリア密度増大と共にホール移動度も増大するのは，粒界散乱で典型的に見られる現象である。

図 14，15 が示すように，膜厚 30.5 nm では，抵抗率 4.4 × 10^{-4} Ωcm（キャリア密度：7.63 × 10^{20} cm^{-3}，ホール移動度：18.5 cm^2/Vs），膜厚 200 nm では抵抗率 2.2 × 10^{-4} Ωcm（キャリア密度：1.09 × 10^{21} cm^{-3}，ホール移動度：24.8 cm^2/Vs），および膜厚 560 nm では抵抗率 1.8 × 10^{-4} Ωcm（キャリア密度：1.07 × 10^{21} cm^{-3}，ホール移動度：31.7 cm^2/Vs）といった膜厚依存性を得ている（図 14 中，左から順に該当する膜厚箇所を矢印で表している）。

基板温度が，ガラス転移点から比べるとかなり高い，あるいは透明導電膜への利用といった観点からは，原理的に製膜サイズを大面積化できないといった製膜法（MBE 法，PLD 法）は比較としては不適当ではあるが，ポテンシャルとしての観点からは有用であるので，参考として挙げよう。MBE による GZO 薄膜（基板温度：800 ℃）において，抵抗率 1.9 × 10^{-4} Ωcm（キャリア密度：8.1 × 10^{20} cm^{-3}，ホール移動度：42 cm^2/Vs）の低抵抗 GZO 薄膜の報告が中原ら[18]によってなされている。彼らは，この薄膜を青色 LED 用電極として応用し輝度の向上を実現させている[18]。一方，Al 添加 AZO 薄膜においては，PLD 法で製膜，膜厚 280 nm において，低抵抗率 8.54 × 10^{-5} Ωcm が，大阪産業大によって報告されている[9]。

実際の製膜においては，成長中に流す酸素流量の制御が大きな成功因子となる。この酸素流量制御による詳しいデータはこれまでの当方からの論文を参照されたい（例：文献13）。

ZnO系の最新技術と応用

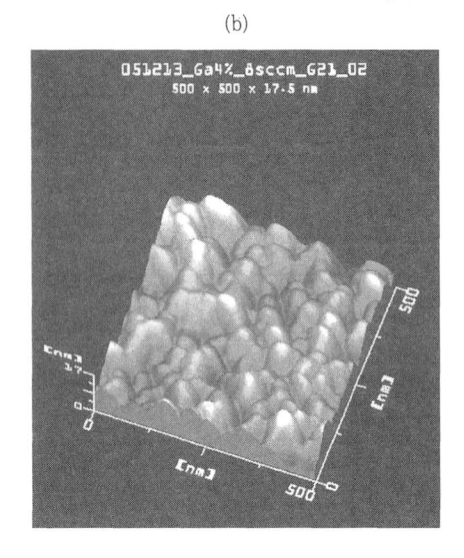

図16 ガリウム添加酸化亜鉛薄膜の原子間力顕微鏡像。(a) 膜厚 30 nm，(b) 膜厚 560 nm。

6.3 表面構造

前章で示した GZO 薄膜において，膜厚がそれぞれ，30 nm，および 560 nm の GZO 薄膜の AFM 表面画像を図 16(a)，(b)に記した。測定範囲は 500 × 500 nm である。

表面の凹凸がかならずしも結晶子を表しているわけではないが，膜厚とともに結晶子の粒径が大きく成長していることがわかろう。先に記したが，ガラス基板の平均粗さ R_a は 0.4 nm である。自乗平均粗さ R_{MS} と合わせた GZO 薄膜の測定データは，次の通りである。膜厚 30 nm（R_a = 0.5 nm，R_{MS} = 0.6 nm），膜厚 147 nm（R_a = 1.2 nm，R_{MS} = 1.6 nm）および膜厚 560 nm（R_a = 2.2 nm，R_{MS} = 2.6 nm）。いずれも表面が平坦であることがわかった。

なお，薄膜太陽電池への応用においては，太陽光を閉じこめ，光電変換層に可能な限り光を通し，入射光量を増やす必要および光電変換層内での光吸収を増やす必要があり，そのために透明電極表面に前記で述べた平坦性というよりは，凹凸（テクスチャ構造）が必要となる。HCl 溶液を用いて容易に，テクスチャ構造ができることを確認していることに言及する。

6.4 光学特性

物質による光の吸収は，電子のバンド間遷移に起因するものと，自由電子の運動に起因するものとがある。前者は例えば半導体において価電子帯から伝導帯に電子が遷移する場合に起こり，短波長側の吸収として現れる。後者は金属などの導電体における自由電子のプラズマ振動（対応する波長は，プラズマ共鳴波長 λ_p と呼ばれる）による吸収で，前者より長波長側に現れる。

第3章　透明導電膜

　ZnOにおいては価電子帯最上部と伝導帯最下端部とのエネルギー差であるバンドギャップは直接遷移型であり，その大きさは320～380 nmの長波長紫外線UVA（太陽紫外線のうち，約9割を占める）の光のエネルギーに相当する値であることから，この領域の紫外線を強く吸収する。すなわち，電子の励起（価電子帯から伝導帯への励起現象）を通して380 nm以下の紫外光領域の波長の光を吸収することができる。この場合，自由電子（伝導帯下端を占有する）濃度の増大と共に基礎吸収端が短波長側に移動するBurstein-Moss効果と呼ばれる現象が生じる。

　一方，前記のλ_pはDrudeの自由電子論によれば，次式で表される。

$$\lambda_p = 2\pi c(e^2 n/\varepsilon_0 \varepsilon_L m^* - 1/\tau^2)^{-1/2} \tag{1}$$

ここでcは光速度，eは電子の電荷，nはキャリア密度，ε_0は真空の誘電率，ε_Lは格子の誘電率（＝屈折率（～2.0）の自乗 ～4.0），m^*はキャリアの有効質量，τは電子運動の緩和時間であり，キャリア密度が高くなると小さく，効かなくなる。このλ_pは透過率曲線と反射率曲線との交わりから求められる。キャリア密度が10^{21} cm^{-3}代の場合，λ_pは近赤外に留まり，可視光領域では透明となる。これが，高い導電性と高い透明性とが両立する理由である。但し，実際には可視光領域での赤色領域まで自由電子吸収は弱まるものの，その影響は残る。従って，可視光領域全般にわたって透過率を高くするには，少々の導電性は失われるが，キャリア密度を抑えることで可能となる。この場合，ホール移動度の向上をその一方で図れば，先の導電性の損失は最小に抑えられる。それを実現するためには以下の2項目の制御が有効である，第1に基板と平行な方向における粒界サイズを大きくし，粒界散乱に因るホール移動度減少を抑え，第2にn型補償点欠陥の密度を下げ，散乱断面積の大きい複合欠陥などの濃度を下げる。これらはいずれも基板温度，成長中に製膜室内に流す酸素流量などを制御することで実現が可能である。すなわち，透過率向上においては，高ホール移動度化が重要となる。

　先の重要事項を吸収の面からも説明する。吸収率をA，吸収係数をα，薄膜の膜厚をtとすると，次のような関係式となる。

$$A = 1 - \exp(-\alpha t) \tag{2}$$

シート抵抗R_sはキャリア密度n，ホール移動度μおよび上記膜厚によって次式で表される。

$$R_s = 1/(en\mu t) \tag{3}$$

これら2式より，次の式を得る。

$$A = 1 - \exp\left(-\frac{e\lambda}{\pi n c^3 m^* \tau} \cdot \frac{1}{R_s \mu}\right) \tag{4}$$

ZnO系の最新技術と応用

これより，低吸収率と低シート抵抗とを両立するためには，高ホール移動度が重要であることがわかる。

図17には，透過率の測定データ（HITACHI製，U-4100）をまとめた。図中，数字はGZO薄膜（Ga_2O_3：4 wt%）の膜厚（単位：nm）を示している。可視光領域（380-780 nm）では図が示すように，全ての膜厚で，ほぼ90％以上の高い透過率を示し，透過率においてはITOを凌ぐ。近赤外領域での反射による熱線カットとしての特徴は，応用面で興味深い。

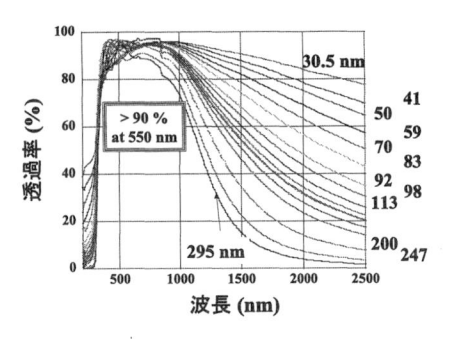

図17 ガリウム添加酸化亜鉛薄膜における分光透過率

7 おわりに

酸化亜鉛の応用として，本章では透明導電膜に絞って，当方のデータを基に解説した。ここでは主に電気特性，光学特性制御をにらみ，薄膜構造をも議論した。ドーパント候補とそのドーピング効果については，第1原理電子構造計算結果による予言を含めた議論であり，今後，その成否の確認とともに，出口に応じたデータベースを作成する必要があろう。

本稿で紹介したGaドーピングによる特性制御においては，その薄膜中での占有サイト（Znサイト置換か否か），およびその製膜パラメータ依存性，そしてその結果が電気特性，光学特性に与える効果は，物質材料機構，長田実理学博士による詳細な議論がある。文献を参照されたい[13, 26]。またその最適濃度は基板温度に大きく依存する。現時点では，RPD製膜装置で，200℃基板温度では，Ga_2O_3において，4 wt%が，最低抵抗率を与えることがわかっている。これ以上では，Gaの酸化物の析出が生じ，抵抗率は高くなる[27]。

GZO薄膜は，光学特性はITOよりも透過率において優れることはもとより，電気特性においても，特にこれまで課題であった数10 nmでの高抵抗化に対しては，実用的には解決を当方において得た。今後は，耐熱性，耐湿性および機械的な強度，デバイス内での耐久性，そして加工性など，出口に応じた工業的な特性改良が実施されるであろう。わが国のように資源に乏しい資源需要国では，リサイクルといった備蓄とともに，抜本的な代替材料の研究開発およびその国際標準化を行うことが，今後とも重要であることを最後に言及する。

最後にこの章を書くに当たって，JST科学技術振興機構，高知県地域結集型共同研究事業による支援によるところ，甚大なることに感謝する。加えて製膜に当たっては弊マテリアルデザインセンター助手，山田高寛の寄与が大きいことをここに記す。薄膜構造の膜厚依存性については，

第3章 透明導電膜

同センター助教授，岸本誠一の詳細な議論に基づいている。評価に当たっては同センター助教授，牧野久雄のエピ成長の経験からの寄与がある。XRD解析においては㈱リガク，稲葉克彦理学博士によるご指導が多大であり，紙面を借りて感謝する。

文　献

1) 日本学術振興会，透明酸化物光・電子材料第166委員会編，透明導電膜の技術，オーム社，p.79 (1999)
2) 山本哲也，技術総合誌OHM, **93**, 32 (2006)
3) 松坂裕治，工業レアメタル, **122**, 118 (2006)
4) WEDGE, 18, 30 (2006)
5) T. Minami, *MRS BULLETIN*, **25**, 38 (2000)
6) K. Wasa et al., *Jpn. J. Appl. Phys*., **10**, 1732 (1971)
7) T. Minami et al., *Appl. Phys. Lett*., **41**, 958 (1982)
8) T. Minami et al., *Thin Solid Films*, **124**, 43 (1985)
9) H. Agura et al., *Thin Solid Films*, **445**, 263 (2003)
10) 日経産業新聞，平成16年1月8日第1面掲載：他多数誌
11) T. Yamamoto, Invited., 6th Pacific Rim Conf. on Ceramic and Glass Technology, Sept. 11-16, Maui, Hawaii (2005)
12) 山本哲也ほか，工業材料, **53**, 50-53 (2005)
13) 山本哲也ほか，機械の研究, 57 (2005)
14) S. Shirakata et al., *Superlattices and Microstructures*, **39**, 218 (2006)
15) T. Yamamoto, Key Note, The 6th Int. Conf. on Coating on Glass and Plastics (ICCG), June 18-22, Dresden, Germany (2006)
16) T. Yamada, The 6th Int. Conf. on Coating on Glass and Plastics (ICCG), June 18-22, Dresden, Germany (2006)
17) 日経産業新聞，2006.08.04 第1面
18) K. Nakahara et al., *Jpn. J. Appl. Phys*., **43**, L180 (2004)
19) B. A. Movchan et al., *Phys. Met. Metallogr.* **28**, 83 (1969)
20) 山本哲也，最新透明導電膜動向，情報機構，第6章，p.181 (2005)
21) 日本学術振興会，透明酸化物光・電子材料第166委員会編，透明導電膜の技術，オーム社，p.139 (1999)
22) T. Yamamoto, *Thin Solid Films*, **420-421**, 100 (2002)
23) 浦本上進，溶融塩, **31**, 47 (1988)
24) Kishimoto et al., *Superlattices and Microstructures*, **39**, 306 (2006)
25) Kishimoto et al., to be published in Surface & Coatings Technology

26) M. Osada *et al., Thin Solid Films*, **494**, 38 (2006)
27) T. Yamada *et al.*, to be published in Surface & Coatings Technology

第4章　LED

加藤裕幸[*]

1　はじめに

　第2章2節で述べたように近年の薄膜結晶成長技術の進歩に伴い，半導体としての応用を目指した研究が盛んになってきた。特に光励起による室温でのレーザー発振が確認されてから光デバイスとしての展開が注目されている。

　ZnOは，室温で3.37 eVのバンドギャップを有している直接遷移型の半導体で，励起子の束縛エネルギーが60 meVと従来の半導体（ZnSe：18 meV, GaN：24 meV）に比べて大きく，室温で励起子発光過程を利用した高効率な紫外発光素子として期待されている。また屈折率が2.0と他の短波長半導体材料（ZnSe：2.6, GaN：2.6）に比べて小さく光取り出し効率も高いことからも高効率な短波長（紫外～青色）発光ダイオード（LED），また蛍光体と組み合わせることにより高効率・高演色な白色LED材料としても期待されている。

　本章では，ZnO-LED実現に向けた，ZnO結晶の伝導性制御，バンドギャップエンジニアリング，ZnO単結晶薄膜を用いたホモあるいはヘテロ構造のLEDに関する最近の研究について概説する。

2　伝導性制御

　ZnO結晶はn型になりやすく，残留ドナーの起源として，過剰Znあるいは酸素空孔や膜中に取り込まれるunknownな金属元素や水素などが考えられる。第2章2節で述べたように，薄膜結晶成長技術の進歩に伴い，低残留電子濃度かつ高移動度の高品質なアンドープZnO結晶の成長が実現されるようになってきた。ここでは不純物ドープによるZnO結晶の伝導性制御について述べる。

2.1　n型ZnO結晶の作製

　n型ZnOの伝導性制御では，III族元素をドーピングすることにより容易に可能となった。Ga

---

[*] Hiroyuki Kato　スタンレー電気㈱　研究開発センター　主任技師

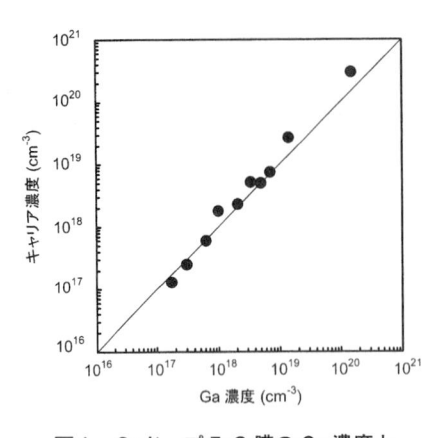

図1 GaドープZnO膜のGa濃度とキャリア濃度の関係

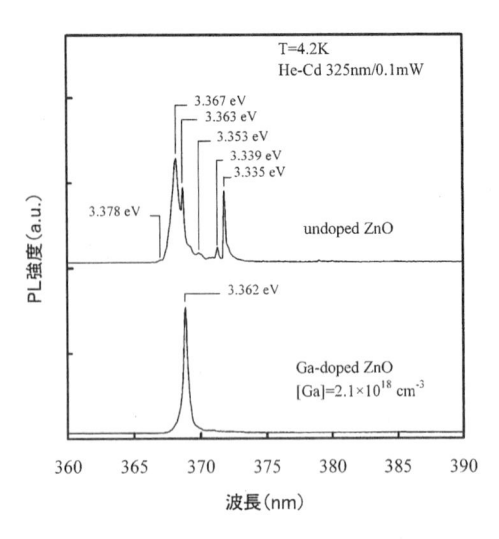

図2 アンドープ及びGaドープZnO膜のPLスペクトル

をドーパントとして用いたn型ZnO膜のMBE成長においては，図1に示したようにGa濃度が増加するに従いキャリア濃度も増加し，10^{17}-10^{20} cm^{-3}の範囲においてGaの活性化率はほぼ1を示し，Gaセルの温度制御すなわちGaの分子線強度により，制御性のよいドーピングが可能であることが示された[1]。また図2に低温PL（フォトルミネッセンス）スペクトルを示すが，アンドープにおいて観察されなかった3.362 eVの発光が確認された[2]。このピークはGaドナーに束縛された励起子発光と考えられる。以上の結果はZnO膜がO極性の場合であるが，Zn極性の場合は全く異なる結果が得られることが，ごく最近わかってきた。Zn極性においてはGaの活性化率が低いという問題点を有している。

2.2 p型ZnO結晶作製への取組み

ZnOのp型化に向けて，様々なドーパントが検討されている。Ⅰ族元素であるLi, Na, K, CuやⅤ族元素であるN, P, Asなどである。LookらはLi拡散させた高抵抗ZnO基板上に，Nラジカルを用いたMBE法により，正孔濃度9×10^{16} cm^{-3}，移動度2 cm^2/VsのNドープp型ZnO膜が得られたと報告している[3]。Kimらはサファイア基板上に，P_2O_5をドーパントとして用いたスパッタリングによる成膜とRTA（Rapid Thermal Annealing）による熱アニール処理により，Pドープp型ZnO膜が得られたと報告している[4]。Ryuらは，O面ZnO基板上に，As分子線を用いたPLD法により，Asドープp型ZnO膜が得られたと報告している[5]。またGaとNを1：2の比率に同時ドーピングすることによるp型ZnOの可能性について理論的に提案されている[6]。Tsukazakiらはコンビナトリアル手法を用いたPLD法により，GaとN濃

度を系統的・網羅的に変えて実験を行ったがp型伝導性を得られなかったと報告している[7]。MBE法によるGaとNの同時ドーピングの試みもされたが，やはり実験的にはp型伝導性を示した結果は得られていない[8]。これらのp型ZnOの報告については，他研究機関による追試での確認はされておらず，データの信頼性もまだ十分とは言えない。またp型ZnOの再現性や安定性にも問題があることも報告されている。その中で，Tsukazakiらは，低温（400 ℃）でNドープZnO膜を形成し，高温（1000 ℃）アニール及び成長を繰り返す反復温度成長法により，再現性とデータとして信頼性のある報告がされた[9]。このNドープp型ZnO膜のN濃度は2×10^{20} cm^{-3}で，室温での正孔濃度が2×10^{16} cm^{-3}，移動度が8 cm^2/Vsであった。またキャリアの補償度は$N_D/N_A=0.8$，アクセプタの活性化エネルギーは100 meVと見積もられている。

3 バンドギャップエンジニアリング

高効率な発光素子を得るためのヘテロ構造を形成する上で，禁制帯幅（バンドギャップ）を制御した混晶薄膜の成長が必要不可欠である。ZnOと混晶を形成する材料の物性を表1に示す。禁制帯幅を広くするためには，Zn位置にMgやBeを置換させたMg$_x$Zn$_{1-x}$O[10,11]やBe$_x$Zn$_{1-x}$O[12]が提案されている。Mg$_x$Zn$_{1-x}$O混晶においては，ZnOとMgOの結晶構造がウルツ鉱構造と岩塩構造と異なるため，Mg組成が高くなると相分離が起こる。c面サファイア基板上ではMg組成：x＝0.33までは相分離することなく成長することは確認されており，このときのバンドギャップは3.99 eVまで変化していることが示された。このときa軸長の変化が0.5％程度と小さい点が，ヘテロ接合作製の際，有効であると考えられる。さらに最近では，成長プロセス等の最適化によりMg組成：x＝0.5（バンドギャップは4.5 eV）まで相分離することなく成長が可能であることが報告されている[13]。またBe$_x$Zn$_{1-x}$O混晶はZnOとBeOの結晶構造がともにウルツ鉱構

表1　ZnOと混晶材料の物性

材料	バンドギャップ (eV)	結晶構造	格子定数（Å） a＝	c＝
ZnO	3.37	ウルツ鉱構造	3.250	5.207
MgO	7.8	岩塩構造	4.213	
BeO	10.6	ウルツ鉱構造	2.698	4.379
CdO	2.3	岩塩構造	4.690	
ZnS	3.8	ウルツ鉱構造	3.821	6.257
ZnS	3.6	閃亜鉛鉱構造	5.406	
ZnSe	2.67	閃亜鉛鉱構造	5.669	
ZnTe	2.28	閃亜鉛鉱構造	6.104	

造で同じであることから，相分離の問題がなく結晶性良く成長が可能であることが提案されている。

一方禁制帯幅を狭くするためには，Zn 位置に Cd を置換する，あるいは O 位置に S，Se，Te を置換させることが提案されている。ZnCdO 混晶は，フォトルミネッセンス測定から室温で 2.86 eV の青色発光が強く現れるが，やはり CdO が岩塩構造で ZnO と異なることから Cd が数％程度でも相分離を起こすことが報告されている[14]。Cd 組成 0.07（バンドギャップが 3.0 eV）までなら相分離することなく結晶成長が可能であることが報告されている[11]。O 位置を置換する混晶系では，O と S，Se，Te の電気陰性度の差が大きいため，図 3 に示したように，ZnOS[15]，ZnOSe[16]，ZnOTe[17]はそれぞれ 3.0，8.0，2.7 eV と大きなボーイングパラメータを持つ。このことから，これらの混晶により可視～赤外領域まで禁制帯幅を制御できる可能性を持っていることが示唆された。また Se の場合，成長条件によっては成長方向に Se 濃度が自己変調を起こし，自然超格子が形成されることを SIMS 分析から観測した結果が報告されており興味深い現象である[18]。

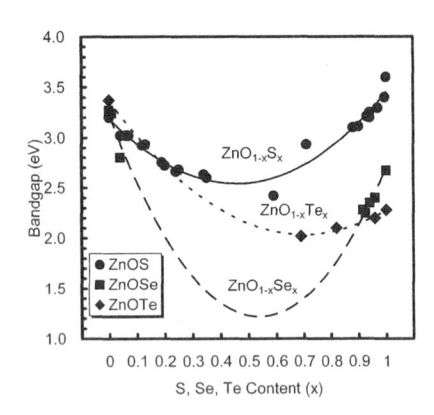

図 3 ZnOS，ZnOSe，ZnOTe 混晶のバンドギャップの組成依存性

$Mg_xZn_{1-x}O/ZnO$ の量子井戸構造の作製と光学測定は系統的に行われており，井戸幅減少に伴う量子閉じ込め効果による励起子吸収・発光のブルーシフト，井戸幅を 15 Å とすることで励起子束縛エネルギーが 115 meV まで増加することを確認している[19]。

4 異種ヘテロ接合構造 LED

ZnO の p 型化の困難さから，n 型 ZnO 層と異種 p 型材料によるヘテロ構造の LED の報告が多くなされている。p 型材料としては，$SrCu_2O_2$[20]，GaN[21,22]，AlGaN[23,24]，SiC[25] などが用いられている。報告されている LED の構造を図 4 に示す。これら ZnO-LED の結果を表 2 に示す。いずれも紫外からの発光が得られている。くわしくは文献を参照されたい。

5 ホモ接合構造 LED

n 型も p 型も ZnO を用いたホモ構造の LED について述べる。青木らは n 型 ZnO 基板上に Zn_3P_2 を蒸着し，エキシマレーザを照射することにより p 型 ZnO 層を形成させたホモ ZnO-LED

第4章 LED

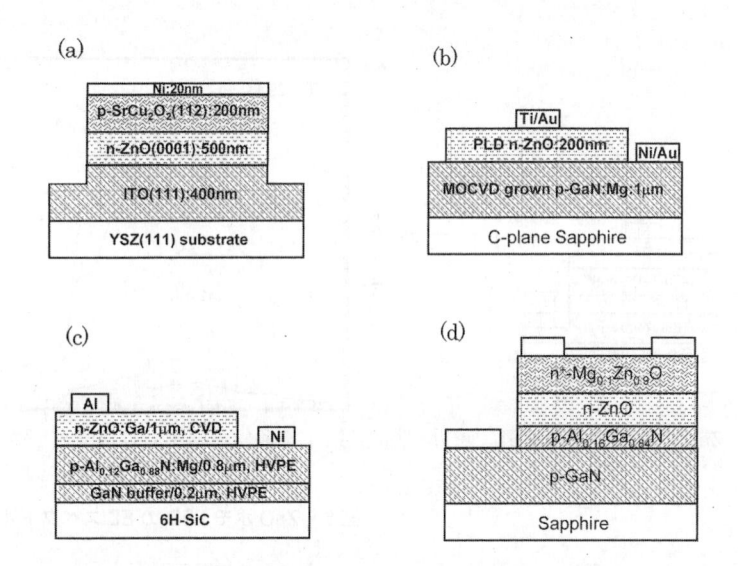

図4 異種ヘテロ接合 LED の構造

表2 ZnO-LED のデータ一覧

著者	方法	p型層	n型層	基板	発光	公表年	文献
Aoki *et al.*	laser doping	ZnO:P	—	ZnO	violet-white	2000	26)
Ohta *et al.*	PLD	SrCu$_2$O$_2$:K	ZnO	YSZ	382 nm	2000	20)
Guo *et al.*	PLD	ZnO:N	—	ZnO	blue-white	2001	27)
Alivov *et al.*	CVD	GaN:Mg	ZnO:Ga	sapphire	430 nm	2003	21)
Rogers *et al.*	PLD	GaN:Mg	ZnO	sapphire	375 nm	2006	22)
Alivov *et al.*	CVD	AlGaN:Mg	ZnO:Ga	6H-SiC	389 nm	2003	23)
Osinsky *et al.*	MBE	AlGaN:Mg	ZnO	sapphire	390 nm	2004	24)
Tsukazaki *et al.*	PLD	ZnO:N	ZnO:Ga	ScAlMgO$_4$	violet-green	2005	9)
Tsukazaki *et al.*	PLD	ZnO:N	ZnO:Ga	ScAlMgO$_4$	440 nm	2005	28)
Ryu *et al.*	HBD	ZnO:As	ZnO	ZnO	363 nm	2006	29)
Pan *et al.*	MOCVD	ZnO:N	ZnO	ZnO	384 nm	2006	30)

の報告をしている[26]。このデバイスは 110 K にて，白紫色の発光を確認している。Guo らは n 型 ZnO 基板上に PLD 法により N$_2$O プラズマを用いた N ドープ ZnO 膜により p 型 ZnO 層を形成させたホモ ZnO-LED の報告をしている[27]。このデバイスは室温にて青白色の発光が確認されている。しかしながら再現性は得られていないようである。

塚崎らは ScAlMgO$_4$ 基板上に，PLD 法により Ga ドープの n 型 ZnO と N ドープの p 型 ZnO を用いたホモ接合 LED の報告をしている[9,28]。図5にその構造図を示す。ここで p 型 ZnO 層は先に述べた成長温度変調法を用いて成長を行っている。ScAlMgO$_4$ 基板は絶縁体であるため，

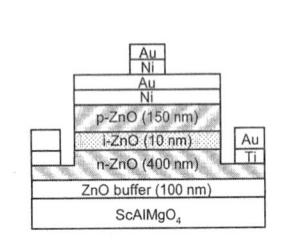

図5　ZnO ホモ LED の構造図

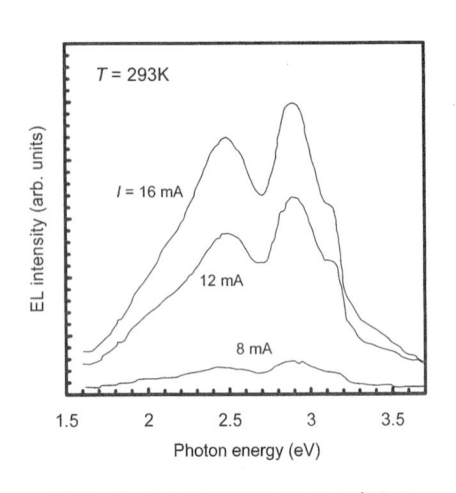

図6　ZnO ホモ LED の EL スペクトル

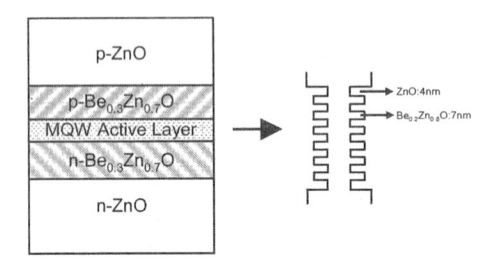

図7　BeZnO/ZnO-MQW を活性層とする ZnO 系 LED の構造図

サファイア上の GaN 系 LED と同様に，n 型，p 型ともに上部から電極を形成している。この構造の EL スペクトルを図6に示すが，紫外から青色領域の発光が確認されており，440 nm 付近の発光は p 型 ZnO の PL スペクトルと一致し，それより長波長側に見られるピークは LED 全膜厚から考慮すると干渉効果によるものといえるとしている。また Ryu らは HBD (Hybrid Beam Deposition) 法により，As ドープの p 型 ZnO を用い，さらに BeZnO/ZnO の MQW を用いた LED を報告している[29]。その構造図を図7に示す。n 型及び p 型 ZnO と $Be_{0.3}Zn_{0.7}O$ の間に，$Be_{0.2}Zn_{0.8}O$: 7 nm/ZnO : 4 nm を7井戸層形成している。この構造の 50 mA 時の EL スペクトルを図8に示す。バンド間遷移による紫外発光が 363 nm，半値幅 8 nm で観測され，束縛励起子発光が 388 nm にショルダーとして観測されている。また不純物あるいは欠陥由来の深い準位からの発光が緑色領域に確認されている。この緑色発光の減少により，LED の発光色は青白色から紫色へと変化する。Pan らは，ジエチル亜鉛と酸素を用いた MOCVD 法により，ZnO 基板上に NH_3 プラズマからの活性窒素による N ドープ ZnO により p 型層を形成し，ホモ接合 LED の報告をしている[30]。その EL スペクトルを図9に示す。4V-140 mA で発光波長は 384 nm であった。

第 4 章　LED

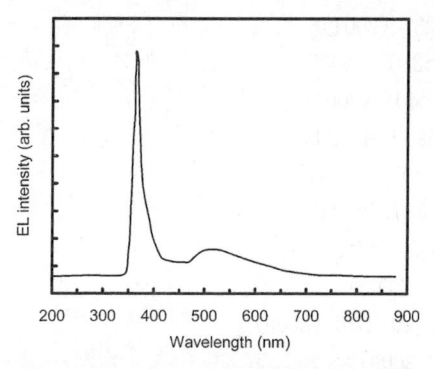

図 8　BeZnO/ZnO-MQW を活性層とする ZnO 系 LED の EL スペクトル

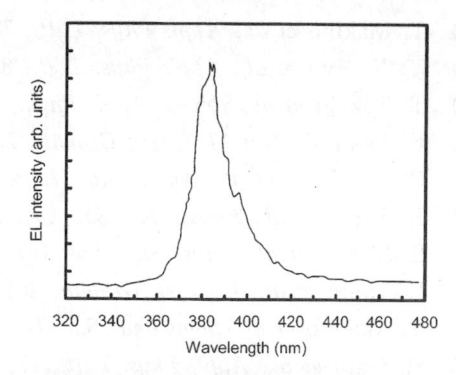

図 9　MOCVD 成長 ZnO ホモ LED の EL スペクトル

6　おわりに

　この章では，不純物添加による伝導性制御，バンドギャップエンジニアリング，ZnO 単結晶薄膜を用いた LED に関する最近の研究について述べた。p 型 ZnO 及び ZnO-LED に関する発表が，ここ数年かなり増加しており，今後の動向が注目される。しかしながら光励起による実験から期待される効率からはまだ大きくかけ離れており，さらなるブレークスルーが必要であると思われる。高効率な発光デバイスを得るためには，ZnO の正孔密度の向上と混晶での p 型化が必要不可欠であろう。幸い高品質な ZnO 基板が存在するので，まだ界面や不純物の問題はあるが高品質なホモエピタキシャル成長が可能であり，今後の展開が期待される。

文　　献

1) 加藤裕幸ほか，第120回結晶工学分科会研究会，p.27（2004）
2) H. Kato *et al.*, *J. Cryst. Growth*, **237-239**, 538（2002）
3) D. C. Look *et al.*, *Appl. Phys. Lett.*, **81**, 1830（2002）
4) K. K. Kim *et al.*, *Appl. Phys. Lett.*, **83**, 63（2003）
5) Y. R. Ryu *et al.*, *Appl. Phys. Lett.*, **83**, 87（2003）
6) T. Yamamoto *et al.*, *Jpn. J. Appl. Phys.*, **38**, L166（1999）
7) A. Tsukazaki *et al.*, *Appl. Phys. Lett.*, **81**, 235（2002）
8) K. Nakahara *et al.*, *Appl. Phys. Lett.*, **79**, 4139（2001）
9) A. Tsukazaki *et al.*, *Nat. Mater.*, **4**, 42（2005）
10) A. Ohomo *et al.*, *Appl. Phys. Lett.*, **72**, 2466（1998）

11) T. Makino et al., *Appl. Phys. Lett.*, **78**, 1237 (2001)
12) Y. R. Ryu et al., *Appl. Phys. Lett.*, **88**, 052103 (2006)
13) T. Takagi et al., *Jpn. J. Appl. Phys.*, **42**, L401 (2003)
14) K. Sakurai et al., *J. Cryst. Growth*, **237-239**, 514 (2002)
15) B. K. Meyer et al., *Appl. Phys. Lett.*, **85**, 4929 (2004)
16) K. Iwata et al., *Phys. Stat. Sol.* (b), **229**, 887 (2002)
17) S. Merita et al., *Phys. Stat. Sol.* (c), **3**, 960 (2006)
18) K. Iwata et al., *J. Cryst. Growth*, **251**, 633 (2003)
19) T. Makino et al., *Semicond. Sci. Technol.*, **20**, S78 (2005)
20) H. Ohta et al., *Appl. Phys. Lett.*, **77**, 475 (2000)
21) Y. Alivov et al., *Appl. Phys. Lett.*, **83**, 2943 (2003)
22) D.J. Rogers et al., *Appl. Phys. Lett.*, **88**, 141918 (2006)
23) Y. Alivov et al., *Appl. Phys. Lett.*, **83**, 4719 (2003)
24) A. Osinsky et al., *Appl. Phys. Lett.*, **85**, 4272 (2004)
25) 中村ほか, 平成18年春季応用物理学会予稿集, No.1, p.582 (2006)
26) T. Aoki et al., *Appl. Phys. Lett.*, **76**, 43257 (2000)
27) X. L. Guo et al., *Jpn. J. Appl. Phys.*, **40**, L177 (2001)
28) A. Tsukazaki et al., *Jpn. J. Appl. Phys.*, **44**, L643 (2005)
29) Y. Ryu et al., *Appl. Phys. Lett.*, **88**, 241108 (2006)
30) M. Pan et al., *Proc. SPIE*, Vol.**6122**, 61220M (2006)

第5章　酸化亜鉛系トランジスタとその応用

佐々誠彦[*1]，小池一歩[*2]，前元利彦[*3]，矢野満明[*4]，井上正崇[*5]

1　はじめに

　前章でも述べられているように，酸化亜鉛（ZnO）は室温で3.3 eVと大きなバンドギャップを有していることから電子デバイス用材料，とりわけ，ハイパワーデバイスへの応用に適した材料である。このような応用にはすでに，マイクロ波領域でGaN/AlGaN系材料が実用化に向けて開発が進んでいるだけでなく，高温動作のパワーエレクトロニクス用材料としてSiCを利用した素子の開発も進んでいる。ZnO系材料の電子デバイス応用に関しては，これらのデバイスほど研究は進んでいないのが現状である。その理由のひとつは，ZnOの半導体としての性質に注目が集まったのが最近であることにあり，したがって，ZnOの残留不純物濃度が，通常では10^{16}cm^{-3}から10^{17}cm^{-3}レベルにあることである。しかし，高速性に関しては，高電界下での飽和速度はGaNよりも大きいとの報告もあり[1]，より高性能なデバイスを実現できる可能性を有している。

　また，GaNやSiCは1000 ℃を超える成膜温度が必要であるのに対し，ZnOは比較的低い温度で成膜可能であるだけでなく，以下に紹介するように，スパッタ法により室温で成膜された層をチャネルとした，トランジスタの試作例もいくつか報告されている。このように，低温での成膜が可能であるため，フレキシブルなプラスティック基板上にも成膜が可能で，いわゆる「透明エレクトロニクス」や「フレキシブルエレクトロニクス」の実現に向けたキーマテリアルかつキーデバイスとしても期待されている。

　本章では，酸化亜鉛およびそのヘテロ構造を利用した薄膜トランジスタの開発状況について詳しく述べるとともに，ナノワイヤーなどナノ構造を利用したトランジスタやセンサへの応用についても紹介する。

---

*1　Shigehiko Sasa　大阪工業大学　工学部　電気電子システム工学科　教授
*2　Kazuto Koike　大阪工業大学　工学部　電子情報通信工学科　講師
*3　Toshihiko Maemoto　大阪工業大学　工学部　電気電子システム工学科　助教授
*4　Mitsuaki Yano　大阪工業大学　工学部　電子情報通信工学科　教授
*5　Masataka Inoue　大阪工業大学　工学部　電気電子システム工学科　教授

2 酸化亜鉛トランジスタ

酸化亜鉛を活性層に使ったトランジスタの試作は，BoesenとJacobsらによって1968年に行われている[2]。彼らは，水熱法によって成長された基板を熱処理することにより，基板の抵抗値を 10^4 Ωcm まで高めて使用している。基板の特性は，移動度が 220 cm^2/Vs，キャリア濃度が $0.9×10^{13}$ cm^{-3} とされている。この基板上に，蒸着によって形成した SiO$_2$ (120 nm) 膜をゲート絶縁膜とした FET（MIS形トランジスタ）を試作している。そのトランジスタの特性を図1に示す。ゲート電圧は 0 から 8 V で変化させられており，トランジスタがディプレッション形であることがわかる。また，電流軸が 20 μA/div であるため，伝達コンダ

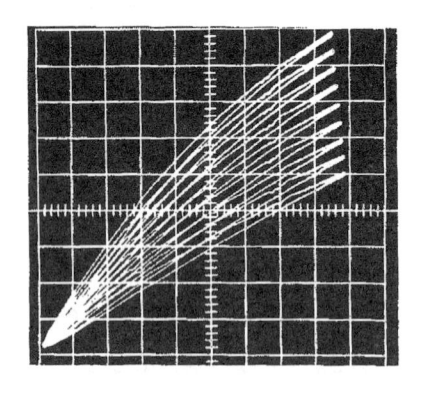

図1 Boesen らによって試作された ZnO MISFET の特性
横軸はソース・ドレイン間電圧で 1 V/div，縦軸はドレイン電流で 20 μA/div である。

クタンスは 10 μS 程度であることがわかる。論文には負のゲート電圧を印加した場合のデータは示されていないが，しきい値電圧は −8 V 前後と見積もられている。しかし，ホール測定の結果などから予測されるデバイス特性とは，かけ離れた特性が得られているため，素子動作の詳細は不明であるが，酸化亜鉛をチャネルとした最初の報告例であると思われる。

このように，最初のトランジスタの試作例が比較的早い時期に報告されているにも関わらず，その後は 2000 年前後まで報告例がない。しかし，2003 年になり，いくつかの機関から良好なトランジスタ特性を持つデバイスの試作報告が相次いで行われた。そこで，次節では，ZnO チャネル層の形成方法の違いによるいくつかの報告例を紹介する。

2.1 スパッタ法形成 ZnO TFT

Hoffman らは，ガラス基板上に原子層堆積法（atomic layer deposition：ALD）により，ゲート電極となる ITO 層 200 nm およびゲート絶縁膜となる Al$_2$O$_3$ と TiO$_2$ の超格子層（ATO 層）を 220 nm 形成した基板上に，基板は非加熱のままでチャネルとなる ZnO 層とコンタクトとなる ITO 層をスパッタ法により形成し，トランジスタを作製している[3]。図2にトランジスタの断面構造を示す。図からわかるように，このトランジスタは，基板をはじめとして各層が透明であるため，基板を含めて可視光に対する透過率が高く，透明トランジスタが実現されている。トランジスタはシャドウマスクで形成されているため，素子サイズは 15 mm × 1.5 mm と大きい。チャネル形成時には，基板は非加熱であるが，ATO/ZnO 界面の品質の改善ならびに ZnO チャ

第5章 酸化亜鉛系トランジスタとその応用

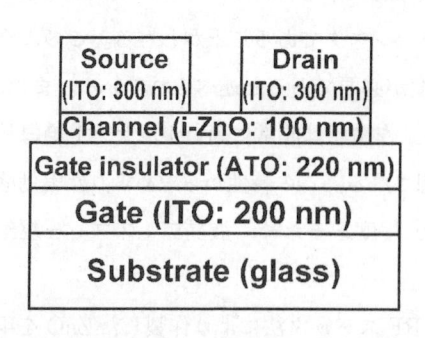

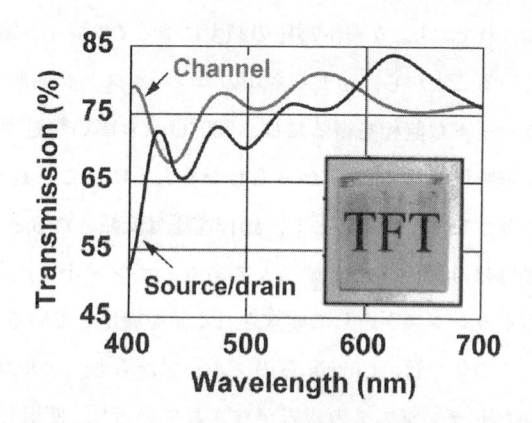

図2 Hoffman らにより試作された ZnO TFT の断面構造図

図3 試作されたトランジスタの可視光に対する透過率
図中の写真はトランジスタの下のTFTの文字が透けて見える様子。

ネル層の結晶性を改善し，チャネル層の抵抗を低減させるため，成膜後にラピッド・サーマル・アニーリングによる酸素中での熱処理を 600〜800 ℃ の温度で施している。また，ITO コンタクト層の成膜後には，その透明度を改善するために，酸素中 300 ℃ での熱処理を行っている。

図3は可視光領域での光の透過スペクトルを示している。チャネル部分（コンタクト層を含まない部分）での透過率は約 75 ％ である。ガラス基板の透過率が 92 ％ であることから，トランジスタの部分は 80 ％ を超える透過率をもつことがわかる。さらに，図中に示されたトランジスタ基板は，素子を透過して，その下の文字（TFT）をはっきりと見ることができ，透明トランジスタが実現されていることがわかる。

図4 (a)は，素子のドレイン電流-ドレイン・ソース間電圧（I_D-V_{DS}）特性を示し，明瞭な飽和特性（ハードな飽和）を示している。ゲート電圧 V_G は 40 V から 0 V まで－10 V ステップで印

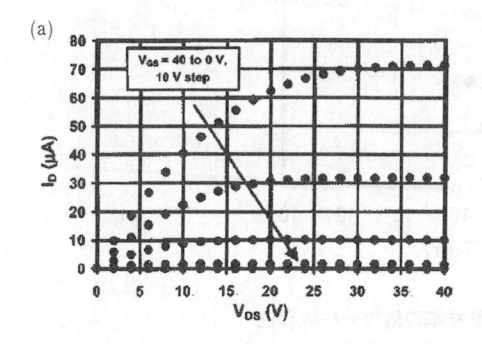

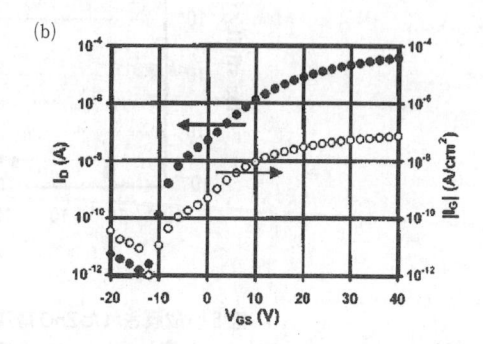

図4 (a)素子のドレイン電流-ドレイン・ソース間電圧（I_D-V_{DS}）特性。明瞭な飽和特性（ハードな飽和）を示している。(b)は W/L 比が 10 の素子の伝達特性を示している

加されており，ゲート電圧の減少に伴ってドレイン電流が減少し，$V_G = 10\,\mathrm{V}$ ではオフ状態になっていることから，n チャネルのエンハンスメント形トランジスタであることがわかる。このようなハードな飽和を得るには，700 ℃ より高い熱処理温度が必要であると述べられている。また，伝達特性（図 4 (b)）からもわかるように，この素子の動作電圧は非常に高いが，ゲート絶縁膜の厚さを薄くすることで，動作電圧は低減されると予想される。この特性から求められた実効移動度は $0.35 \sim 0.45\,\mathrm{cm^2/Vs}$ であり，オン・オフ比も 10^7 程度あるため，液晶ディスプレー駆動用トランジスタとして要求される値を満足している。

この年には，Carcia らのグループからも，アルゴン RF スパッタ法により作製した ZnO を用いたトランジスタの報告がなされている[4]。使用した基板はガラス（Corning 7059）およびシリコンで，酸素の負イオンの衝突による成膜層へのダメージを低減させるために，比較的低い電力（100 W），電圧（−100 V）で，酸素分圧を変えて成膜を行っている。基板温度は室温である。成膜後の膜は X 線回折による測定で，面内にわずかに圧縮された膜であることがわかっている。TFT を試作する典型的な条件（酸素分圧 10^{-5} Torr，Ar + O_2 圧力 20 mTorr）での圧縮圧力は 0.5 GPa 以下程度である。膜に残留する圧力は，スパッタ時の圧力に依存し，高い圧力下で成膜された膜の方が良好なトランジスタ特性を示すことが記されている。

図 5 は成膜された ZnO 薄膜の抵抗率の酸素分圧依存性である。成膜時の全圧力は黒丸が 10 mTorr，四角が 20 mTorr である。どちらの場合にも，酸素分圧が 10^{-6} Torr から 10^{-5} Torr 前後で半導体的な抵抗率から絶縁体的な抵抗率へと急激な変化を示している。低抵抗側での移動度は $12 \sim 25\,\mathrm{cm^2/Vs}$ である。

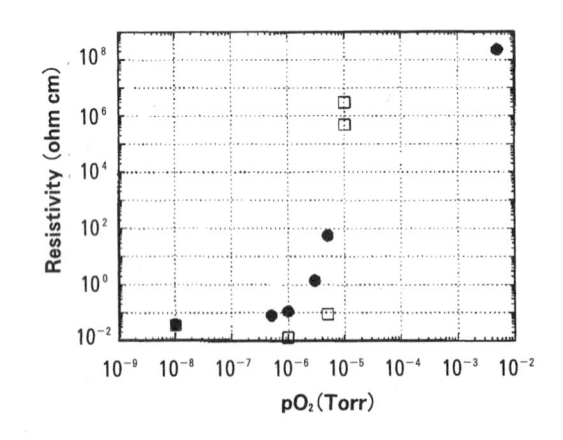

図 5　成膜された ZnO 薄膜の抵抗率の酸素分圧依存性
成膜時の全圧力は黒丸が 10 mTorr，四角が 20 mTorr である。

第5章　酸化亜鉛系トランジスタとその応用

表1　異なる酸素分圧で作製された ZnO TFTの特性

Film No.	d (nm)	pO_2 (μTorr)	μ_{FE} (cm²/Vs)	on/off	V_{TH} (V)	N_t (cm^{-2})	μ_{gb} (cm²/Vs)
A	89.7	7.5	40	1×10^3	0	1.5×10^{12}	109.0
B	84.9	10	1.2	1.6×10^6	0	1.9×10^{12}	9.8
C	67.7	20	0.3	1×10^5	0	3×10^{12}	18.5

　試作されたトランジスタは，n形シリコン基板上に100 nmの熱酸化膜をゲート絶縁膜として形成した上に，通常のフォトリソグラフィにより Ti/Au によるソースおよびドレインを間隔20 μm，幅200 μm で形成し，それらの電極の間にシャドウマスクによって，ZnOチャネル層を約100 nm 堆積して作製された。ZnOチャネル層を堆積する際のスパッタリング時の圧力は20 mTorr，酸素分圧は抵抗率が急激に変化する付近の 7.5 μTorr，10 μTorr，20 μTorr で作製されている。AFMによる表面観察の結果では，この酸素分圧の範囲で，表面粗さはほぼ一定の値を示し，約1.9 nm，粒径は 32～38 nm となっている。また，波長400 nm 以上の光の透過率は80％以上である。試作された3種類のトランジスタの特性は表1に示されているが，最も良好な特性が得られたのは，10 μTorr の酸素分圧で作製された素子である。

　図6は，その良好な特性が得られたトランジスタの特性である。Hoffman らの結果と同様，このトランジスタもnチャネルのエンハンスメント形動作を示している。

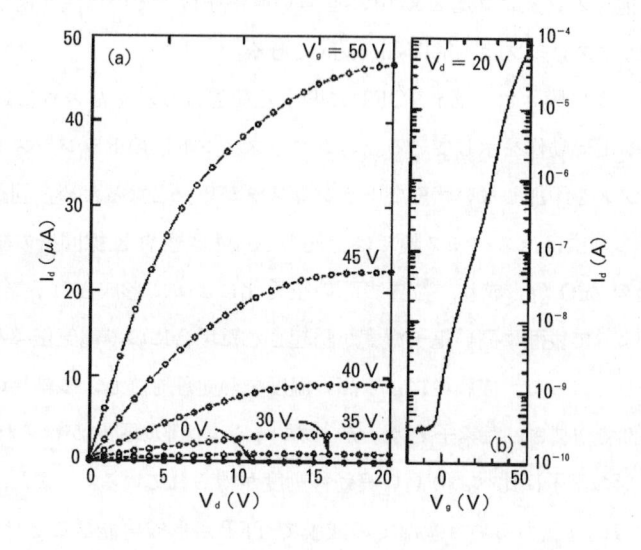

図6　表1のBの条件で作製された ZnO TFTの特性
(a)は $V_d \leq 20$ V での I_D-V_d 特性，(b)は伝達特性を示している。この特性から，サブスレッショルドスロープは約 3 V/decade であることがわかる。

さらに，FortunatoらからはRFマグネトロンスパッタ法によりチャネル層を形成したトランジスタの試作に関する報告がなされており，室温での成膜であるにもかかわらず，実効移動度で27 cm^2/Vsと高い値が得られている[5]。ここでは，エンハンスメント形トランジスタを実現するために必要な高抵抗ZnO層を形成するため，Carciaらが行ったように酸素分圧を制御する方法ではなく，高周波のパワーを制御することでそれを実現している（ここでは，リフトオフプロセスを利用するに当たり，レジストをエッチングする酸素が導入されることを避けるため，このような方法を採っている）。高周波パワー5 W/cm^{2}で成膜された膜の抵抗率は10^8 Ωcm程度である。X線回折の結果，ZnO膜はc軸配向しており，結晶粒界の大きさは10 nm程度と見積もられている。結晶粒の大きさが小さいのは，室温で成膜されたためである。

ここでも，試作されたTFTはバックゲート形で，Hoffmanらの報告と同じように，ITOがゲート電極に使われ，ゲート絶縁膜はATOで構成されている。ゲート容量は60 nF/cm^{2}で，絶縁膜の実効的な比誘電率は16である。チャネル層はZnO層100 nmで形成され，ソースおよびドレイン電極はGZO層150 nmで形成されている。どちらの層も，室温で形成されたものである。

図7が試作された素子の特性である。I_D-V_{DS}特性を示す(a)では，明瞭な飽和特性が得られている。飽和領域での伝達特性(b)から，しきい値電圧および実効移動度が，それぞれ，19 Vおよび27 cm^2/Vsと得られている。室温スパッタ成膜のZnO層としては非常に高い移動度の値が得られている。その他，オン・オフ比3×10^5，しきい値電圧以下での電流・電圧特性の指標であるサブスレショールドスロープは1.39 V/decadeである。

この他にもスパッタ成膜されたZnO TFTに関する報告は数多くなされているが，多くの場合，エンハンスメント形動作を示している。エンハンスメント形のトランジスタが形成できることは，ゲートバイアスを印加しない状態でトランジスタがオフとなるため，回路応用上では有利なことが多い。この理由は，スパッタ膜では上述のAFM観察やX線回折の結果からわかるように，膜は多結晶のZnOから成り，粒界表面の空乏化によって形成される電位障壁のために，正のゲート電圧によって表面に高い電子濃度が誘起された場合にのみ電気伝導が生じるためであると考えられる。したがって，成膜後により高い温度で熱処理を施し，多結晶の粒径が大きくなると考えられる条件で作製された素子では，ディプレッション形の動作が得られていると同時に，エンハンスメント形の素子に比べより高い実効移動度が得られている[6]。また，以上の報告からわかるように，比較的低温あるいは室温での成膜でTFTが形成可能なことは，従来のTFTへの応用だけでなく，プラスティックなどフレキシブルな基板上への形成が可能なことを示し，他のワイドギャップ半導体GaNやSiCには無い大きな特長である。

一方，ここまでのTFTの報告では，バックゲート形のトランジスタが中心で比較的厚いゲー

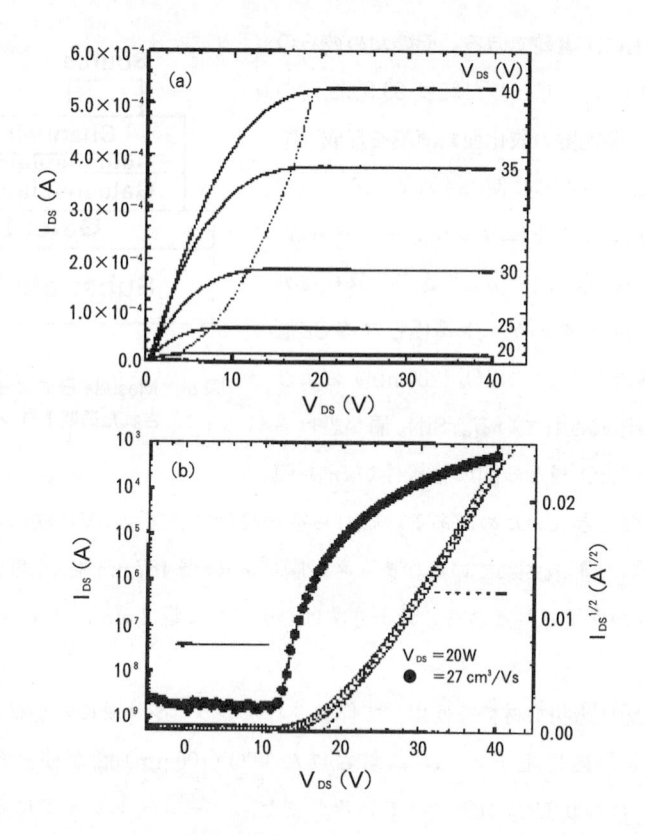

第5章 酸化亜鉛系トランジスタとその応用

図7 文献5で試作されたトランジスタの特性
(a)良好な飽和特性が得られている。(b)は，その伝達特性を示し，しきい値電圧19Vおよび実効移動度27 cm²/Vsが得られている。

ト絶縁膜が形成されているため動作電圧が20〜50V程度と高いことは問題である。さらに，多結晶であるため，バルクに比較すると未だ移動度の値は低いため，さらに特性を改善できる余地は高い。

そこで，次節では，より高品質な成膜が可能と考えられるパルス・レーザ堆積法（Pulsed Laser Deposition：PLD法）を利用したTFTの試作例に関する報告を紹介する。

2.2 パルス・レーザ堆積法形成 ZnO TFT

前節で述べたスパッタ法によるHoffmanらの報告とほぼ同時期に，PLD法により形成されたZnO TFTの報告がMasudaらによってなされている[7]。ZnO層をTFTのチャネルとして利用する場合，ZnO層自身が比較的高いn形伝導を示すために，結晶品質の高いチャネル層を利用する場合には，チャネル層の不純物濃度を下げるなど，ZnO層の伝導を制御することが，ス

パッタ法の場合以上に，重要である。そのため彼らの報告では，ZnO ターゲットとして純度 99.9999 ％の単結晶を利用して，高純度の酸化亜鉛薄膜を形成している。アブレーションのために使用されているレーザ光源は，波長 193 nm の ArF エキシマレーザである。

作製された素子の構造は次のようである。基板はガラス（Corning #1737）で，ゲート電極となる Cr 層の上に，ゲート絶縁層として SiO_2（230 nm）および SiN_X（50 nm）層が形成されている。SiN_X 層が設けられている理由は，ZnO 層との間の絶縁性が SiO_2 膜だけでは充分に確保できないためである。これら絶縁膜はプラズマ CVD 法により，それぞれ，400 ℃ および 200 ℃ で形成されている。チャネル層は ZnO 層 157 nm を PLD 法により形成し，コンタクトには In が使用されている。素子寸法は，チャネル幅 2 mm，チャネル長 50 μm である。

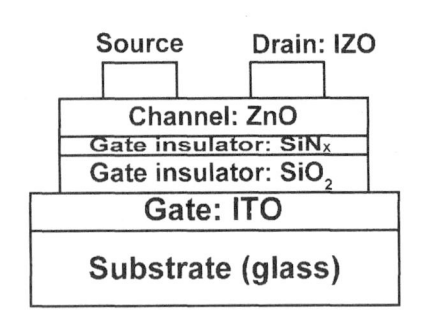

図 8 Masuda らによって PLD 法で作製された透明トランジスタの断面構造

図 8 には全ての層に透明な材料を使用して作製されたトランジスタの断面構造を示している。ここでは，ゲート電極に電子ビーム蒸着された ITO（100 nm）層が使われ，その際基板（Corning #7059）は 300 ℃ に加熱されている。また，ソース・ドレインには 190 nm の IZO（In_2O_3：ZnO ＝ 90：10）層を室温によるスパッタリングで形成したものを利用している。

X 線回折による ZnO 層の膜質の評価では，c 軸に配向した膜が形成されていることが確認されている。成膜時の酸素分圧を変化させ，X 線のロッキングカーブの半値幅を調べた結果では，酸素分圧が 3 から 30 mTorr で 2.25° 程度の最小値が得られ，電気的特性に関しては，酸素分圧が 3 mTorr において，電子濃度は最低の 3.3×10^{16} cm^{-3} を示し，移動度は 0.70 cm^2/Vs と最高値を示した。したがって，結晶性と電気的特性との間には明確な相関関係が見られている。また，二次イオン質量分析（SIMS）での元素分析の結果，SiN_X 層を 50 nm 以上ゲートに挿入しない試料では，Cr がチャネル層に偏析しており，ゲートリーク電流を増加させている原因であると述べられている。SiO_2 250 nm，SiN_X 50 nm のゲート絶縁膜では，ゲートリーク電流密度は 10^{-8} A/cm^2 と低く抑えられている。

図 9 (a)および(b)は，試作された素子の特性を示したものである。電流値は 100 nA 以下と非常に低いが，良好なピンチオフ特性が得られており，エンハンスメント形ではあるが，しきい値電圧が 2.5 V と低く，動作電圧は 5 V 程度と低い値が実現されている。また，チャネル層に加えてキャリア濃度を高くした ZnO コンタクト層をチャネル層と電極層の間に設けた試料では，ディプレッション形の素子となっている。表 2 にこれらの素子特性をまとめたものを示す。

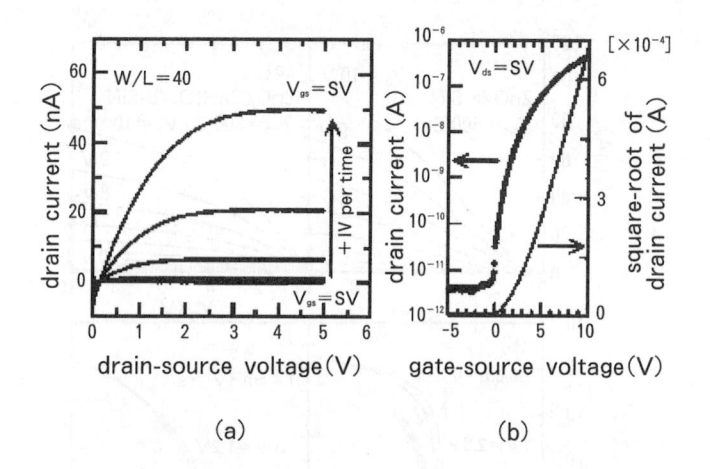

第5章 酸化亜鉛系トランジスタとその応用

図9 高濃度コンタクト層をもたない構造のトランジスタ特性
しきい値電圧が低く，低電圧動作が実現されている。

表2 PLD法で作製したZnO TFTの層構造と素子特性の関係

構造	実効移動度 μ_{FE} (cm²/Vs)	しきい値電圧 V_{TH} (V)
ZnO コンタクト層なし	0.031	2.5
ZnO コンタクト層有り	0.97	−1.0
ZnO 薄膜	0.70（Hall 移動度）	

このようにPLD法においても，良好な特性をもつZnO TFTを作製することが可能である。

東北大のNishiiらは，アモルファスシリコンLCDで使われているチャネル層をZnOに置き換えたTFT構造の作製に関する報告を行っている[8]。ここでは，バックゲート電極としてTa (320 nm) が使われていることや，その絶縁膜として使われているSiN$_x$ (340 nm) をそのままに，チャネル層のa-Si層だけをZnO (100 nm) に置き換えた構造でTFTを試作している。ここでは，成膜パラメータとして，成膜温度を150, 300および500℃, SiN$_x$上に直接ZnO層を成膜したものとCaHfO$_3$バッファ層を使用した構造を比較している。また，PLD法のパルス繰り返し周波数も10および2 Hzと変化させている。試作した素子の寸法もLCDで使われているa-Si TFTの寸法と同一でチャネル幅25 μm，チャネル長5 μmである。

図10はCaHfO$_3$バッファの有無によるトランジスタ特性の違いを示したものである。ただし，図(a)には，SiN$_x$上に直接ZnO層を形成した素子の特性が示されている。基板温度500℃で作製されたもののみ，FET動作を示しているが，伝達特性を示した図(b)には，非常に大きなヒステリシス（ΔV = 2.3 V）が見られている。これは，ZnO/SiN$_x$界面の品質が悪いことを反映しており，CaHfO$_3$バッファを挿入した素子では，基板温度が300℃においてもFET動作が得ら

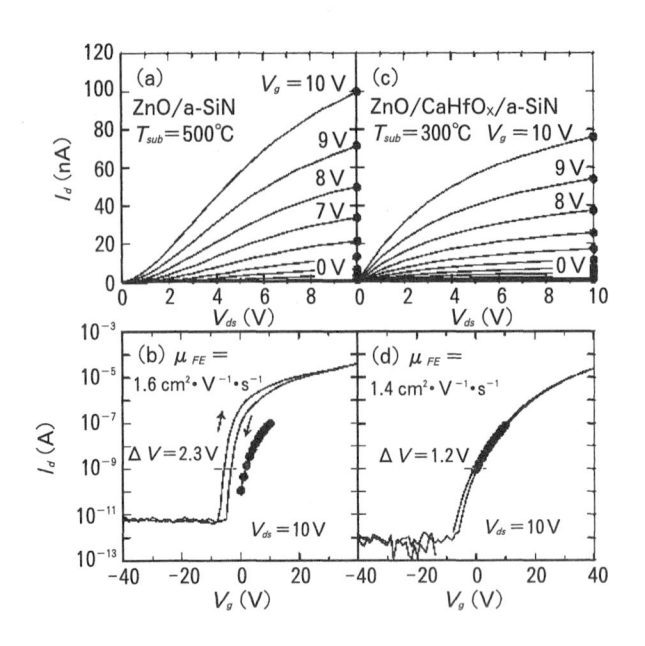

図10 a-Si TFTプロセスで作製されたZnO TFTのFET特性
(a), (b)はCaHfOバッファのない場合の特性を示し，(c), (d)はCaHfOバッファを挿入した素子の特性を示している。CaHfOバッファを挿入した素子では，ヒステリシスが低減されている。

れ，ヒステリシスは1.2 Vと大きく低減されている（図(c), (d)）。

さらに，ZnOチャネルの品質を改善し，素子の実効移動度を増加させるために，$CaHfO_3$バッファ層の効果だけではなく，レーザパルスの周波数を10から2 Hzに下げ，さらに基板温度を300 ℃から150 ℃に低減した場合の影響が調べられている。図11は，実効移動度を基板温度に対して表したものである。$CaHfO_3$バッファがない場合，基板温度300 ℃以下では，残留キャリア濃度が高く，トランジスタ動作を得ることができていないことに対応し，実効移動度は非常に低い値を示している。パルス周波数が10 Hzの場合には，基板温度を低下させるに従い実効移動度も低下するが，基板温度150 ℃まで，FET動作は得られている。さらに，パルス周波数を2 Hzまで下げた場合には，実効移動度はより高く，基板温度には余り依存せず，約2 cm²/Vsの値を示している。

以上，スパッタ法およびPLD法により作製

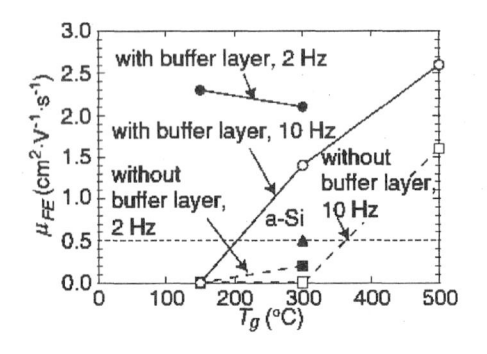

図11 実効移動度の基板温度依存性およびレーザパルス周波数依存性

第5章 酸化亜鉛系トランジスタとその応用

されたZnO TFTの特性について述べた。どちらの方法においても，作製されたZnO層が多結晶であるため，得られる層の移動度は単結晶層で得られる値よりは低く，したがって，最終的なFETの特性にも大きな差は見られない。しかしながら，成膜温度が室温あるいは比較的低温で，アモルファスSi TFTと同程度以上のFET特性を有し，可視光に対し高い透明度を有するTFTが実現できることは，酸化亜鉛の大きな特長である。以下では，単結晶を含むさらに高品質なZnOをチャネル層に使用したFETの試作について紹介する。

2.3 単結晶 ZnO チャネル／ヘテロ接合 TFT

前節までに紹介したZnO TFTはLCD用のTFTへの応用を念頭にしたものが多く，したがって，素子の構造もバックゲート電極を有するスタッガード形のFETがほとんどであった。バックゲート構造では，ゲート絶縁膜（多くの場合非晶質）上にZnOチャネル層が形成されるために，得られるZnO層は多結晶となる。しかし，より高性能なFETを実現するためには，単結晶層を利用しZnO本来の伝導特性を利用できる素子を作製する必要がある。そのため，素子構造は通常のFETで使用されるトップゲート構造を作製することが望ましい。

図12は，Nishiiらによる，このような高性能ZnO FETのプロセスフローを示したものである[9]。彼らは，高品質なZnO層を形成するために，ZnOに非常に近い格子定数を有するScAlMgO$_4$(0001)基板上に，PLD法でZnOチャネル層を形成し，Al$_2$O$_3$ゲート絶縁膜およびAu/Tiゲート電極からなるトップゲート形FETを作製した。高品質なZnO層の成長には，一般的にはc面あるいはa面のサファイア基板が利用されるが，ScAlMgO$_4$基板の利用により，残留キャリア濃度の低い，高移動度の膜が形成できると報告されている[10]。ここで使用された膜は基板温度600℃，バックグラウンドの酸素圧力 1×10^{-6} Torrで300 nm成長され，キャリア濃度と移動度は，それぞれ，5×10^{15} cm^{-3} および 60～120 cm^2/Vs と高品質なZnO層が形成されている。その後は，図に示されるように，フォトリソグラフィとArイオンエッチングによる素子分離，Al/Tiオーミック電極およびAl$_2$O$_3$ゲート絶縁膜，Au/Tiゲート電極をそれぞれリフトオフにより形成している。ここでは，ゲート絶縁膜の形成方法としてRFマグネトロンスパッタ法と電子ビーム蒸着法が試みられ，熱処理効果についても調べられている。

スパッタ法で絶縁膜を形成した素子では，チャネル層の抵抗値がas-grownの膜の1.5倍に増加し，伝達特性には大きなヒステリシス特性が表れている。ヒステリシスの大きさから見積もられた界面電荷トラップ密度は約 2×10^{11} cm^{-2} で，素子特性自身も不安定であると述べられている。実効移動度は 16 cm^2/Vs と多結晶チャネルの素子に比較すれば高い値が得られているが，成長後の値（約100 cm^2/Vs）からは，かなり低い値に低下している。しかし，ドレイン電流の1/2乗はゲート電圧に対して直線的に変化しており，多結晶チャネルの素子で見られる結晶粒界

113

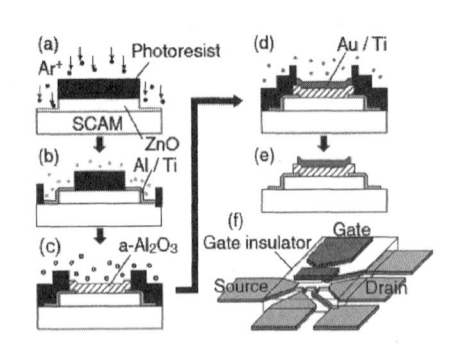

図12 Nishii らによる，ScAlMgO₄ 基板上に成長された，単結晶 ZnO チャネル FET のプロセスフローおよび素子形状

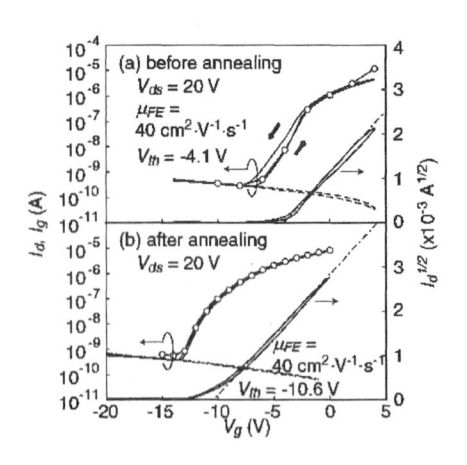

図13 電子ビーム蒸着法によりゲート絶縁膜を形成した ZnO 単結晶チャネルトランジスタの特性（伝達特性）

の影響[8]は見られていない。

一方，電子ビーム蒸着法によってゲート絶縁膜を形成した素子では，ヒステリシスの大きさはかなり低減しており，FET のオン抵抗も成膜後の抵抗値から求められる値にほぼ一致している。図13はこの素子の熱処理の前後での伝達特性を示している。トランジスタのオン抵抗などは，熱処理前後で大きな変化はなく，実効移動度は 40 cm²/Vs と高い値が得られている。ヒステリシスの大きさ ΔV_g は，熱処理により 1 V から 0.4 V 程度に低減し，対応する電荷濃度は 8×10^{10} から 3×10^{10} cm⁻² に減少している。また，しきい値電圧は −4 から −11 V へと大きく変化している。ヒステリシス特性からは，スパッタ形成の絶縁膜では電荷トラップが，電子ビーム蒸着の絶縁膜では可動イオンがヒステリシスに寄与しているものと思われる。それぞれの素子の実効移動度の値から，高品質な単結晶チャネルを形成することにより，トランジスタ特性はさらに改善できるものと期待される。しかしながら，ここで作製された素子は，素子寸法も比較的大きく，伝達コンダクタンスは 15 μS/mm 程度である。

そこで以下では，筆者らのグループがラジカルソース分子線結晶成長（RSMBE）法により，サファイア基板上に成長した ZnO/ZnMgO ヘテロ接合中に形成される高移動度の二次元電子ガスを利用した，高性能 ZnO FET について報告する。

我々のグループでは，a 面サファイア基板上に RSMBE 法により高品質な（c 軸配向し，回転ドメインが見られない，すなわち，単結晶の）ZnO 薄膜を成長することに成功しており，室温でも 100 cm²/Vs を超える移動度が得られている。また，ZnO と MgO の混晶で，さらに大きなエネルギーギャップをもつ ZnMgO 層とのヘテロ接合を形成することも可能で，ZnO/ZnMgO

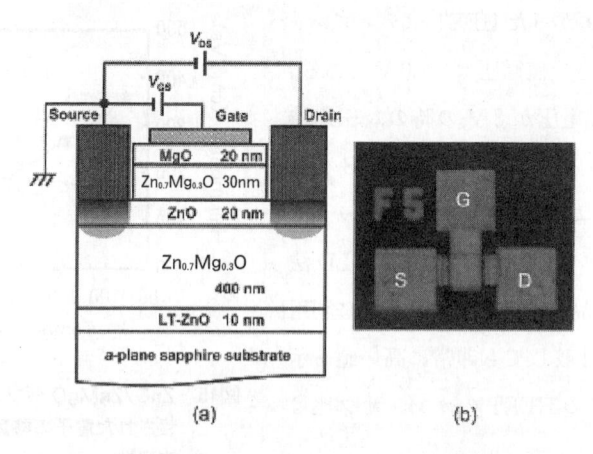

第5章 酸化亜鉛系トランジスタとその応用

図14 ZnMgO/ZnO/ZnMgO ダブルヘテロ構造を使った
ヘテロ接合 FET の断面構造および素子全体像

ヘテロ接合では，それぞれの層がもつ分極の差によって，ヘテロ界面に高移動度の二次元電子ガス（Two-dimensional electron gas：2DEG）が形成されるという特長がある。このことは，Koike らによって報告されているので，そちらを参照して頂きたい[11]。

さらに，Koike らは ZnO/Zn$_{0.7}$Mg$_{0.3}$O ダブルヘテロ構造で ZnO 層中に高濃度の 2DEG を形成し，その層をチャネルとしたヘテロ構造 FET（HFET）を試作している[12]。図14は，素子の断面構造および全体像を示したものである。この構造では，2DEG 層は，20 nm の ZnO 層の基板側のヘテロ界面に形成されていると考えられる。試作された素子の寸法は，ゲート長，ゲート幅ともに 50μm で，フォトリソグラフィにより加工している。素子の詳細な加工プロセスは，次のようである。素子領域の形成には，CF$_4$ と CH$_4$ の混合ガス（CF$_4$：CH$_4$ = 2：3）による ECR プラズマエッチングを用いた[13]。また，オーミック電極の形成にも，表面層の MgO/ZnMgO 層が高抵抗であるため，これらの層を ECR プラズマエッチングで除去し，ZnO チャネル層をほぼ露出させた面に Au（200 nm）/In（20 nm）で電極を形成した。良好なオーミック電極を形成するため，400℃ で 5 分間の熱処理を行っている。最後に，最表面の MgO 層上に Au（70 nm）/Ti（20 nm）により，ショットキーゲートを形成した。この MgO 層は，ゲートリーク電流を低減するために用いられている。

図15には，この構造をホール測定により評価した結果が示されている。温度が低下しても，キャリア濃度は 6×10^{12} cm^{-2} とほぼ一定の値を保ち，移動度は単調に増加する，いわゆる，2DEG の特徴を表している。移動度は，室温で 130 cm^2/Vs と高く，低温では 400 cm^2/Vs 近い値を示し，高品質な 2DEG 層が形成されていることがわかる。図14に示された素子の特性（I_D-V_{DS} 特性および I_D-V_{GS} 特性）が図16である。このヘテロ構造には，高濃度の 2DEG 層が形成さ

れているため，できあがった HFET はディプレッション形となり，しきい値電圧は −7.0 V である。ソース・ドレイン間電圧が 3 V の時の，伝達特性から最大伝達コンダクタンスが 0.70 mS/mm と求められる。この値は，上で述べたスパッタ法による ZnO チャネル FET はもちろん，PLD 法により作製された高品質結晶をチャネル層に利用した FET の特性と比較しても非常に高い値を示している。また，この HFET のオン・オフ比は約 800 である。

ゲート容量として，MgO，ZnMgO および ZnO 層の厚さと誘電率から求めた値を用い，この素子の実効移動度を求めると $140\,\mathrm{cm^2/Vs}$ と，ほぼ，低電界移動度と同じ値となった。このことから，高性能な FET を実現するためには，高移動度のチャネル層をもつ，高品質な結晶を成長することが重要であることがわかる。さらに，図 16 の I_D-V_{DS} 特性の立ち上がり部分に非直線性が見られることは，この素子のオーミック特性がそれほど良好ではないことも示しており，寄生抵抗成分による特性劣化が問題となる短ゲート長デバイスでは，この点を改善することで，微細化によりさらに高性能な素子が実現できることが期待できる。したがって，より高性能な ZnO FET を実現するためには，高品質なチャネル層を形成し，その特性を十分発揮させる素子構造（ヘテロ構造）を設計することが重要である。

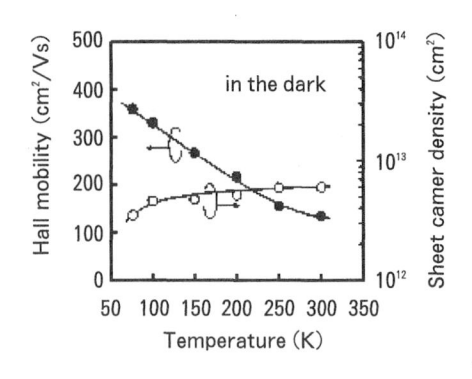

図15　ZnO/ZnMgO ダブルヘテロ構造中に誘起された電子の移動度および濃度の温度依存性

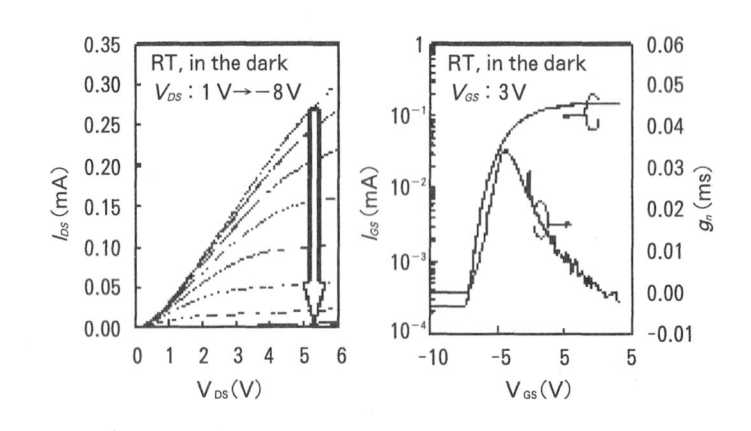

図16　図14 に示された素子の特性。I_D-V_{DS} 特性（左）および I_G-V_{GS} 特性（右）

第5章 酸化亜鉛系トランジスタとその応用

そこで，さらに高性能な素子を実現するために，重要な点を次のドレイン電流の式から考察してみる。飽和領域でのドレイン電流は，次式で与えられる。

$$I_D = \frac{WC_i\mu}{2L}(V_G - V_{TH})^2 \tag{1}$$

ここで，W，L は素子の寸法（ゲート幅およびゲート長），C_i は単位面積当たりのゲート容量，μ は実効移動度である。素子特性を改善するためには，次のようなことが重要である。

① ゲート長を短くする（横方向の微細化）。

② ゲート容量を大きくする。これは，W を大きくすることでも実現できるが，これは素子面積の増加につながるので，W 一定のもとで，C_i を多くすることを意味し，それはチャネル層を浅く形成することに対応する（縦方向の微細化）。

③ 高移動度の実現。ZnO は優れた高電界特性を有する材料であると考えられるため，この条件は，ホール移動度の高移動度化とほぼ同義である。したがって，すでに述べたように，高品質な結晶を成長することが重要である。また，MIS 形 FET では，上述のように，ゲート形成時にチャネル層の品質低下を伴うこともあるため，ゲート形成のプロセス条件や構造にも注意が必要である。

さらに，上式には含まれない要因として，次のような項目が挙げられる。

④ 良好なオーミック電極の形成。

⑤ リーク電流の少ない，ゲート電極の形成。これは，②の要求に反する条件となるため，最適点の検討が必要である（ZnO はワイドギャップ半導体であるが，多くの金属，たとえば，Ag[14]，Au[15]，Pt[16,17]，Pd[18]などに対し，ショットキー障壁高さは，高々 1 eV 程度以下と，良好なショットキー電極形成には，不十分な値しか報告されていない）。ゲートリーク電流を低減するためには，MIS 構造なども考慮する必要がある。

などがあり，さらに，これらが，より簡便な製造プロセスで実現できることも考慮する必要がある。

このような条件を考慮し，次に試作した素子の構造を図 17 に示す[19]。この構造も前述の HFET 同様，RSMBE 法により a 面サファイア基板上に成長した。室温での移動度およびキャリア濃度は，それぞれ，80 cm^2/Vs および 3 × 10^{13} cm^{-2} であった。ここでは，④の条件を考慮し，表面の Zn$_{1-x}$Mg$_x$O（x = 0.4）キャップ層を薄層化することで，そのキャップ層をエッチングする工程を経ることなく，良好なオーミック電極の形成を図った。これは，さきの HFET 構造ではオーミック電極を形成する際の (Zn)MgO 層のエッチングに，高い精度が要求されるためである。この層はゲート部分では障壁層として働く必要があるので，⑤で述べたように，その最適値を調べるために（図では厚さ 2 nm と示しているが），厚さ 2 および 5 nm で比較を行った。②に関連

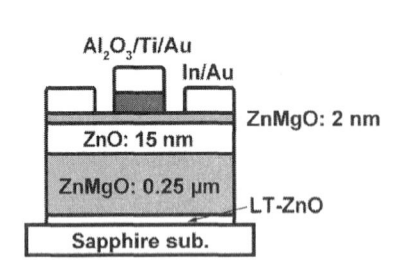

図17 FETの高性能化を目指した，ZnO/ZnMgOヘテロ構造

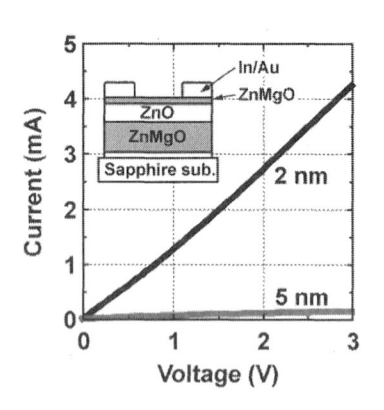

図18 ZnMgOキャップ層（2 nmおよび5 nm）を通してオーミック形成した場合の抵抗値の比較
キャップ層が2 nmの場合には，良好なオーミック特性が得られている。

し，ZnOチャネル層の厚さも僅かながら薄くし，ゲート容量を高くすることを目指した。また，ここで得られるZnOは，残留キャリア濃度が10^{17} cm^{-3}半ば程度であるため，厚いZnO層中には，2DEGだけでなく，3次元電子も混在するために，それを低減することも考慮して15 nmとした。これらの構造で，オーミック特性の比較を行ったものが，図18である。測定は，チャネル幅100 μm，ギャップ4 μmのAu/Inコンタクト間で行った。400 ℃での熱処理の後では，どちらも，オーミック特性を示している。しかし，ZnMgO層が5 nmの素子の抵抗値は2 nmの場合に比べて30倍程度高いので，以後の試作は，良好なオーミック特性の得られている2 nmの試料についてのみ行った。

素子の試作プロセスは，前述のHFETとほぼ同じであるが，ゲート電極の形成には，ZnMgOキャップ層2 nmのみでは，ゲートリーク電流が増大し，ショットキー電極形成に不十分な厚さであるため，ヘテロ構造上に高誘電率材料のAl$_2$O$_3$（50 nm）をゲート絶縁膜として使用した，ヘテロMIS構造を採用した。ヘテロMIS構造では，絶縁膜がZnOチャネル層には直接触れないため，絶縁膜との界面に生ずる準位によってチャネル中の電子の移動度が低下することも防ぐことができ，高品質なチャネル層を維持することにも役立つと考えられる。ゲート電極の形成には，Al$_2$O$_3$およびAu/Tiを続けて電子ビーム蒸着し，リフトオフによって形成した。高性能FETを実現するため，ゲート長は1 μmおよび2 μmの素子を試作した。

図19は，ゲート長1 μm，ゲート幅50 μmの素子の特性である。図のように，良好なピンチオフ特性を持つFETが実現されており，ゲート電圧が1Vステップであることから，1 mS（= 20 mS/mm）を超える特性が得られていることがわかる。ゲート電圧4Vでの伝達特性から，最

第5章 酸化亜鉛系トランジスタとその応用

図19 ZnMgOキャップ層2nmの素子の特性
30 mS/mm近いg_mが得られている。

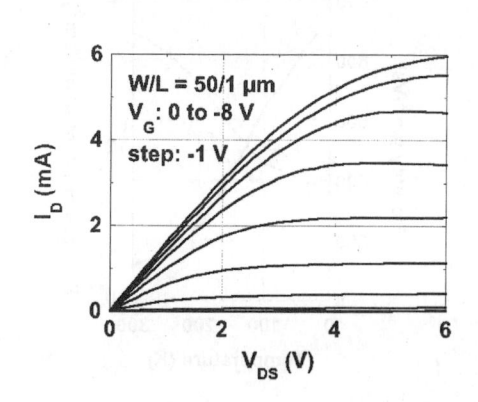

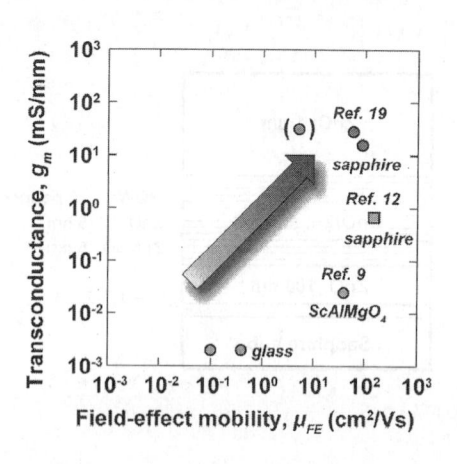

図20 いろいろなグループから報告されたZnO FETの実効移動度とg_mの関係

大g_mは28 mS/mmに達していることがわかった。これまでに，不十分なピンチオフ特性で，30 mS/mmを超える値が報告されているものの[20]，正常なFET動作を示す素子では，最も高いg_mの値である。このように，極薄いZnMgOキャップ層をもつヘテロ構造と高誘電率ゲート絶縁膜を利用した，ヘテロMIS構造を利用することで非常に高性能なZnO系FETが実現できることが示された。この素子の実効移動度は62 cm^2/Vsと高く，高性能なFETを実現するためには，高品質な結晶成長技術の確立が必要であることがわかる。このような観点から，チャネル層の実効移動度（≈ホール移動度）とFETの伝達コンダクタンスの関係をプロットしたものが，図20である。図中の矢印のように，材料の高移動度化，すなわち，高品質化がデバイス特性の高性能化に結びついていることがわかる。最も右上の点が，我々のヘテロMIS FETの結果である。

酸化亜鉛の結晶品質の向上に関しては，最近Tsukazakiらによって室温でも400 cm^2/Vsの移動度をもつZnO層の成長が報告されており[21]，このようなZnOの結晶品質の改善により，さらに高性能なFETが実現できるものと予想される。また，我々はサファイア基板上で高移動度のZnO層を得るため，図21に示すように20周期のZnO/ZnMgO多重量子井戸（Multi-quantum well：MQW）バッファ層を挿入し，転位密度を低減させることによって高い移動度を持つチャネル層を形成することに成功した。図22は，この構造の移動度とキャリア濃度の温度依存性をホール測定によって評価したものである。図で実線は移動度を示し，室温で120 cm^2/Vs程度，低温では900 cm^2/Vsを超える移動度を示している。一方，キャリア濃度は，室温で6.0×10^{13} cm^{-2}であったものが，温度の低下とともに減少し，低温では約6×10^{12} cm^{-2}でほぼ一定の値となった。我々がRSMBE法で成長するZnOの残留不純物濃度が5×10^{17} cm^{-3}程度であるため，

119

ZnO系の最新技術と応用

図21 高移動度ZnO層を形成するための，ZnO/ZnMgO多重量子井戸をバッファ層に挿入した構造

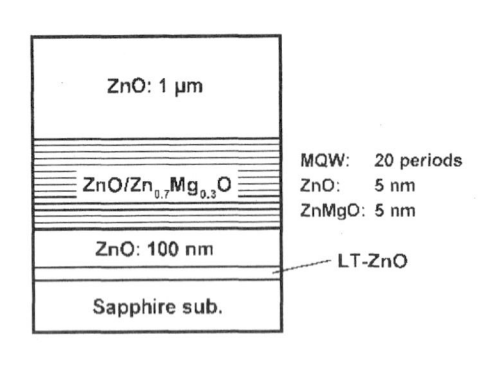

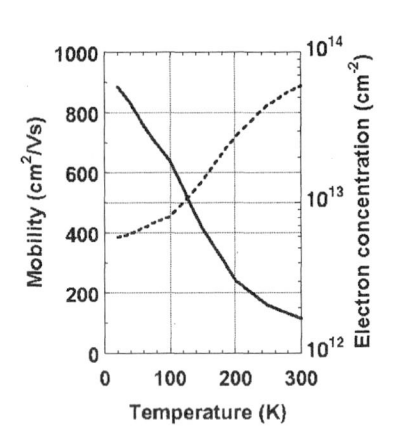

図22 図21の試料の移動度（実線）および電子濃度（点線）の温度依存性

キャリア濃度の減少量は，低温でZnO中の3次元電子がフリーズアウトしたと考えて説明される。したがって，低温でも存在する電子は，界面に形成された2DEGではないかと考え，低温での磁気抵抗測定を行った。図23がその測定結果である。図には，4～8Tでの高磁場側のデータのみを示しているが，2Kおよび4.2KでShubnikov-de Haas (SdH) 振動が観測されている。サファイア基板上に成長されたZnO/ZnMgOヘテロ構造でのSdH振動の観測は，これが初めてである。このように，ZnO/ZnMgO MQWバッファ層の挿入により，高品質なZnOチャネル層を成長することが可能である。観測されたSdH振動の（磁場の逆数に対する）周期から求めた電子濃度は5.2×10^{12} cm^{-2}であり，この温度でホール測定から求めた電子濃度に，ほぼ一致した。したがって，この構造では最表面のZnO/MQW界面にのみ高品質な2DEG層が形成されていると考えられる。

先のHFET構造や，ここで述べたZnO/MQW構造のように，RSMBE法によって成長したZnO/ZnMgOヘテロ構造を利用したFETでは，意図的なドーピングを行わない状態で，10^{13} cm^{-2}前後の高濃度な電子がZnOチャネル中に形成される。したがって，今回作製した素子のしきい値電圧は－7V程度と動作電圧に対して，比較的高い（負の）

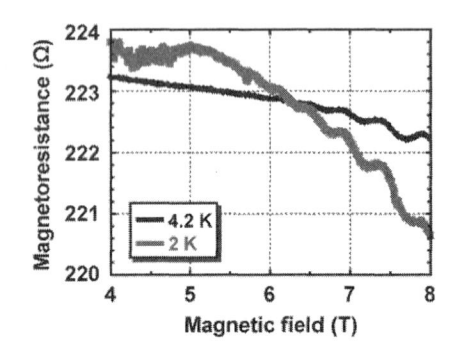

図23 磁気抵抗の測定結果
シュブニコフ・ド ハース振動が観測され，その周期から，電子濃度が5.2×10^{12} cm^{-2}であると求められる．

第 5 章　酸化亜鉛系トランジスタとその応用

値となっている．これを制御するためには，素子構造だけでなく，電子濃度の制御，さらには，その起源について知見を得ることが重要である．ZnO や ZnMgO は六方晶の結晶構造を有するため，一般に c 軸方向に自発分極が発生する．また，ZnO と ZnMgO との格子定数の違いにより，ヘテロ界面にはピエゾ電荷も発生する．上で述べた FET 構造では，バッファ層の ZnMgO 層が厚いため，ZnMgO 層は本来の格子定数をとっており，ZnO 層が 2 次元的な引っ張り応力を受けていることが X 線による逆格子マッピング測定の結果でも明らかになっている．しかしながら，ZnO/ZnMgO ヘテロ構造中の電子の起源については，ZnO 層のピエゾ分極だけでなく，ZnO および ZnMgO 層の自発分極の差を考慮することではじめて説明することができる．ZnO/ZnMgO ヘテロ構造での 2DEG 発生の機構については，Yano らによって詳しく述べられているので，そちらを参照して頂きたい[22]．ここでは，結果だけを述べるが，上述の我々の FET 構造はすべて (000-1) O 面成長で，厚い ZnMgO バッファ層を有するために，チャネルとなる 2DEG 層は ZnMgO バッファ層の上に成長された ZnO 層の基板側のヘテロ界面に生成される，いわゆる「逆構造」となる．したがって，この ZnO 層の厚さがゲート容量を低減させることとなり，伝達コンダクタンスを低下させる．このような現象は，(0001) Zn 面成長で同様の構造を成長することで，2DEG 層を ZnO 層の表面側に形成することによって回避することができる．こうした ZnO 極性の制御は，バッファ層中に適度に MgO 層を挿入することによって実現できることが Kato らによって報告されている[23]．

　電子濃度を増加させることは，GaAs/AlGaAs 系 HEMT 同様，障壁層に変調ドーピングを行うことによっても制御することが可能である．図 24 は ZnMgO 層にドナーとして Al をドーピングし，電子濃度の変化を調べたものである[24]．Al のシートドーピング濃度の増加に伴い，ZnO 中の電子濃度が 1×10^{13} から 4×10^{13} cm^{-2} へと増加しており，Al のドーピング量によってチャネル層の電子濃度を制御できることがわかる．

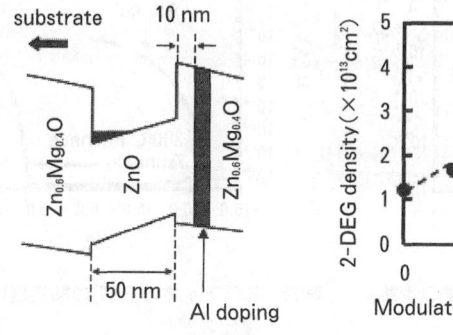

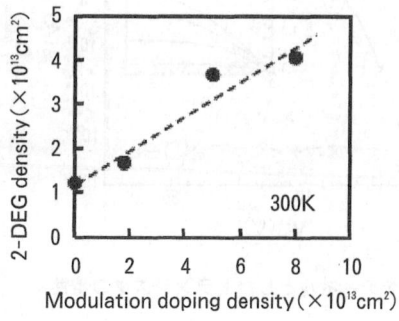

図24　ZnO/ZnMgO 変調ドーピング構造とドーピング濃度に対する二次元電子濃度

以上，ZnO チャネル層の高品質化が ZnO FET の性能向上に欠かせないこと，および高品質な ZnO チャネル層の形成方法について述べたが，単結晶層を利用することなくチャネル層の移動度を改善する，その他の方法について次に紹介する。

2.4 ZnO に SnO_2 や In_2O_3 を含むチャネル層をもつスパッタ法形成 ZnO TFT

ITO や zinc tin oxide（ZTO）など $(n-1)d^{10}ns^0$ ($n \geq 4$) なる構造をもつ重金属を含む酸化物は，非晶質の状態でも 50 cm^2/Vs を超えるような高い移動度を有するため[25]，ZTO や ZIO ($ZnO + In_2O_3$) をチャネルとして，トランジスタの高性能化を図ることができる。

Chiang らは，RF マグネトロンスパッタ法で成膜した ZTO をチャネル層とした FET を作製し，5〜15 cm^2/Vs と高い実効移動度を得ている[26]。作製された素子の構造は，2.1 節の図 2 に示された ZnO 層の代わりに ZTO 層が 20〜90 nm 形成されている他はほぼ同じである。ZTO 層は ZnO と SnO_2 のモル比が 1：1 のものを Ar/O_2（90 %/10 %）により基板温度 175 ℃ でスパッタにより成膜している。トランジスタの作製には，さらに，ZTO 成膜後 300 ないし 600 ℃ で 1 時間の熱処理を施している。作製された ZTO 層は，X 線回折の結果によれば，非晶質であることがわかっている（報告では 650 ℃ 以上の熱処理で，結晶化が進むことが触れられている）。

トランジスタはシャドウマスクで形成され，その寸法はチャネル幅 7100 μm，チャネル長 1500 μm である。図 25 には，作製されたトランジスタの特性を示している。図のようにオン・オフ比が 10^7 を超える，良好なトランジスタ特性が得られている。この特性から求められた実効移動度は 20〜50 cm^2/Vs で，多結晶 ZnO チャネル TFT のなかでは高い値である。この移動度の値は，熱処理温度に依存し，300 ℃ で熱処理されたものより 600 ℃ で処理された膜の方が高い値を示している。

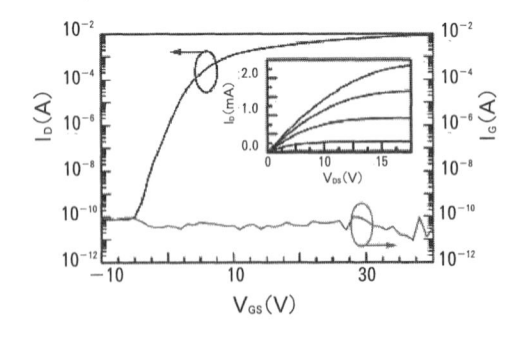

図25 ZTO をチャネルとしたトランジスタの特性

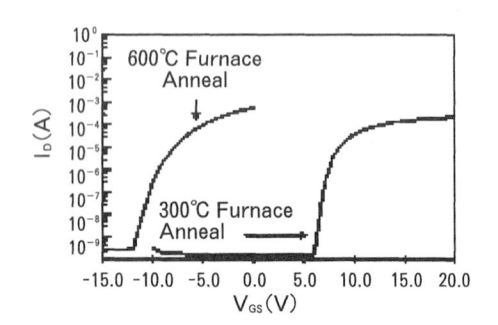

図26 ZIO チャネル FET の熱処理によるしきい値電圧の変化

第5章 酸化亜鉛系トランジスタとその応用

　また，同グループからは，zinc indium oxide（ZIO）をチャネル層としたFETに関する報告もなされている[27]。ZTOと同じように，成膜後に600ないし300℃で熱処理を施しており，600℃の熱処理を施したものはディプレッション形に，300℃で熱処理されたものはエンハンスメント形の動作を示している。このような，熱処理温度によるしきい値電圧の変化の様子を示したものが図26である。同様な熱処理温度に対するしきい値電圧の変化は，前述のZTOチャネルFETでも観測されており，高温で熱処理することで多結晶粒径が増加し，結晶品質が改善されるためと考えられる。また，対応する実効移動度はそれぞれの熱処理温度で25〜35 cm^2/Vsおよび5〜20 cm^2/Vsである。さらに特筆すべきは，熱処理を施していない素子でも，エンハンスメント形のFET動作が実現されて，実効移動度も8 cm^2/Vsという高い値が得られていることである。このように，室温付近のプロセス温度でFETが形成できることが，他のワイドギャップ半導体にはない酸化亜鉛系材料の大きな特徴である。同グループからは，さらにフレキシブルなポリイミド基板にZTOをチャネル層としたFETも報告されている[28]。

　同じような報告がYaglioglu らによってもZIOでなされている[29]。この報告の重要な点は，同じソース（In$_2$O$_3$を10 wt％含むZnO）を用いながら，スパッタ中の酸素の有無を制御して，できた膜のキャリア濃度を変化させ，チャネル層とコンタクト層が作り分け可能なことを示したことである。ZIOでも，酸素欠損がドナーとして働くため，Ar/O$_2$（90％/10％）でスパッタされたチャネル層は，キャリア濃度が2.1 × 10^{17} cm^{-3}，移動度が24.8 cm^2/Vsを示し，Arのみでスパッタされたコンタクト層のキャリア濃度と移動度は，それぞれ，3.3 × 10^{20} cm^{-3}および44 cm^2/Vsと，高い移動度を維持しながら，非常に広い範囲でキャリア濃度が制御されている。

　このように，スパッタ法でも比較的低いプロセス温度で実効移動度数十 cm^2/Vsを得られることは大きな特徴であり，フレキシブルな基板上への透明トランジスタの作製法として有望な方法である。しかしながら，作製された素子のしきい値電圧はかなり広い範囲にわたるため，実用化に向けて，しきい値電圧の制御は重要な課題である。

3　ゾル・ゲル法によるZnO TFT

　これまでに述べた成膜法は，すべて真空成膜技術を用いたものである。その中では，スパッタ法は簡便で経済性に優れ，材料によっては高い移動度を得ることが可能であるため，有力な成膜法のひとつである。TFTの作製法の最後に，さらに簡便で経済性に優れた成膜法として期待される，ゾル・ゲル法によって成膜されたZnO TFTについて報告する。ゾル・ゲル法は機能性酸化物薄膜を形成する方法として広く用いられており，ZnOに対しても早くからp-Si基板上にn-ZnOをゾル・ゲル法で形成したpn接合の報告があり[30]，ガラスや石英基板上にもc軸配向し

た膜を形成できることが報告されている[31,32]。また，さまざまな材料の組み合わせが可能であることも大きな特長で，それぞれの層をゾル・ゲル法で形成した pn 接合ダイオードについての報告なども行われている[33]。

スパッタ法により成膜した ZnO による Hoffman らの TFT に先だって，Ohta らはゾル・ゲル法で成膜した ZnO をチャネル層とした TFT を作製したと報告している[34]。ここでは，亜鉛を含む原料として，酢酸亜鉛を利用している。最初の溶液は，イソプロパノールにジエタノールアミンを溶解し，その後，酢酸亜鉛の二水和物を加え攪拌する。ディップコート法により基板に膜を塗布し，600 ℃ および 900 ℃ の熱処理を経て ZnO 層が形成される。素子の作製プロセスや素子構造は記述されていないが，トランジスタ動作が得られたとされており，図 27 のような，伝達特性だけが示されている。

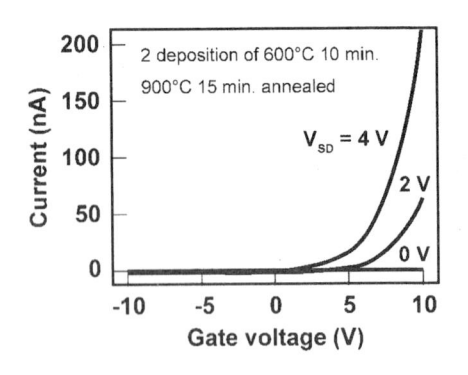

図27 Ohta らがゾル・ゲル法で試作した ZnO TFT の特性

そこで，Norris らによる，もう少し詳細な報告例について紹介する[35]。彼らは硝酸亜鉛を前駆体として用いている。具体的には，硝酸亜鉛六水和物，アミノ酢酸，純水を重量比 3.6：1：2.2 に混合したものを沸騰水で 75 分間熱し，体積が 1/10 程度になったものを純水で希釈し，スピンコートして使用している。回転数毎分 3000 回転 30 秒で塗布し，空気中 600 ℃，10 分の熱処理で ZnO を形成し，さらに，700 ℃ のラピッドサーマルアニーリングを酸素中で行うことに

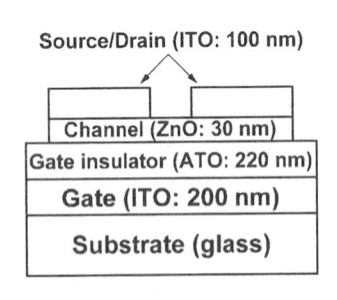

図28 Norris らがスピンコート法により作製した ZnO TFT の断面構造

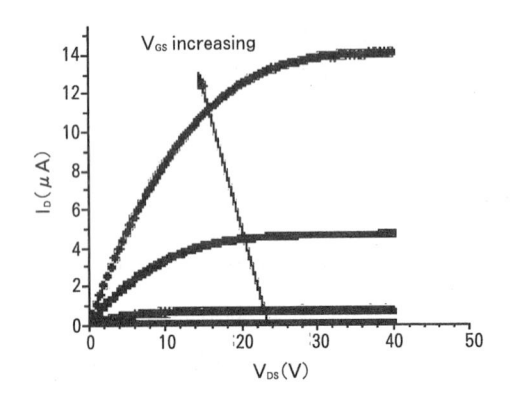

図29 スピンコート ZnO TFT のトランジスタ特性
ゲート電圧は 0 V から 10 V ステップで 40 V まで印加されている。

第5章 酸化亜鉛系トランジスタとその応用

より，結晶性の改善を行っている。ここで使用されている基板は，ガラス基板であるが，2.1項の図2に示されたもの同様，ATO/ITO/glassの基板である。最終的なZnOの厚さは30 nm程度である。図28は，素子の断面構造を示し，図29は素子の特性を示している。スパッタ成膜したZnO TFT同様，動作電圧は高いが，良好なトランジスタ特性が得られている。その特性から，実効移動度は0.20 cm²/Vsと求められている。スパッタ法で作製されたものに比べ実効移動度が低いのは，膜の結晶性が低いためである。そのため，光を照射したときのトランジスタ特性の変化もスパッタ法によって作られた素子よりも大きいことが報告されている。

4 ZnOナノワイヤートランジスタ

これまでの節では，通常の薄膜構造をもとにしたFETについて紹介してきた。ZnOは六方晶の結晶構造を有し，様々な基板上に配向性の良い薄膜を形成できることは，これまでに述べたとおりである。加えてZnOの特徴のひとつは，触媒や基板上のキンクサイトによるナノ構造の成長が容易なことである[36,37]。

Heoらは，MBE法により成長したZnOナノワイヤーを用いてFETを試作している[38]。ワイヤーの成長温度は600 ℃，亜鉛のビーム強度は4×10^{-6}から2×10^{-7} mbarr，酸素（O₃/O₂混合）は5×10^{-6}から5×10^{-4} mbarrである。約2時間の成長で形成されたワイヤーの長さは14 μm程度，太さは30〜150 nmである。

成長後，ワイヤーはSiO₂/Si基板に移され，電子ビーム露光法により，ワイヤー両端にAl/Pt/Au電極を形成し，オーミック電極として用いている。ゲート電極には，(Ce, Tb) MgAl₁₁O₁₉を絶縁膜として用い，Al/Pt/Auの電極を形成している。図30は，作製されたZnOナノワイヤートランジスタの走査電子顕微鏡像である。ソース・ドレイン間距離は7 μmで，ゲート電極が覆っているのは，その半分以下の領域である。

図31に，ダーク下で測定されたZnOナノワイヤートランジスタの特性を示す。トランジスタはnチャネルのディプレッション形で，しきい値電圧は約−3 Vである。最大g_mは約0.3 mS/mmとなっているが，チャネル幅が正しく見積もられているかどうかは定かではない。また，実効移動度とキャリア濃度は，それぞれ，0.3 cm²/Vsおよ

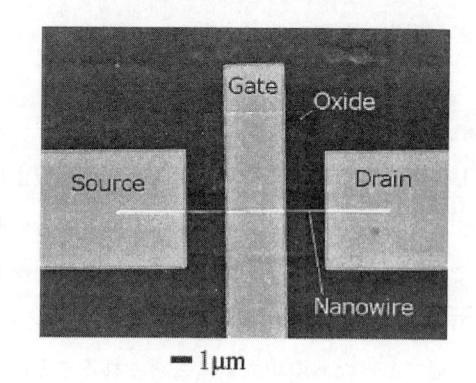

図30 Heoらによって試作された，ZnOナノワイヤートランジスタの，走査電子顕微鏡写真

び約 10^{16} cm^{-3} であると見積もられている。

このトランジスタに 366 nm の紫外光を照射すると、電流値は約 5 倍に増加し、最大 g_m は 5 mS/mm となった。光応答は、光源のオン・オフに追随しているため、時定数の大きな表面の効果ではなく、バルクの効果であると結論されている。しかし、酸素が存在する雰囲気下での紫外光照射は、以下に述べるように、ワイヤー表面での酸素の離脱反応を伴うため、光を切ったあとの応答は非常に大きな時定数をもっている。

このように、ZnO ナノワイヤーをトランジスタに応用することが可能である。酸化亜鉛は本来、薄膜（多結晶）の状態でも表面への酸素の吸着等により伝導度が大きく変化し、ガスセンサなどに利用されてきた。表面の酸素欠損などの欠陥は、酸素分子の吸着サイトとして働くため、これらの酸素分子が負イオンとなって電子を捕獲する（すなわちアクセプタとして働く）ため、表面空乏層が増大し、その結果、伝導度が低下する。このような性質は、ワイヤーでさらに顕著になると予想されるため、ZnO ナノワイヤーを利用したエタノールセンサ[39]やナノワイヤートランジスタを利用した酸素センサ[40,41]などが報告されている。

Fan ら（文献 38）は金のナノパーティクルを触媒とした CVD 法によってナノワイヤーを成長し、そのワイヤーを電極が形成された基板上に移すことでトランジスタを形成している。この報告では、66 nm の直径を持つワイヤートランジスタでは、もともと酸素の無い状態ではディプレッション形であったものが大気にさらされることによって、エンハンスメント形に変わることが報告されている。図 32 はトランジスタの電流が、酸素分圧によってどのように変化するかを示している。

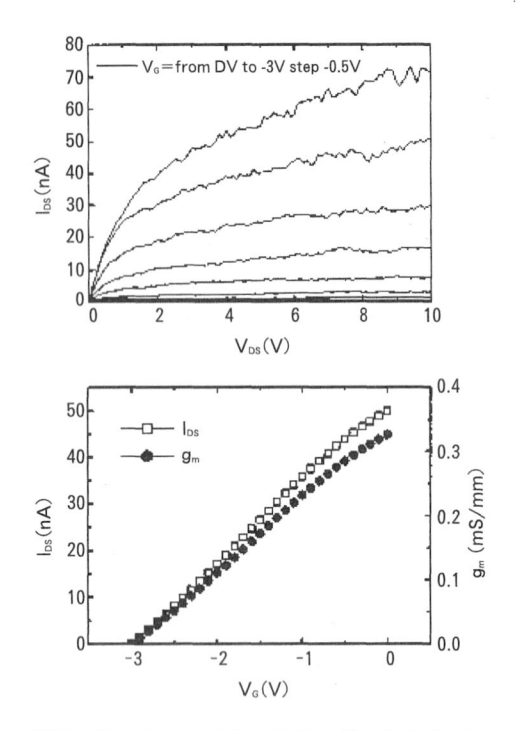

図31 ZnO ナノワイヤートランジスタの I_{DS}-V_{DS} 特性（上）および伝達特性と g_m（下）

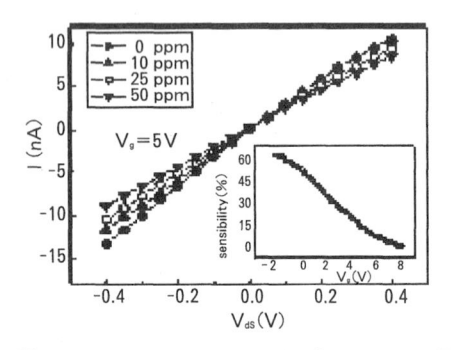

図32 ナノワイヤートランジスタのドレイン電流が酸素分圧によって変化する様子

Liら（文献39）は，酸素に対するデバイス特性の変化に加えて，紫外線を照射した場合のトランジスタの電流の変化を調べている。紫外光を照射すると，ワイヤー中で電子とホールが生成され，ホールが表面空乏層内の電界で表面に移動する。その結果，表面の欠陥に捕らえられて負のイオンとなっていた酸素がホールによって表面から離脱し，伝導度が増加する。図33(a)中の曲線1は，紫外線照射下でのトランジスタの伝達特性である。この場合，－40Vのゲート電圧を印加してもトランジスタは導通状態である。そして，紫外線を遮断した後も分オーダーで伝導度が減少していくことがわかる。この様子を時間を横軸にして，ドレイン電流の変化として表示したものが，図33(b)である。ワイヤー表面で，上記のような表面反応が伴うため，Heoらの報告とは大きな違いがある。

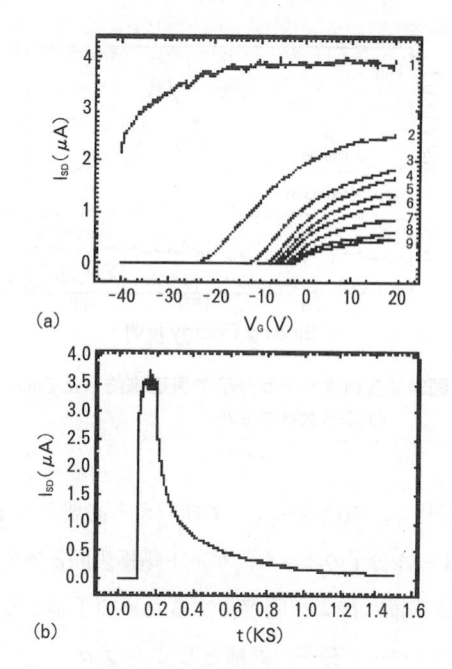

図33 紫外線を照射したナノワイヤートランジスタの応答

(a)の曲線1は，紫外線照射下での伝達特性。曲線2～9は，それぞれ，紫外線遮断後1, 3, 5, 7, 9, 14, 20, 26分後の伝達特性。(b)は$V_{SD}=2V$，$V_{GS}=-2V$で紫外線をオン・オフした場合のドレイン電流の時間応答特性。

5 酸化亜鉛のバイオセンサ応用

前節で，ZnOナノワイヤートランジスタがさまざまなセンサにも応用できることを述べた。そこで，最後にZnOのバイオセンサへの適用可能性について触れておく。前節で述べたようにZnOでは，表面電位の変化を伝導度の変化として捕らえることができるため，ガスセンサだけでなく，バイオセンサとして利用することも可能であると考えられる。

KangらはZnOナノロッドを使用した2端子素子のpHセンサを報告している[42]。伝導度の変化は，pHが2と12の間では直線的で，$8.5 nS/pH$の変化率であり，このような特性をFET形のデバイスにすることで多用なセンサが構築できるものと期待できる。

ZnOの伝導度がこのように表面に敏感であることを利用し，FETの外部ゲートとしてZnOを利用した例も報告されているが[43]，我々は，ZnO FETを直接このようなバイオセンサに応用するために，ZnO表面への酵素固定化の検討を行ったので，その初期的な結果について紹介する[44]。FET形のバイオセンサを構築するには，対象とする分子を捕獲する酵素をゲート電極に

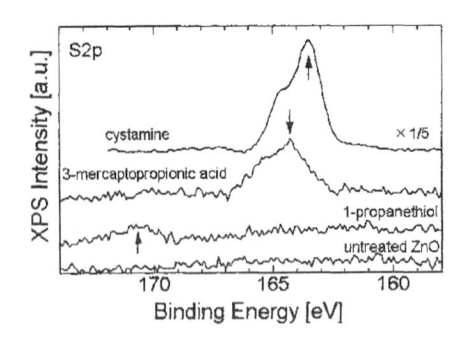

図34 各種スペーサ分子で表面修飾した ZnO の XPS スペクトル

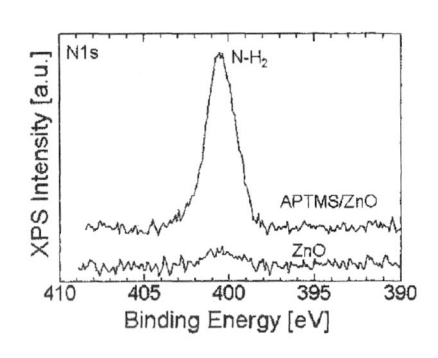

図35 アミノプロピルトリメトキシシランで表面修飾した ZnO の XPS スペクトル

固定化し，電位変化として捕らえる必要がある。そのため，Au 電極でよく使用されるアルカンチオール分子のような，ゲート電極表面と酵素を結びつけるスペーサ分子が必要となる。そこで，ZnO 表面に酵素を固定化するための下地となる有機／無機ハイブリッド構造を形成するため，そのスペーサ分子の候補として 1-プロパンチオール，3-メルカプトプロピオン酸，およびシスタミンが ZnO 表面に固定化されるかどうかについて，角度分解 X 線光電子分光（XPS）法によって表面での結合状態を評価し，固定化について評価した。

図 34 は，これら SH 基を含む有機分子で ZnO 表面を修飾した場合の S2p の XPS スペクトルである。スペクトル中の 171，164，163 eV のピークは，それぞれ，S-O，S-H，S-S 結合に起因すると考えられ，1-プロパンチオールではわずかな S-O 結合が，その他の分子では，COOH 基または NH_2 基が ZnO 表面と結合を形成していると考えられる。しかしながら，これらの試料を純水に 60 分程度浸漬すると，これらのシグナルが消失することから，有機分子は容易に離脱していることがわかり，酵素固定化には適さないことが判明した。

そこで，シランカップリング剤であるアミノプロピルトリメトキシシランで同様の実験を行ったところ，図 35 に示すように NH_2 の状態で ZnO の表面に化学結合していることがわかるとともに，純水に浸漬した後も安定であることがわかり，酵素固定化に有効なスペーサ分子であることがわかった。現在，このスペーサ層上にグルコースオキシダーゼなどを固定化し，センサ機能の評価を進めている。

6 おわりに

以上，酸化亜鉛をチャネル層として用いた TFT の研究動向について，成膜方法やチャネル層の結晶品質とデバイス特性の関連について述べた。現状では，ZnO TFT の性能は母体となる結

第5章 酸化亜鉛系トランジスタとその応用

晶の品質に大きく依存しており，ZnO基板上への成長を含め，結晶品質について改善の余地はまだまだ残されていると思われる。一方，スパッタ法あるいはスピンコート法などによる，より安価な成膜法によって比較的低いプロセス温度でも透明なトランジスタが実現可能なことは，酸化亜鉛系材料の大きな魅力であり，プラスティック基板などにTFTを形成することで，これまでの無機半導体にはない幅広い応用範囲が期待される。また，ZnOではナノワイヤーなどナノ構造の作製が容易であり，これを用いたセンサへの応用も興味深い。

文献

1) J. D. Albrecht, P. P. Ruden, S. Limpijumnong, W. R. Lambrecht, and K. F. Brennan, *J. Appl. Phys.*, **86**, 6864 (1999)
2) G. F. Bosen and J. E. Jacobs, *Proc. IEEE*, **2094** (1968)
3) R. L. Hoffman, B. J. Norris, and J. F. Wager, *Appl. Phys. Lett.*, **82**, 733 (2003)
4) P. F. Carcia, R. S. McLean, M. H. Reilly, and G. Nunes, Jr, *Appl. Phys. Lett.*, **82**, 1117 (2003)
5) E. M. C. Fortunato et al., *Appl. Phys. Lett.*, **85**, 2541 (2004)
6) H. S. Bae and S. Im, *J. Vac. Sci. Technol.*, **B22**, 1191 (2004)
7) S. Masuda, K. Kitamura, Y. Okumura, S. Miyake, H. Tabata, and T. Kawai, *J. Appl. Phys.*, **93**, 1624 (2003)
8) J. Nishii et al., *Jpn. J. Appl. Phys.*, **42**, L347 (2003)
9) J. Nishii, A. Ohtomo, K. Ohtani, H. Ohno, and M. Kawasaki, *Jpn. J. Appl. Phys.*, **44**, L1193 (2005)
10) A. Ohtomo, K. Tamura, K. Saikusa, K. Takahasi, T. Koinuma, and M. Kawasaki, *Appl. Phys. Lett.*, **75**, 2635 (1999)
11) K. Koike et al., *Jpn. J. Appl. Phys.*, **43**, L1372 (2004)
12) K. Koike, I. Nakashima, K. Hashimoto, S. Sasa, M. Inoue, and M. Yano, *Appl. Phys. Lett.*, **87**, 112106 (2005)
13) K. Ogata, T. Honden et al., *J. Vac. Sci. Technol.*, **A22**, 531 (2004)
14) H. Sheng, S. Muthulumar, N. W. Emanetoglu, and Y. Lu, *Appl. Phys. Lett.*, **80**, 2132 (2002)
15) B. J. Coppa, R. F. Davis, and R. J. Nemanich, *Appl. Phys. Lett.*, **82**, 400 (2003)
16) K. Ip et al., *Appl. Phys. Lett.*, **84**, 5133 (2004)
17) S.-H. Kim, H.-K. Kim, and T.-Y. Seong, *Appl. Phys. Lett.*, **86**, 112101 (2005)
18) H. Wenckstem et al., *Appl. Phys. Lett.*, **88**, 092102 (2006)
19) S. Sasa, M. Ozaki, K. Koike, M. Yano, and M. Inoue, *Appl. Phys. Lett.*, **89**, 053502

(2006)
20) C. J. Kao, Y. W. Kwon, Y. W. Heo, D. P. Norton, and S. J. Pearton, *J. Vac. Sci. Technol.*, **B23**, 1024 (2005)
21) A. Tsukazaki, A. Ohtomo, and M. Kawasaki, *Appl. Phys. Lett.*, **88**, 152106 (2006)
22) M. Yano, "Zinc Oxide Bulk, Thin Films and Nanostructures", p.388, Elsevier (2007)
23) H. Kato, K. Miyamoto, M. Sano, and T. Yao, *Appl. Phys. Lett.*, **84**, 4562 (2004)
24) K. Koike, K. Hama, I. Nakashima, S. Sasa, M. Inoue, and M. Yano, *Jpn. J. Appl. Phys.*, **44**, 3822 (2005)
25) B. Kumar, H. Gong, and R. Akkipeddi, *J. Appl. Phys.*, **98**, 073703 (2005)
26) H. G. Chiang, J. F. Wager, R. L. Hoffman, J. Jeong, and D. A. Keszler, *Appl. Phys. Lett.*, **86**, 013503 (2005)
27) N. L. Dehuff et al., *J. Appl. Phys.*, **97**, 064505 (2005)
28) W. B. Jackson, R. L. Hoffman, and G. S. Herman, *Appl. Phys. Lett.*, **87**, 193503 (2005)
29) B. Yaglioglu, H. Y. Yeom, R. Beresford, and D. C. Paine, *Appl. Phys. Lett.*, **89**, 062103 (2006)
30) T. Okamura, Y. Seki, S. Nagakari, and H. Okushi, *Jpn. J. Appl. Phys.*, **31**, 3218 (1992)
31) M. Ohyama, H. Kouzuka, T. Toko, and S. Sakka, *J. Ceram. Soc. Jpn.*, **104**, 296 (1996)
32) D. Bao, H. Gu, and A. Kuang, *Thin Solid Film*, **312**, 37 (1998)
33) Y. Ohta, M. Ueda, and Y. Takahashi, *Jpn. J. Appl. Phys.*, **35**, 4738 (1996)
34) Y. Ohta, T. Niwa, T. Ban, and Y. Takahashi, *Jpn. J. Appl. Phys.*, **40**, 297 (2001)
35) B. J. Norris, J. Anderson, J. F. Wager, and D. A. Keszler, *J. Phys. D: Appl. Phys.*, **36**, L105 (2003)
36) S.-W. Kim, S. Fujita, and S. Fujita, *Jpn. J. Appl. Phys.*, **41**, L543 (2002)
37) Q. Wan, C. L. Lin, X. B. Yu, and T. H. Wang, *Appl. Phys. Lett.*, **84**, 124 (2004)
38) Y. W. Heo, L. C. Tien, Y. Kwon, D. P. Norton, S. J. Pearton, B. S. Kang, and F. Ren, *Appl. Phys. Lett.*, **85**, 2274 (2004)
39) Q. Wan, Q. H. Li, Y. J. Chen, H. Wang, X. L. He, J. P. Li, and C. L. Lin, *Appl. Phys. Lett.*, **84**, 3654 (2004)
40) Z. Fan, D. Wang, P.-C. Chang, W.-Y. Tseng, and J. G. Lu, *Appl. Phys. Lett.*, **85**, 5923 (2004)
41) Q. H. Li, Y. X. Liang, Q. Wan, and T. H. Wang, *Appl. Phys. Lett.*, **85**, 6389 (2004)
42) B. S. Kang, F. Ren, Y. W. Heo, L. C. Tien, D. P. Norton, and S. J. Pearton, *Appl. Phys. Lett.*, **86**, 112105 (2005)
43) P. D. Batista and M. Mulato, *Appl. Phys. Lett.*, **87**, 143508 (2005)
44) K. Ogata, T. Hama, K. Hama, K. Koike, S. Sasa, M. Inoue, and M. Yano, *Appl. Surf. Sci.*, **241**, 146 (2005)

第6章　酸化亜鉛蛍光体とその関連材料

大橋直樹*

1　はじめに

「酸化亜鉛は古くて，新しい素材」である。酸化亜鉛（ZnO）の物理は，1960年代から70年代から活発に研究され始めた。そうした研究の足取りは，引用文献1によくまとめられているので参照されたい。古来よりZnOは，窯業原料として利用され，陶磁器の添加物やガラスの添加物として利用されている。その後，電機産業の発展と共に，(Mn, Zn)フェライト磁石の原料として，あるいは，ZnOセラミックスとして使用されてきている。その代表に電気回路をサージ（雷）から守るための素子であるZnOバリスタ[2]があげられる。ZnOバリスタは，1970年代にその特性が日本で発見され，現在，広く世界で利用されている。

そうした磁器としての応用が「古い酸化亜鉛」と位置づけられる。一方，近年，ZnOを，いわゆるセラミックス（磁器）としてではなく，単結晶，薄膜の形態で利用しようとする動きが盛んになってきている。以前の多結晶的な材料から，単結晶，エピタキシャル薄膜的なものへ，また，「電機」的な応用から，「電子」的な応用への展開が進められている。こうした動きは，「酸化亜鉛ルネッサンス」と位置づけられる。例えば，近年話題となっているZnOの励起子に由来する紫外線発光についても，引用文献1を見る限り，1980年代の前半に，そのスペクトルの同定がほぼ完了したかに見える。ところが，90年代後半になり，改めてZnOの励起子発光の同定に関する論文[3]が発表され，さらに，詳細な検討が進められている。また，透明導電体としてのZnO薄膜結晶では粒界によるキャリアー散乱が問題であり[4]，ZnOバリスタセラミックスで議論されていた粒界の問題が，改めて透明導電体の導電率制御の視点から再検討されている。そこで，ここでは，「温故知新」の言葉に従い，まず，従来から知られているZnOの特徴，特性を復習した上で，さらに，近年のZnOの研究動向を述べることにする。

---

*　Naoki Ohashi　㈱物質・材料研究機構　光材料センター　光電機能グループ
　　グループリーダー

2 酸化亜鉛の基礎物性

2.1 酸化亜鉛の励起子発光

　近年，窒化ガリウム系半導体が青色発光ダイオードとして応用されるに至ったことは周知のことである。ZnO は，室温で約 3.3 eV のバンドギャップを持つ直接遷移型の半導体であり[1]，その性質は，窒化ガリウムとよく似通っている。ZnO は，窒化ガリウムと同じウルツ鉱型の結晶構造をもっており，窒化ガリウムがⅢ-Ⅴ半導体であるのに対して，ZnO はⅡ-Ⅵ半導体であり，何れも，直接遷移型の半導体である。バンドギャップは半導体の光特性で最も重要なパラメータであり，バンドギャップが半導体の発光

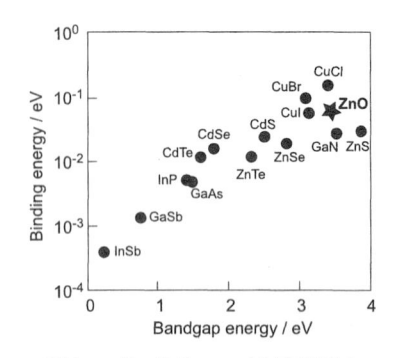

図1　バンドギャップと励起子の束縛エネルギーの関係[5]

波長，あるいは，光吸収特性のあらましが決定する。そうした意味で，文献 5 に示された大変興味深い関係を図 1 に示す。横軸はバンドギャップ，また，縦軸は半導体中の励起子の結合エネルギーを示している。図に示したように，ZnO 中の励起子は約 60 meV の結合エネルギーを持ち，窒化ガリウム中のそれよりも高い。室温の熱エネルギー（kT）が約 26 meV であるため，ZnO 中の励起子が室温の熱エネルギーで乖離する確率は低い。この ZnO の高い励起子結合エネルギーを利用した光素子の実現への期待が，「酸化亜鉛ルネッサンス」をもたらした大きな理由の 1 つになっている。

　1970 年代からその励起子発光について多くの研究がなされてきた。70 年代のうちに，図 2 に示したような励起子発光のスペクトルの同定[6]がなされた。この図では，低温での測定であるため，自由励起子（Free exciton）の発光に比べて，束縛励起子（Bound exciton）の発光が顕著である。自由励起子は結晶内を自由に動き回れる励起子であり，束縛励起子は欠陥や不純物によって発生された場（歪み場や電場等）によって空間的な束縛を受けた励起子である。束縛励起子は，欠陥との相互作用の分だけ安定化されており，束縛励起子の方が長波長（低エネルギー）で発光する。束縛励起子には，中性ドナー束縛励起子（D^0X）発光，イオン化ドナー束縛励起子（D^+X）発光，中性アクセプター束縛励起子（A^0X）発光等の様々な発光が見られる。温度の上昇に伴い，熱活性化のために束縛が解かれ，自由励起子発光の相対強度が増加する。また，図 3 は，低温でのカソードルミネッセンス測定において，励起強度とそれによって生じた励起子発光強度を示している。励起強度に対する発光強度の非線形な増加が認められており，励起子発光が誘導放出したこと[7]を示している。

　近年，原料の高純度化，酸化物作製プロセスの進歩などにより，励起子発光に関する研究が再

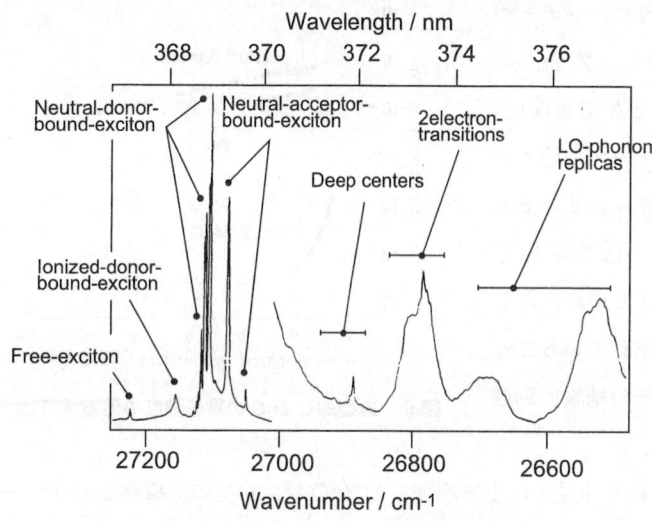

第6章 酸化亜鉛蛍光体とその関連材料

図2 ZnO の励起子発光の同定[6]

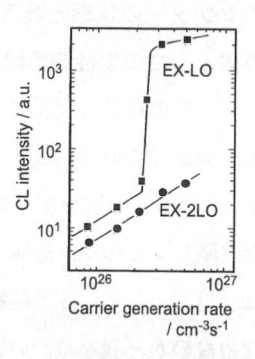

図3 ZnO の電子線励起強度と励起子発光強度の関係[7]

ex-LO は LO フォノン1個と結合した励起子発光。ex-2LO はフォノン2個と作用した励起子発光。

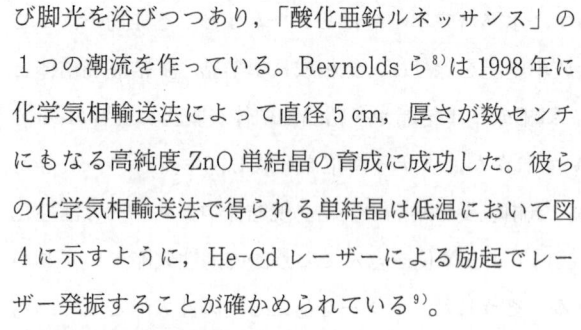

び脚光を浴びつつあり,「酸化亜鉛ルネッサンス」の1つの潮流を作っている。Reynolds ら[8]は 1998 年に化学気相輸送法によって直径5 cm,厚さが数センチにもなる高純度 ZnO 単結晶の育成に成功した。彼らの化学気相輸送法で得られる単結晶は低温において図4に示すように,He-Cd レーザーによる励起でレーザー発振することが確かめられている[9]。

さて,励起子発光について述べたが,ここで注目すべきは,ZnO の低温での励起子発光で最も顕著なピークは,ドナーに束縛された励起子である点であり,そのドナーに束縛された励起子の帰属について,21世紀に入ったいまだに議論が続けられている。この特性を理解するためには,後に述べる,ドナーは何かという問題が絡んでくる。

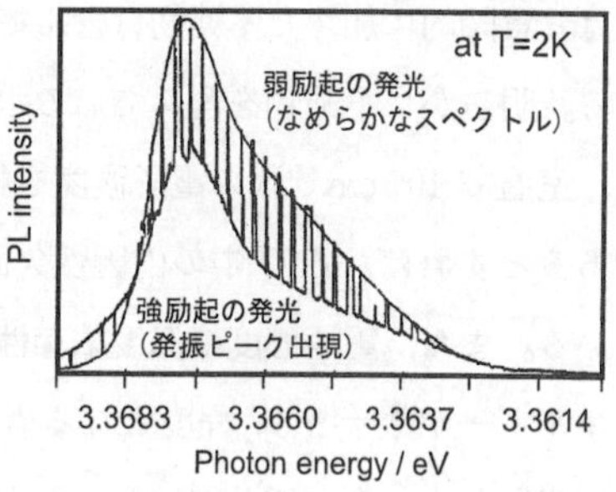

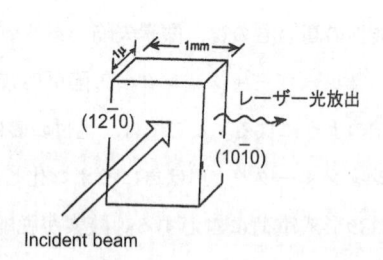

図4 化学気相輸送法で得られた ZnO 単結晶のレーザー発振。下の図は,結晶方位との関係[9]

2.2 酸化亜鉛中のドナーは何か?

酸化亜鉛中に励起された電子・正孔対の消滅過程として,束縛励起子を含む励起子発光,ドナー準位やアクセプター準位を介した発光,非輻射再結合という3つの場合が考えられる。非輻射再結合は,発光を与えずに,電子・正孔対が消滅する過程であり,非輻射再結合確率の増加は,発

光効率の低下を意味する。このように，ドナーやアクセプターの状態と濃度を抜きにしてZnOの半導体としての物性を議論することはできない。しかし，その重要な問題であるドナーの状態について，分かっていないことがたくさんある。そもそも，「見かけ上無添加」のZnOの伝導電子は，酸素欠陥によるのか，過剰亜鉛によるのか，あるいは，見落としている不純物が含まれていることが理由なのか，我々は，いまだ，その結論に到達出来ていない。

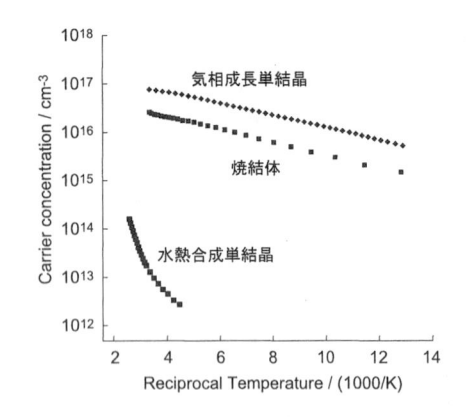

図5 典型的なZnOの電子濃度の温度依存性

通常，我々が手にすることのできる「見かけ上無添加」のZnOは，n型の伝導性を示す。一般に，室温で10^{16} cm^{-3}程度の電子濃度をもったn型の半導体となっている。図5にホール係数測定で得られた電子濃度の温度依存性を示す。ここでは，気相成長単結晶と多結晶焼結体については，意図的に加えた不純物は含んでおらず，水熱合成単結晶はリチウムなどの不純物を含んでいる。明らかに不純物を含んでいる水熱合成単結晶を除けば，気相成長単結晶，多結晶焼結体とも，室温で10^{16} cm^{-3}代の電子濃度を持つ。気相成長単結晶や多結晶焼結体が本当に純粋なZnOであるとすれば，ZnO中の内因性欠陥のいずれかが，ドナー準位を形成し，キャリアーを与えている。また，電子濃度の温度依存性から，気相成長単結晶や多結晶焼結体中のドナーは活性化エネルギーが数十meV程度となる極めて浅いドナー準位を含んでおり，内因性欠陥のいずれかが，浅いドナーを形成していると考えられる。そうした，ドナーを与える内因性欠陥として，可能性の高いものは，酸素欠陥，あるいは，格子間の亜鉛である。

クレーガー・フィンクの欠陥反応式を使って，酸素欠陥や格子間亜鉛の状態を記述すると，下記のようになる。ここでは，上付の●は正にイオン化した欠陥，上付の×は中性の欠陥，コーテーションマーク（'）は負にイオン化した欠陥を示し，●とコーテーションマークの数は，それぞれの形式電荷に対応する。酸素が脱離したZnOでは，酸素サイトに空孔が生じる。電荷の中性条件から，電気的に中性の酸素分子が脱離すると，O^{2-}イオンが存在すべき酸素欠損位置には2個の電子が取り残される。この電子2個をもった空孔が，中性の酸素欠陥（$V_O^×$）である。その取り残された電子が，欠陥の束縛から解き放たれたキャリアー（e'）となれば，酸素欠陥は正の電荷を持った欠陥（イオン化したドナー）となる。格子間に侵入した亜鉛が，イオン化せずに中性の状態にあれば，もともと何もなかったところの中性の原子なので，中性の格子間亜鉛（$Zn_i^×$）となる。しかし，この格子間の亜鉛が，Zn$^+$イオン（$Zn_i^●$）になれば1個のキャリアーが，Zn^{2+}イオン（$Zn_i^{●●}$）になれば2個のキャリアーを放出することになる。

第6章　酸化亜鉛蛍光体とその関連材料

ZnO
$\rightarrow Zn_{Zn}^{\times} + V_O^{\times} + 1/2\, O_2\,(gas)$
$\rightarrow Zn_{Zn}^{\times} + V_O^{\bullet} + e' + 1/2\, O_2\,(gas)$
$\rightarrow Zn_{Zn}^{\times} + V_O^{\bullet\bullet} + 2e' + 1/2\, O_2\,(gas)$

$ZnO + Zn(gas)$
$\rightarrow Zn_{Zn}^{\times} + O_O^{\times} + Zn_i^{\times}$
$\rightarrow Zn_{Zn}^{\times} + O_O^{\times} + Zn_i^{\bullet} + e'$
$\rightarrow Zn_{Zn}^{\times} + O_O^{\times} + Zn_i^{\bullet\bullet} + 2e'$

　これまで，上記の欠陥反応式にあるキャリアー生成を仮定し，格子間亜鉛と酸素空孔の何れか，あるいは，両方が「見かけ上無添加」のZnO中の浅いドナー準位の原因と考えられ続けてきた。ただし，ZnO中には，他にも，何種類かの内因性欠陥が生成する可能性がある。例えば，下には，亜鉛空孔，および，亜鉛サイトに酸素が入り込んだアンチサイト欠陥の生成反応を示す。

$ZnO + 2e'$
$\rightarrow V_{Zn}^{\times} + 2e' + O_O^{\times} + Zn(gas)$
$\rightarrow V_{Zn}' + e' + O_O^{\times} + Zn(gas)$
$\rightarrow V_{Zn}'' + O_O^{\times} + Zn(gas)$

$ZnO + Zn(gas)$
$\rightarrow Zn_{Zn}^{\times} + Zn_O^{\times} + 1/2\, O_2\,(gas)$
$\rightarrow Zn_{Zn}^{\times} + Zn_O^{\bullet} + e' + 1/2\, O_2\,(gas)$
$\rightarrow Zn_{Zn}^{\times} + Zn_O^{\bullet\bullet} + 2e' + 1/2\, O_2\,(gas)$
$\rightarrow Zn_{Zn}^{\times} + Zn_O^{\bullet\bullet\bullet} + 3e' + 1/2\, O_2\,(gas)$
$\rightarrow Zn_{Zn}^{\times} + Zn_O^{\bullet\bullet\bullet\bullet} + 4e' + 1/2\, O_2\,(gas)$

　亜鉛イオンが亜鉛ガス（原子）となって脱離するときに，亜鉛サイトには2個の正孔が取り残され，この正孔がドナーからもたらされた電子と結合し，電子濃度を減らすと理解される。また，例えば，Zn^{2+}イオンがO^{2-}のサイトを占めた場合，本来−2価のサイトに，＋2価のイオンが存在するために，$Zn_O^{\bullet\bullet\bullet\bullet}$という4価の電荷をもった欠陥となり得る。本来，ZnO中の欠陥濃度を明らかにするためには，こうした種々の欠陥生成反応の反応定数の酸素分圧依存性を明らかにし，その連立方程式を解くことが必要となる。しかし，これまで，ZnOに還元雰囲気下（低

酸素分圧，ないし，高亜鉛分圧）の熱処理を加えると電子濃度が増すことから，酸素欠陥，あるいは，格子間亜鉛が主たる欠陥であって，他の欠陥の寄与は小さいと考えられてきた。理論計算[10]でも，n 型 ZnO 中で比較的安定な欠陥は，酸素欠陥，および，格子間亜鉛であることが示されている。

そのため，ZnO 中の酸素欠陥や亜鉛空孔を捉えようとする検討がなされてきた。例えば，電子スピン共鳴分光（ESR）測定があげられる。$Zn_i^{\bullet}$ や $V_o^{\bullet}$ が常磁性欠陥であり，ESR シグナルを与えると考えられるためである。図6はアルミを添加した ZnO の g = 1.96 の ESR シグナルである[11]。n 型伝導を示す ZnO では，ドーピングの有無にかかわらず，この g = 1.96 のシグナルが観測される。特に，「見かけ上無添加」の n 型 ZnO から得られる g = 1.96 シグナルの原因が，侵入亜鉛 $Zn_i^{\bullet}$ によるという立場の報文[12]，イオン化した酸素欠陥 $V_o^{\bullet}$ によるものである[13]報告，それぞれ多数見られる。特に，亜鉛蒸気下での熱処理[13]で強度が増すことが知られ，また，ガリウムの添加[14, 15]などによっても g = 1.96 付近のシグナル強度が増すことが知られている。したがって，ZnO 中の電子濃度の増加に対応したシグナルであることは明らかである。しかし，「見かけ上無添加」の ZnO から得られる g = 1.96 シグナルの帰属については，まだ，議論が続けられており，酸素欠陥，格子間亜鉛のどちらが「見かけ上」無添加の ZnO の主たるドナーか，未解明のままである。先に示したレーザー発振する単結晶[8]のような比較的高純度で大型の単結晶を得る技術が発展してきており，これを契機として欠陥の問題が大きく進展する可能性があると考えられる。

なお，理論計算では，格子間亜鉛は不安定で高濃度には存在出来ず，酸素欠陥は深いドナーでキャリアーを与えない，という結果[10]が得られている。さらにこれを発展させ，「見かけ上無添加」の酸化亜鉛中のドナーは，実は，格子間の水素である，という説明[16]もなされ始めている。

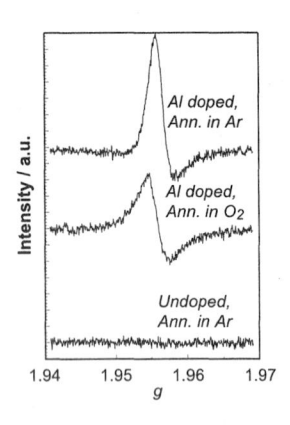

図6 アルミ添加・無添加 ZnO の室温における ESR スペクトル[11]

2.3 酸化亜鉛の緑色発光の起源は何か？

ZnO の発光でこれまで利用されてきたのは，欠陥に起因する緑色の発光である。通常の ZnO 粉体，あるいは，単結晶に紫外線や電子線を照射すると，強度の差はあれ，ほぼ全ての ZnO で緑色の蛍光が観測される。言い換えると，緑色の蛍光が見られない ZnO は，極めて高純度で極めて高品質であるか，あるいは，高濃度に欠陥や不純物が含まれ，緑色の発光すら観測出来ないほどに低品質であるか，いずれかであるといっても過言ではない。この ZnO の緑色の蛍光は，

第6章 酸化亜鉛蛍光体とその関連材料

古くから知られており，特に，亜鉛蒸気中，あるいは，低酸素分圧中でZnOを処理することで，緑色発光を付活することが可能である。図7は市販のZnO蛍光体の発光スペクトルを示す。この緑色の発光は，様々な発光装置に利用されてきており，特に，真空蛍光表示管用の蛍光体として利用される。

このZnOの緑色発光については，その本質は，実は，あきらかではない。現在までに提案されているモデルをまとめると，①侵入位置の亜鉛が関与した発光とする説，②酸素欠損が関与しているとする説，③不純物の銅が関与しているとする説の3つの

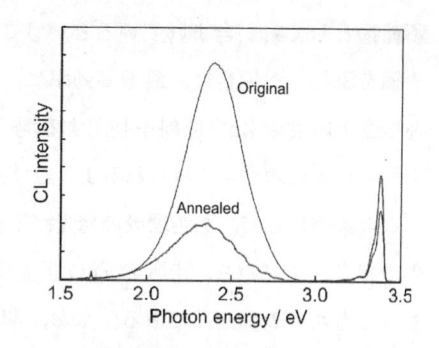

図7 市販のZnO蛍光体の発光スペクトル（Original）とそれを酸素中で熱処理したものの発光スペクトル
測定は，20Kにおいてカソードルミネッセンス法による。

代表的な説に分類出来る。まず，①と②の説は，先に述べたとおり，最もその存在の可能性が高い欠陥が，酸素欠陥，あるいは，格子間亜鉛であることによる。ZnOを還元することで緑色の発光が強調され，また，還元によって，同時にZnOの電子濃度が増加する。したがって，緑色の発光の起源を知ることは，ZnO中の内因性欠陥のうちの何れがn型伝導に寄与しているのか，という問題と直結する。

Vanheusdenら[13]は，1997年にESRとフォトルミネッセンスの測定から，g = 1.96のESRシグナルの強度と青緑色の発光強度が相関しているという実験結果を見いだした。彼らは，g = 1.96シグナルはイオン化した酸素欠陥（$V_O^{\bullet}$）によるとの立場に立ち，また，DLTS[17]で捉えられている伝導帯の底から約1 eVの深さに存在する深いドナー準位が$V_O^{\bullet}$であるとの立場にある。一方，銅をわずかに添加したZnO単結晶を用いた検討から，ZnO中の銅が2.3 eVの青色発光を与えること[18]が知られている。この発光は低温において格子との相互作用による微細構造が明らかに観測される。

図7は，市販の蛍光体を熱処理したときのカソードルミネッセンス（CL）スペクトルの変化を示している。熱処理前後で，強度に差はあるものの，ピーク幅とピーク位置ともに似通った発光が観測される。両者の差異は，若干の発光ピーク位置の違いと，低温において観測されるフォノンによる構造の有無である。熱処理後の試料の発光スペクトルからは，72 meVを繰り返し周期とする構造が観測されており，この構造は，ZnO中のLOフォノンと電子との相互作用によるものと見られる。意図的に銅を添加したZnOを酸素気流中で焼成した場合には，常に，このフォノンによる構造を持った発光が見られることから，文献18に示されたとおり，熱処理後に見られるフォノンの構造が顕著な発光は，不純物である銅が原因となったものと考えられる。ここで，注意が必要なのは，一般的に我々が手にすることができるZnO粉体には，常に，僅かながら，

不純物として銅が含まれているということである。我々の検討では，数 ppm ～数十 ppm 程度の銅を添加した場合に，最も高効率に，不純物銅の発光が得られることがわかっており，99.99％程度の純度の ZnO 原料を利用する場合，仮に，不純物の多くが銅であったとするならば，最も銅の発光が効率よく得られるような状態の ZnO を使っている，ということになり得る。

このようにして，熱処理後の発光が不純物である銅による発光と同定される。すると，それ以外の発光，すなわち，市販の ZnO 蛍光体が発する緑色の発光は，不純物銅とは別の原因によるものと考えるのが必然である。なお，興味深いのは，図 7 の Original のスペクトルに銅の発光の寄与が認められないことである。注意深く測定しても，銅に特有の階段状のスペクトル成分が見つけられない。すなわち，ZnO 中に含まれる不純物銅は，発光できる状態と顕著な発光を与えない状態の 2 つの状態を取ることができると考えられる。熱処理によって，銅の配位構造が変化し，発光する状態の銅が形成されていると推定される。ESR の実験から，ZnO 中に $[Cu_2H_8O_7]$ というクラスターが捉えられており[1]，こうした複雑な形状をもつ欠陥クラスターの生成を検討する必要がある。

さて，一方，図 7 に示した市販蛍光体の熱処理前の発光は，果たして何から来ているのだろうか？ 実は，残念ながら，筆者は明らかな回答を持っていない。この緑色発光については，いまだに様々な議論がなされている。筆者の直感として，緑色の発光が，中性の酸素欠陥における F センター発光であるとする説[19]が，最も有力であると考えている。しかし，先の ZnO 中の内因性ドナーは何か，という残された問題と関連し，最終的に，皆のコンセンサスが得られる結論には達していないという状況にある。

2.4 その他の発光

水熱法で合成した ZnO などにおいては，黄色（約 2.0 eV，波長 600 nm 付近）の発光が顕著に見られる（図 8）ことがある。この発光は，これまでに少なくとも，Li が関与した発光であることがわかっている[20]。ESR とサーモルミネッセンスの対応関係から，Li サイトに捉えられた正孔に対して電子が再結合した際に起こる発光，すなわち，

$$[Li_{Zn}' + O_o^{\bullet}] + e' = Li_{Zn}' + O_o^{\times} + h\nu \tag{1}$$

として理解されている。

我々は，この黄色の発光が単純に Li の濃度との対応を示す物ではなく，ZnO 中のドナー濃度とも強い相関を示すことを見いだした[11]。ドナーを形成するための添加物であるアルミを加えた ZnO がリチウムで汚染された際に黄色の発光強度が増すという現象を観測した。特に，アルミを添加した試料を Ar 中で熱処理した際に，酸素中で熱処理した試料よりも強い黄色発光が観測

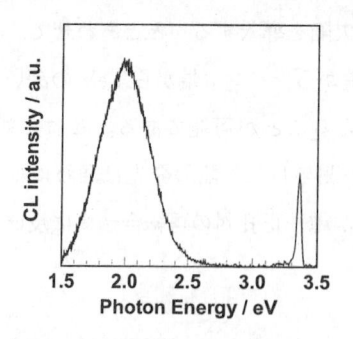

第 6 章　酸化亜鉛蛍光体とその関連材料

図8　リチウム，およびアルミを不純物として含む ZnO 単結晶の CL スペクトル 測定は，20K。

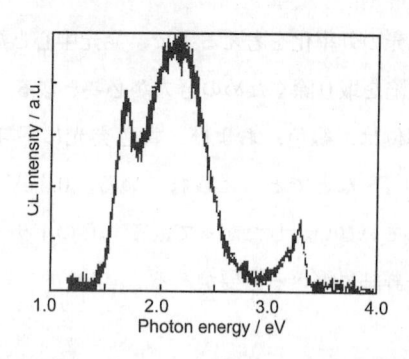

図9　室温でのカソードルミネッセンス測定で観測された Li 添加 ZnO の赤色発光（1.7eV）

された。これと同様の熱処理を施した試料の ESR スペクトルが図6である。アルミを添加することによって，ドナーに関連した ESR シグナル（g = 1.96）の強度も増加した。これらを関連づけると，黄色の発光強度は，ESR シグナルを与えるドナーの濃度と相関していることがわかる。したがって，先の式(1)を改めて，

$$[Li_{Zn}{}' + O_o{}^\bullet] + D = Li_{Zn}{}' + O_o + D^\bullet + h\nu \quad (Dはドナー) \tag{2}$$

と考えた方がより実体を示すと考えられる。

　一方，図9は，熱拡散によって高濃度に Li を添加した ZnO 単結晶から得られたカソードルミネッセンス（CL）スペクトルである。このスペクトルから明らかなように，赤色発光（1.7 eV）が認められている。この赤色発光については報告が少ない。Osiko[21]は無添加，および Mn 添加試料において赤色発光を報告している。Osiko の報告にある無添加試料では，室温において緑発光が強く，低温（79 K）においては黄色と赤の発光が相対的に強くなっている。図9のスペクトルは，Osicko の報告と異なり，室温で観測された赤色発光である。また，図9のスペクトルを与える試料では，人間の目で確認できる赤色の残光が現れることもわかっている。しかし，この赤色発光については，詳細はわかっていない。しかし，この赤色発光を再現性よく実現できた場合，これまでに得られている緑色の蛍光加えて，この赤色の蛍光が可能となり，応用を考える上では，極めて魅力的な発光である。

2.5　非輻射遷移

　さて，ここまでは，光を出してくれる欠陥を中心に紹介してきた。しかし，実際には，光を出さない電子・正孔対の再結合プロセスが存在する。例えば，ZnO に僅かなコバルトやマンガンを添加した場合，これまで述べてきたような，紫外光，緑，黄色の発光が失われる[22]。すなわち，

発光の効率化を考える上で，発光中心となりうる元素や欠陥を導入することとあわせて，非輻射欠陥を取り除くための努力が必要となる。これまでの議論から，バンド端から1 eVの深いドナー準位は，緑色，および，黄色発光に寄与していると考えることが可能である。これに対して，DLTSなどでとらえられている，0.3 eVのドナー準位が関与した欠陥の発光は顕わには認められていない。したがって，それらのドナー準位それぞれが電子正孔対の再結合過程に及ぼす効果を詳細に調べる必要がある。

3　酸化亜鉛発光体のこれまでの応用

これまで述べてきたZnOの特性のうち，先に，図7で示した市販蛍光体の緑色の発光については，特に，真空蛍光表示板（VFD）の蛍光体として利用されてきた[23]。VFDは，例えば，オーディオのメーターパネルなどに使われる。VFDは，基本的に，3極の真空管と同じ構造を持っている。カソードフィラメントから引き出された電子は，グリッドとの間の電位差によって加速され，グリッドを通ってアノードに向かう。アノードの電位の正負を変えることにより，グリッドを通った電子を，さらに加速してアノードに引きつけたり，あるいは，アノードに到達できなくしたりすることができる。アノードには，蛍光体が塗布されており，この蛍光体が到達した電子線で励起されることによって発光する。これによって，例えば，表示する数値や文字が変わって見える。ZnOのバンドギャップ程度の運動エネルギーを持った電子を照射すると，ZnO蛍光体の緑色発光が出現し，15 eV程度の電子でも，高輝度の発光が得られる。そのため，電池等を電源とした直流低電圧駆動の表示板として，抜群の性能を持つことになる。

4　酸化亜鉛を光らせる

先に示したとおり，ZnOは，低エネルギーの電子線に対して極めて高効率の発光を与えることが知られている。このZnOの特性を損ねることなく，様々な色にチューニングされたZnO蛍光体を得ること，あるいは，より高効率のZnO蛍光体を得ることは，極めて興味深いことである。そこで，ここでは，ZnOに様々な処理を加えることで得られる発光スペクトルの変化について，最近の研究例を挙げつつ，述べることにする。

4.1　酸化亜鉛への水素添加

一般にZnOを低酸素分圧中で熱した場合，先に示したように，酸素欠陥や格子間亜鉛の欠陥が発生すると考えられる。ここで言う低酸素分圧を実現するための手段として一般的な方法に，

第6章 酸化亜鉛蛍光体とその関連材料

熱処理に際して，炉内に水素ガスを含むガスを導入するという方法がある。先に示した緑色に光るZnO蛍光体を製造するための手段の1つとして，水素を含むガス中でZnOを還元焼成する方法がとられる。したがって，水素を含む雰囲気での処理は欠陥生成を促すと考えるのが一般的である。しかし一方，水素は欠陥に対して電子を供給し，欠陥を不活性化するのに有用な元素の1つである。そこで，ZnOに対する水素添加の効果について，筆者らの検討結果を中心に近年の話題を紹介する。

以下に示すプラズマ処理による水素添加効果の検討では，特に，プラズマ処理が試料に与える熱的損傷を低減するため，パルス変調したICPを用いた。パルス変調ICPは，高周波電磁場の投入電力をミリ秒の単位で間欠的に変化させ，これによってプラズマの温度と密度を制御する技術である。パルス変調プラズマの発生技術，あるいはその意義についての詳細は，文献24，25，および，26を参照されたい。また，本稿で紹介する実験における水素ドープ方法の詳細は，文献27を参照されたい。

水素ドープによって最も顕著な発光スペクトルの変化が見られたのは，比較的欠陥や不純物の多いZnOである。図10の例では，あまり紫外発光効率の高くないZnO焼結体に水素を加え，紫外発光強度を約10倍まで改善している。このように，水素には，可視発光を与える欠陥の不活性化によって紫外発光効率を向上させたり[28]，図10の例のように，非輻射遷移を抑制して紫外発光効率を高めたりする機能があることがわかる。ただし，高品質・高純度のZnOに対しては，水素の効果が見られにくいことから，水素が何らかの欠陥を無害化することで，発光効率の改善が実現していると考えられる。

4.2 酸化亜鉛の誘導放出と不純物の効果

先に示した水素添加によるZnOの紫外線発光の高効率化と同様に，不純物を加えることで，

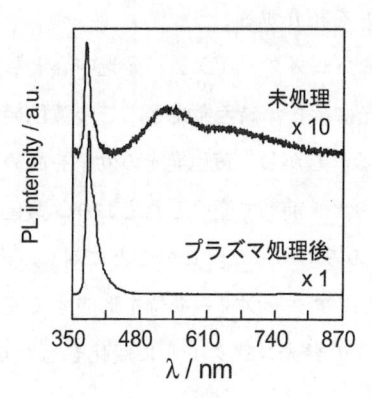

図10 ZnO焼結体への水素プラズマ照射前後の発光スペクトルの比較

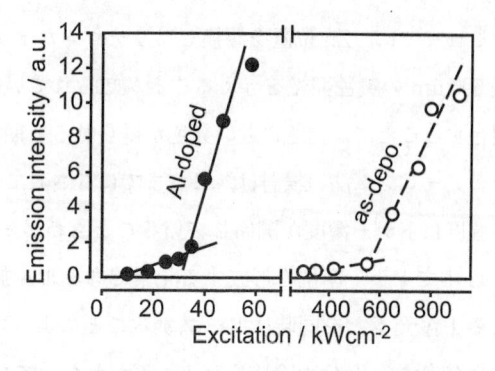

図11 ZnO薄膜のバンド端発光強度の励起強度依存性。アルミニウム拡散処理前後の比較

ZnOの発光効率を高めることが可能であることがわかってきている。例えば，図11は，アルミニウムが添加されたZnO単結晶薄膜のフォトルミネッセンスにおける励起強度と発光強度の関係[29]を示している。特に，この場合，非平衡欠陥の生成[30,31]を抑え，熱平衡状態に近い状態を実現するため，アルミニウムは，熱拡散で導入している。興味深いことに，アルミニウムを熱拡散させた後には，育成直後に比べて，誘導放出が発現する励起閾値が1/20程度まで低減する様子が確認された。これは，大変興味深い現象である。現在，アルミニウムが添加された効果については，下記のような何らかの欠陥状態の変化がもたらされた結果として非輻射再結合中心の濃度が低減され，その結果として，輻射再結合の確立が増加して，誘導放出敷値が低下したものであると考えている。

$$Al_2O_3 + V_O^{\bullet} \rightarrow 2Al_{Zn}^{\bullet} + e' + 3O_O^{\times}$$

$$Al_2O_3 + V_O^{\bullet} \rightarrow 2Al_{Zn}^{\bullet} + e' + V_O^{\times} + 2O_O^{\times} + \frac{1}{2}O_2$$

$$Al_2O_3 + Zn_i^{\bullet} \rightarrow 2Al_{Zn}^{\bullet} + Zn_{Zn}^{\times} + e' + 3O_O^{\times}$$

しかし，無添加のZnOとアルミニウムを添加したZnOとで，誘導放出の機構そのものが変化している可能性も否定出来ず，さらなる検討が必要であると考えられる。

4.3 酸化亜鉛への共ドープ効果

近年，窒化ガリウム（GaN）基半導体で青色発光が実現されたことにより，白色発光する固体素子が実現されている。このGaN基LEDを用いた白色発光素子の高効率化，あるいは，天然の白色光のより精緻な再現のためには，高性能の白色蛍光体が望まれている。白色蛍光体を実現するには，ブロードな発光ピークの重ね合わせが有効であると考えられる。そこで，この節では，ZnOの発光特性の制御法，特に，白色蛍光体を念頭に置いた発光スペクトルの制御法として，ドナーとアクセプターの同時ドーピング（共ドープ）を紹介する。

これまでに，Zn位置を置換したリチウムがドナー～アクセプター（D-A）発光中心として波長600 nmの黄色発光を与えることが知られている[20]。先に示した緑色発光と，この黄色発光を混合することで，白色に近い発色が得られると期待される。しかし，黄色発光の効率を高めるためのドーピング法の検討は，これまでになされていなかった。前節で紹介したとおり，黄色発光の強度にドナー濃度が関係していることもわかっているのみであった。このことに対し，近年，ZnO中でドナー準位を形成する元素であるⅢA族元素と，アクセプター準位を形成する元素であるⅠA元素とを同時にドープすることによって，ZnOの発光スペクトルに変化をもたらし，白色発光するZnOが合成出来ることがわかってきた[32]。

ここでは，高純度のZnO試薬に，ⅢA元素（Al Ga, In），あるいはⅠA元素（Li, Na）を

第6章 酸化亜鉛蛍光体とその関連材料

含む溶液，ないし粉末を加えて良く混合し，乾燥した後，酸素気流中で900℃の仮焼を経て，原料粉体を得る。この粉体を，さらに，酸素中で1100℃において焼成することで，擬白色発光するZnO粉末が得られる。

得られた試料の典型的な発光スペクトルを，図12に示す。ここで，前節で示した一般的なZnO緑色蛍光体と，ドナーとアクセプターを共ドープしたZnOの発光スペクトルを示している。この結果から，共ドープによってCIE 1964表色系でx = 0.45から0.47，y = 0.45から0.47に対応する白色の発光が得られることが示された。今後，この発光の効率向上を検討することで，実用化が期待されると考えられる。

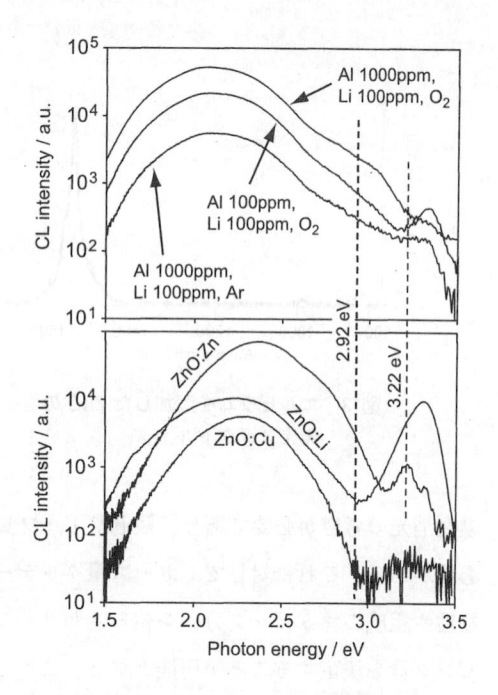

図12 アルミニウムとリチウムを同時添加したZnO粉体の発光スペクトル
ZnO:Znは市販の緑色発光するZnO蛍光体。ZnO:Cuは銅を不純物として含むZnO。ZnO:LiはLiのみを加えたZnO。

4.4 新規蛍光体の探索

ZnOは，蛍光体の母剤としてのポテンシャルについての検討も進められている。特に，透明な物質であり，薄膜化も可能であることから，装飾的な内・外装材など様々な用途が期待される。ここでは，ZnOへのランタニドや遷移金属添加について紹介する。

波長1.5ミクロン付近のいわゆる通信波長帯について，ZnOでその発光を得ようとする努力がなされている。具体的には，エルビウムを添加したZnOが，この波長の発光を与えると期待され，ZnOへの光機能の付与の1つの可能性とされている。図13は，石川ら[33]が報告している，スパッタ法で合成されたエルビウム添加ZnOの発光スペクトルである。確かに，エルビウムに由来する赤外発光が確認されており，また，ZnOからのエネルギートランスファーによってこの発光が起こっているということが確認されている。

また，新たなZnOの蛍光体特性を探索する上でのツールとして，興味深いものの1つに，コンビナトリアルイオン注入法[34, 35]があげられる。図14は，イオン注入処理したZnOウエファ (10 × 10 mm) のフォトルミネッセンス強度の場所依存性をマッピングしたものである。実は，この試料は，イオンビームのラスタースキャンに変調を加え，かつ，マスク走査装置を組み合わせることで数桁に及ぶ注入濃度のグラデーションをつけることを可能とした，コンビナトリアルイオン注入装置で処理された試料である。ドーピングによる不純物発光中心の導入に際しては，

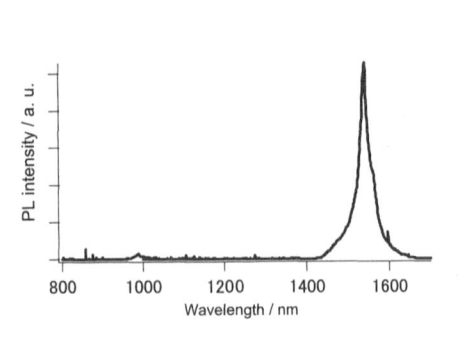

図13　エルビウムを添加した ZnO の発光スペクトル

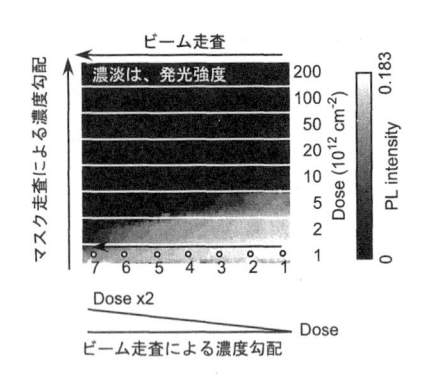

図14　コンビナトリアルイオン注入を施した ZnO ウエファの発光強度のマッピング

濃度消光の考慮が必要であり，最適なドープ量を求めるためには，通所，沢山の試料を作製する必要がある。これに対して，ドーズ量グラデーションを作れるコンビナトリアルイオン注入法と物性や組成のマッピング分析を組み合わせることで，1枚の試料を作成しただけで，最適なドーピング量を決定することが可能となる。こうした手法の有効性を検証するため，筆者らのグループでは，銅を注入した ZnO[34]，あるいは，ユーロピウムを注入した ZnO[35] などが検討されている。

5　酸化亜鉛光触媒

ZnO 発光体は，フォトキャリアーの再結合の際にフォトンを発生する機能を利用したものである。一方，光触媒（Photocatalyst）は，表面に輸送されたフォトキャリアーが，表面吸着物に作用することで触媒反応をもたらすものである。ここでは，発光体と同様にフォトキャリアーを利用するという視点から，ZnO の光触媒についても，若干触れることとする。光触媒作用術語の出現は 1930 年代に遡る[36]。1950 年代，この光触媒作用は塗料に含まれている顔料による塗料の劣化（チョーキング現象）の原因として知られ[37]，1960 年代には ZnO 粉末を用いた光触媒反応による有機化合物の反応がいくつかのグループで研究された[38]。しかし，ZnO はそのもの自身が光溶解するという欠点を有しており，それほど多くの注目を集めるまでには至らなかった。ところが，1980 年代に入り，光触媒が有害物質分解にも応用できることが判明した[39]。特に，TiO_2 等光触媒は，強い酸化分解力を持ち，分解対象物質を選ばず，有機塩素化合物でも炭酸ガスと塩酸にまで完全分解可能であり，二次汚染の心配も無いことから，種々の化学物質を安全かつ容易に無害化することができる環境にやさしい環境浄化材料として，酸化物光触媒が脚光を浴びている。

光触媒機能を持っている半導体は数多く知られている。しかし，現在市販されている光触媒製

第6章 酸化亜鉛蛍光体とその関連材料

品では，ほとんどすべての場合，光触媒として TiO_2 が使われている。その理由は，①物理的・化学的に極めて安定であること，②光触媒活性が高いこと，③無害無毒で環境にやさしいこと，④原材料が廉価であること，である。一方，有機物を分解する能力，コスト面から見ると，ZnO も有望であるが，水分があると光溶解する欠点があり，この克服が課題となっている[40,41]。また，光触媒性能を持つ ZnO や TiO_2 は，ワイドギャップ半導体であり，紫外線しか吸収せず，可視光による触媒反応が期待出来ない点も，克服すべき課題である。室内灯や太陽光の大部分を占める可視光を有効利用できる光触媒の開発とその応用は重要な研究課題である。

光触媒を可視光機能化する方法は幾つか報告されている。例えば，光触媒酸化物への遷移金属添加，アニオン置換によるドーピング，光触媒と他の金属半導体酸化物の複合等[42,43]がある。ここでは，そうした研究の中で，特に，噴霧熱分解法を用いた酸化物光触媒粉末の合成，特に，酸化物中の酸素を他の元素で置換した系の光触媒合成，およびその特性を紹介する。

噴霧熱分解法は，セラミックス原料粉末の合成法として一般的な方法である。固体出発原料を直接熱分解するいわゆる仮焼プロセスと異なり，噴霧熱分解法は，出発原料を含む溶液を霧化して炉内に吹き込み，このミストのうちの溶媒を蒸発させ，また，出発原料を熱分解するプロセスを経て酸化物を得る方法である[44]。この方法で得られた複合粉体の特徴の1つとして，各成分の分布が極めて均一である[40]ことがあげられる。また，分解温度，噴霧条件，反応の雰囲気もコントロールすることで様々な形状の粉体が得られる。

この可視光応答型 ZnO 基光触媒は，例えば，以下のプロセスで合成することができる。まず，アンモニア亜鉛錯体水溶液に金属酸化物の出発原料となる $Fe(NO_3)_3$，NH_4VO_3，または $(NH_4)_{10}W_{12}O_{41}$ を加えて，その混合溶液を得た。この混合液が噴霧熱分解のための原料となる。この混合液をネブライザで微小な液滴として霧化し，霧化された液滴をアスピレーターを用いた吸引によって高温反応炉内へ送り，炉内部での熱分解反応によって，窒素・遷移金属添加 ZnO 粉末が得られる。炉内の熱分解で得られた粉末試料は粉体の引き出し口におかれたガラスフィルターで収集する。以下，簡単のため，こうして合成される遷移金属と窒素を添加した ZnO を NMZO（M = Fe,V,W）で表す。光触媒特性として高い機能を発揮した NMZO 系触媒中の遷移金属元素 M の手添加量として代表的なものは，Fe_2O_3，V_2O_5，WO_3 でそれぞれ 1.0, 2.5, 7.3 wt％であり，また，典型的な噴霧熱分解温度は 800 ℃である。比較のため，遷移金属を添加せずに窒素のみを添加した ZnO 触媒（NZO）も合成した。

図15は，上述の噴霧熱分解プロセスで得られた NZO, NWZO, NVZO, NFeZO の SEM 写真である。すべての試料は中空な球状粒子であり，粒子の壁は小さい結晶子で構成されていることがわかる。遷移金属添加によりそれらの中空な粒子を構成する一次粒子のサイズが小さくなっていることもわかる。合成した窒素・遷移金属添加 ZnO 粉末は，白色ではなく，オレンジ色で

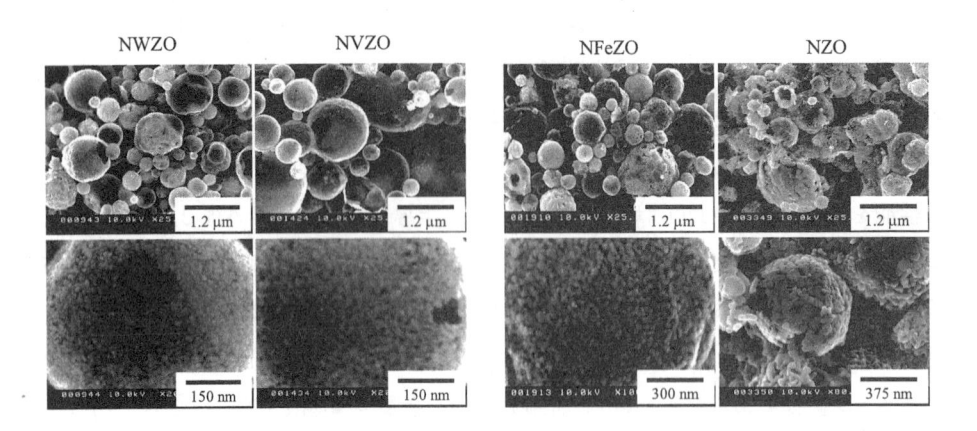

図15 噴霧熱分解法で合成した，窒素や遷移金属元素を添加したZnO粉体のSEM像

あった。窒素のみを添加したZnOも同じくオレンジ色を呈し，窒素を添加することで，可視光領域での光吸収が起こっていることがわかった。なお，元素分析の結果，NZO，NWZO，NVZO，NFeZOの窒素含有量はそれぞれ600，700，1900，2600 ppm程度であり，また，NZO，NWZO，NVZO，NFeZOそれぞれのBET表面積は39，49，45，41 m^2/gであった。

図16に合成したZnO基光触媒と参考試料のLED照射下における光触媒性能を示す。ここでは，特に，可視光での励起に対する光触媒性能の発現の

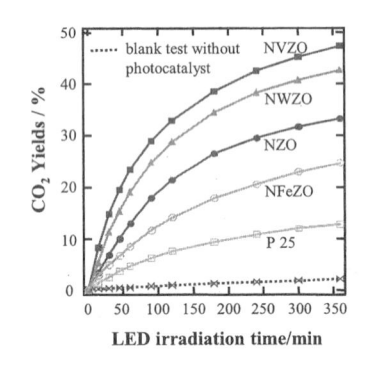

図16 噴霧熱分解法で合成した，窒素や遷移金属元素を添加したZnO光触媒の青色LED照射下でのアセトアルデヒド分解反応速度

様子をみるため，触媒の励起光源として，市販の青色発光ダイオードを用いている。窒素添加ZnO，およびNMZO系ZnOの何れについても，市販の代表的な酸化チタン光触媒材料（デグサ社P25粉末）に比べて高い活性が観測された。すなわち，窒素添加によってZnOが可視光照射下で光触媒機能を示すことが示された。さらに，NMZO試料については，その光触媒活性が，添加した遷移金属元素の種類に強く依存することがわかった。V$_2$O$_5$添加（NVZO）とWO$_3$添加（NWZO）の場合は，遷移金属添加による光触媒活性の増加が観察され，特に，NVZOにおいて最大の光触媒活性が観測された。これに対して，窒素・Fe$_2$O$_3$添加光触媒（NFeZO）では，単なる窒素添加ZnOに比べて特性が低下している。すなわち，添加する遷移金属によって，光触媒性能発現の様子が異なることがわかった。

6 おわりに

ZnO 発光体について，その欠陥構造との関連からその研究動向を解説した。冒頭で述べたとおり，筆者がこの原稿をまとめている現在，まさしく，「酸化亜鉛ルネッサンス」全盛といった状況にある。本家のルネッサンスでは，ダビンチが描いた設計図は，現在の科学の視点では，その先端性や具体性を認められるものの，それが描かれた当時は，その設計図を具現化することができずに終わった。今，繰り広げられている「酸化亜鉛ルネッサンス」が，設計図の提案に止まらず，何らかの「ブツ（物）」を生み出すに至ることを心より願いつつ，本稿をとじることとしたい。

文　献

1) D. M. Kolb and H. -J. Schulz, "Current Topics in Materials Science Vol.7", Ed. E. Kaldis, Pub. North-Holland Publishing Company, Amsterdam, p226-268 (1981)
2) M. Matsuoka, *Jpn. J. Appl. Phys.*, **10**, 736 (1971)
3) D. C. Reynolds et al., *Phys. Rev. B*, **57**, 12151 (1998)
4) T. Tsurumi et al., *Jpn J. Appl. Phys.*, **38**, 3682 (1999)
5) S. M. Sze, "Physics of Semiconductor Devices 2nd Edition", Pub. John Willey & Sons (NY, USA) (1981)
6) E. Tomzig and R. Helbig, *J. Luminescence*, **14**, 403 (1976)
7) C. F. Klingshirm, "Semiconductor Optics", Pub. Springer-Verlag, Berlin, Germany (1997)
8) D. C. Look et al., *Solid State Commun.*, **150**, 399 (1998)
9) D. C. Reynolds et al., *J. Solid State Commun.*, **99**, 869 (1996)
10) A. F. Kohan et al., *Phys. Rev. B*, **61**, 15019 (2000)
11) N. Ohashi et al, *Jpn. J. Appl. Phys.*, **38**, L113 (1999)
12) K. M. Sancier, *J. Phys. Chem.*, **76**, 2527 (1972)
13) K. Vanheusden et al., *J. Appl. Phys.*, **79**, 7983 (1996)
14) A. Hausmann, *Z. Phys.*, **237**, 86 (1970)
15) M. Schulz, *Phys. Status Sol.*, (a) **27**, K5 (1975)
16) C. G. Van de Walle, *Phys. Rev. Lett.*, **85**, 1012 (2000)
17) T. Maeda and M. Takata, *J. Ceram. Soc. Jpn.*, **97**, 1225 (1989)
18) R. Dingle, *Phys. Rev. Lett.*, **23**, 579 (1969)
19) F. H. Leiter et al., *Phys. Stat. Sol.*, (b) **226**, R4 (2001)

20) O. F. Schermer and D. Zwingel, *Solid State. Commun.*, **8**, 1559 (1970)
21) V. V. Osiko, *Optic. Spectr.*, **7**, 454 (1959)
22) N. Ohashi et al., *Key Engineering Materials*, **157-158**, 227 (1998)
23) "Phospher Handbook", Ed. S. Shionoya and W. M. Yen, Pub. CRC press LLC (Boca Raton, FL, USA) (1998)
24) T. Ishigaki et al., *Appl. Phys. Lett.*, **71**, 3787 (1997)
25) T. Ishigaki et al., *Thin Solid Films*, **390**, 20 (2001)
26) T. Ishigaki et al., *Pure Appl. Chem.*, **74**, 435 (2002)
27) N. Ohashi et al., *Appl. Phys. Lett.*, **80**, 2869 (2002)
28) T. Sekiguchi et al., *Jpn. J. Appl. Phys.*, Part 2, **36**, L289 (1997)
29) Y.-G. Wang et al., *J. Appl. Phys.*, **100**, Art. No. 023524 (2006)
30) T. Ohgaki et al., *J. Appl. Phys.*, **93**, 1961 (2003)
31) H. Ryoken et al., *J. Mat. Res.*, **20**, 2866 (2005)
32) N. Ohashi et al., *Appl. Phys. Lett.*, **86**, 091902 (2005)
33) Y. Ishikawa et al., *J. Mat. Res.*, **20**, 2578 (2005)
34) I. Sakaguchi et al., *Jpn. J. Appl. Phys.*, **44**, L770 (2005)
35) I. Sakaguchi et al., *Jpn. J. Appl. Phys.*, **44**, L1289 (2005)
36) N. Serpone, A. V. Emeline, *International J. of Photoenergy*, **4**, 91 (2002)
37) M. C. Markham, *J. Phys. Chem.*, **66**, 932 (1962)
38) 羽田肇, 多田国之, 科学技術動向, **12**, 35 (2002)
39) M. R. Hoffman et al., *Chem. Rev.* **95**, 69 (1995)
40) D. Li et al., *Thin Solid Films*, **486**, 20 (2005)
41) D. Li et al., *J. Colloid and Interface Sci,.* **289**, 472 (2005)
42) D. Li et al., *Catal. Today*, **95**, 895 (2004)
43) D. Li et al., *Res. Chem. Intermed.*, **31**, 331 (2005)
44) D. Li et al., *Chem. Mater.*, **17**, 2588 (2005)

第7章 種々のデバイス

門田道雄*

1 はじめに

　酸化亜鉛（ZnO）には，粉末，セラミック，単結晶，薄膜の形態がある。ZnO単結晶は六方晶系の構造をもつ圧電体であるが，大きな単結晶が得られなかったこともあって，デバイスには，セラミックや薄膜が使用されている。ZnO薄膜は基板に成膜される膜の結晶軸を特定の方向に配向させることにより圧電性をもつが，ZnOセラミックは強誘電体でないため，それぞれの粒子が自発分極をもたず直流電圧で分極しても圧電性はもたない。

　ZnOセラミックを応用したデバイスにはバリスタ（varistor）があり，ビスマス，プラセオジウム等の不純物が添加されたZnOセラミックから成る。このバリスタの抵抗値はオームの法則を満たさず，非線形な抵抗値を示す。この非線形特性を利用し，サージ電圧や高電圧保護素子として使用されている[1]。

　圧電体は，バルク波，弾性表面波（SAW）等の超音波を発生あるいは受信することができ，超音波を利用した共振子やフィルタ等に応用されている。ZnO単結晶や薄膜は硫化カドミウム（CdS）単結晶や薄膜に比べ，電気機械結合係数k（圧電性）が大きく，誘電率が小さく，音速が速いという特性をもつことは知られていたが，当初大きな単結晶や良好な薄膜が得られなかったため，材料物性研究のためのバルク波超音波トランスジューサ用材料としては，CdS単結晶や薄膜がもっぱら研究されていた[2]。トランスジューサとは電気信号を超音波に変換する変換素子のことで，このあと述べる共振子，振動子，発振子もトランスジューサと同じ原理で電気信号を超音波に変換している。1961年の超音波増幅現象の発見以来[3]，高い変換効率，広い周波数帯域及び高い周波数をもつトランスジューサが要求されるようになった。1965年のS. Wanugaや1966年のN. S. Foster, G. A. Rozgonyiによるトランスジューサ用ZnO膜の報告以来，上述の特徴をもつZnO膜成膜方法の研究が盛んになった[4,5]。安定したZnO膜が得られるようになって，ZnO膜の上述の特徴を活かし，バルク波高周波超音波トランスジューサ，共振子，SAW，モノリシックコンボルバ，音響光学素子等用の薄膜として注目されるようになった。

　超音波増幅素子は実用化されなかったが，その後ZnO膜を用いたバルク波への応用では，超音

---

* Michio Kadota ㈱村田製作所 技術開発本部 フェロー

波顕微鏡用縦波トランスジューサ[6]，同横波トランスジューサ[7,8]，エリンバ金属と組み合わせた時計用音叉[9]およびテレビ基準信号用発振子[10]，Si 基板上に成膜される ZnO 膜を薄くすることにより高周波を実現した高周波複合共振子[11~13]等の報告があり，一部は実用化に至っている。

一方，ZnO 膜を SAW デバイスに応用した研究では，様々な下地基板との組み合わせや，構成されるすだれ状電極 (IDT 電極：interdigital transducer) や短絡電極の位置により得られる特性の違いについて多くの研究が行われてきた[14]。IDT 電極や短絡電極の構成位置や下地基板を選ぶことにより，ZnO 単結晶単独の値に比べ，安価，大きい圧電性，良好な周波数温度係数 (TCF)，任意の音速が得られるという特徴がある。たとえば ZnO 膜/IDT 電極/ガラス構造レイリー波 SAW の電気機械結合係数 k^2 は IDT 電極/ZnO 単結晶の 3 倍，IDT 電極/ZnO 膜/サファイア構造セザワ波 SAW の電気機械結合係数 k^2，音速はそれぞれ，6 倍，2 倍であり，ZnO 膜/IDT 電極/水晶基板構造の電気機械結合係数 k^2 は 3 倍で，TCF は ZnO 単結晶の 1/75 と良好である。それらの構造では，それぞれテレビおよび VTR 用映像中間周波数段 (VIF) フィルタ[15,16]，移動体通信や携帯電話の Radio Frequency (RF) フィルタ[17,18]や Intermediate Frequency (IF：中間周波数段) フィルタ[19]として開発されている。

ZnO 膜を用いた SAW フィルタ以外の応用では，モノリシックコンボルバ，音響光学偏向素子等がある。エラスティックコンボルバが圧電体の非線形特性を利用しているのに対し，モノリシックコンボルバは Si 半導体の容量の非線形特性を応用した相関器であり，スペクトラム拡散通信に利用される。音響光学偏光素子はレーザー光の波数と SAW の波数がブラッグ条件を満たしたとき光が偏向される素子であり，レーザープリンターのポリゴンミラーの代わりとして検討されたことがあるが，回折効率が悪く，実用化に至らなかったようである。

2　ZnO セラミックを用いたバリスタ

ZnO に数種類の添加物を加えたセラミックは，非直線性係数およびエネルギー耐量が大きいことから，バリスタの素材として最も一般的に用いられる。添加物としてはビスマスまたはプラセオジムが非直線性抵抗特性を発生させるために不可欠である。さらに特性を向上させるためにコバルト，マンガン，クロム，アンチモン等が添加される。市販されている端子付きとチップタイプのバリスタの例を図 1 に示す[1]。バリスタの名称は Variable Resistor に由来する。バリスタは素子の両面に電極をもち，両端子間の電圧が低い場合には電気抵抗が高いが，ある程度以上の高電圧になると急激に電気抵抗が低くなる性質をもつ非直線性抵抗素子である。図 2 に印加電圧と電流の関係を示す。図 2 の電圧と電流の関係を近似した場合，通常の抵抗体はオームの法則に従い $\alpha = 1$ であるが，バリスタでは $\alpha > 1$ となる。この α を非直線性係数と呼ぶ。1 mA の電流

第7章　種々のデバイス

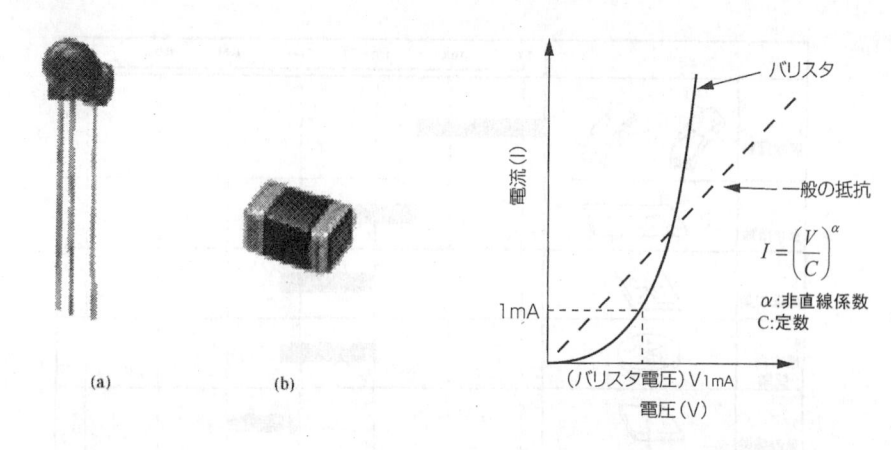

図1　バリスタ素子(a)端子付，(b)チップタイプ

図2　バリスタの電圧-電流特性

が流れる時の電圧はバリスタ電圧（V_{1mA}）と呼ばれている。他の電子部品を高電圧や，静電気や落雷によるサージ電圧等から保護するためのバイパスとして用いられる。ZnOセラミック以外には，チタン酸ストロンチウム（ST）や炭化珪素（SiC）も用いられるが，ZnOの$\alpha=20\sim60$に比べ，STで約12，SiCで約7と小さいため，ZnOはバリスタ材料として最も適している。

3　超音波

圧電現象とは，固体の基板に力を加えたときに電気（電荷）が発生し，逆に電気信号を印加すると歪みが生じ，音波を発生する現象をいう。最も身近な圧電体としては水晶があるが，圧電性が小さい。圧電の強さを表す単位として，電気機械結合係数kがあり，電気的エネルギーと機械的エネルギーとの変換効率，あるいはその逆の変換効率を表している。圧電体で生じる音波には図3に示すように，基板全体で振動する（Ⅰ）バルク波と（Ⅱ）基板表面だけを伝搬するSAWがある。また，バルク波には（a）波の伝わる方向と変位の方向が同じ縦波と（b）伝わる方向と変位

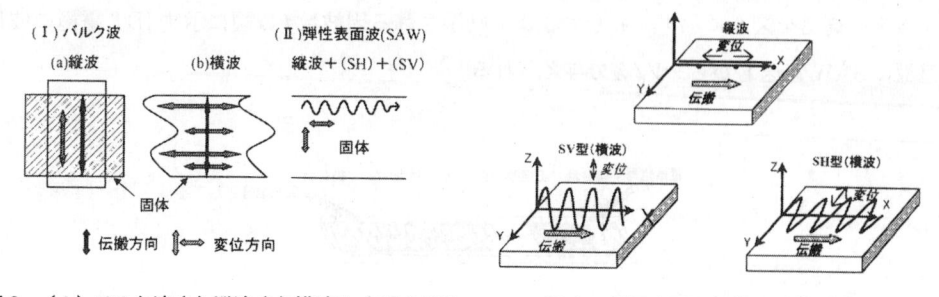

図3　（Ⅰ）バルク波(a)縦波(b)横波と（Ⅱ）SAW

図4　基板表面と伝搬する波の成分

ZnO系の最新技術と応用

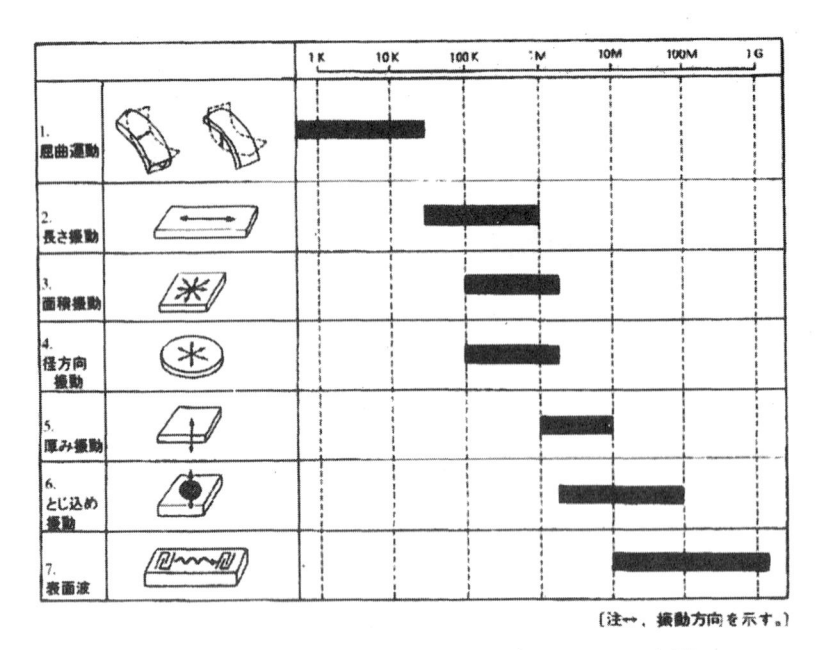

図5　圧電セラミックにおける振動モード（1～6がバルク波）

方向が90°異なる横波がある。空気中や水中を伝わる音は縦波である。SAWは基板の表面だけを伝わる波で，レイリー波，漏洩弾性表面波（LSAW），縦波型LSAW，セザワ波，Bluestein-Gulyaev-Shimizu（BGS）波，ラブ波等がある。基板表面を伝わる波は図4に示すように，縦波成分，shear vertical（SV）成分，shear horizontal（SH）成分の3つの成分があり，BGS波はSH成分のみをもつが，他の波は縦波成分，SH成分，SV成分のいずれかの2つあるいは3つの変位をもって基板表面を伝わる。バルク波では基板全体が振動するので，バルク波の横波にはSH成分とSV成分の区別はない。

　バルク波の各種振動モードを図5に示す。バルク波を用いた共振子の周波数はそれぞれのモード固有の音速と共振子の基準となる寸法において決定される。よって，所望の周波数は，可能な基準寸法とこの中から適した振動モードを選んで使用される。一方，トランスバーサル型SAWフィルタの構造を図6に示す。最も効率よく励振される周波数fは図に示すIDT電極の波長λと基板のSAW音速Vから，V/λで与えられる。

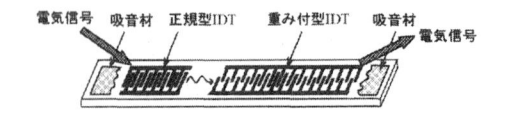

図6　トランスバーサル型SAWフィルタ

第7章 種々のデバイス

4 ZnO圧電膜を用いたバルク波への応用

4.1 高周波トランスジューサ

　ZnO薄膜は基板に対しc軸〈0001〉が垂直に配向した膜をc軸配向膜あるいは（0001）配向膜という。この場合励振されるバルク波は縦波であり，($10\bar{1}0$）配向膜，($11\bar{2}0$）配向膜等のようにc軸が基板表面に平行に配向した場合には横波だけが励振される。また，成膜される膜の多くは多結晶膜であるが，基板の選択，成膜条件により，エピタキシャル膜が得られる。たとえば，最適なZnO成膜条件ではc面サファイア上にはc軸配向したエピタキシャル膜が，R面，m面，a面サファイア，($01\bar{1}2$）LiTaO$_3$，Y面LiNbO$_3$には（$10\bar{1}0$）あるいは（$11\bar{2}0$）面に配向したエピタキシャル膜が得られる[20~22]。

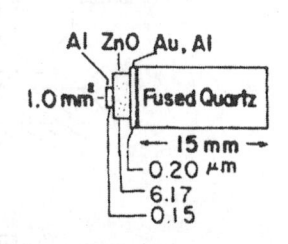

図7 高周波トランスジューサ

　図7に示すように溶融石英，サファイア等のロッドの片側に金等の電極を形成後，ZnO膜を成膜し，さらにその上に電極を形成してZnO膜の厚み振動を利用したトランスジューサが構成される[23]。トランスジューサには縦波用と横波用とがあり，いずれもその励振される周波数はZnO膜の音速に比例し，膜厚に反比例する。励振周波数を高くしたい場合にはZnO膜厚を薄くすればよいため，単結晶を張り合わせるより，薄膜を用いるのが有利である。縦波トランスジューサ用ZnO膜は長い間，多結晶膜で形成されていた。なぜなら，溶融石英が使用されることが多く，たとえc面サファイア基板を用いてもZnO膜とサファイアの間に電極を必要とし，電極上に成膜されるZnO膜はいつもc軸配向の多結晶膜だったためである。2001年，c面サファイア上に成膜したAlやGaをドープしたZnO膜が導電性（10^{-4}Ωcm台）のc軸エピタキシャル膜になること，さらにその上に成膜した高抵抗で圧電性のある縦波励振用ZnO膜もc軸配向のエピタキシャル膜になることを利用し，電極/縦波励振用c軸配向エピタキシャルZnO圧電膜/電極用導電性c軸配向エピタキシャルZnO膜/c面サファイア構造にて縦波バルク波が励振されることが報告されている[8]。

　一方，横波励振用ZnO膜については，配向軸が3，4方向に混合した多結晶膜や斜め配向の多結晶膜等で，縦波と横波の両方を同時に励振した報告しかなく[23~25]，横波だけを励振した報告はもちろんのこと，横波用エピタキ

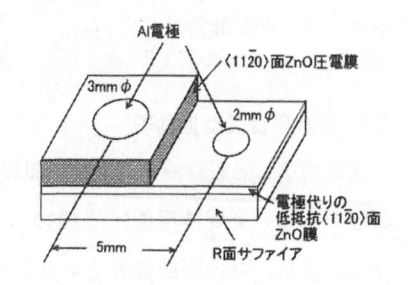

図8　Al電極/（$11\bar{2}0$）エピタキシャルZnO圧電膜/導電性（$11\bar{2}0$）ZnO膜/Rサファイア構造波トランスジューサの構成図

153

ZnO系の最新技術と応用

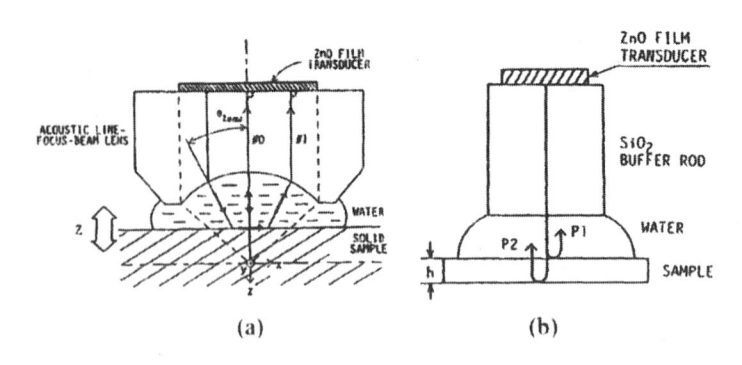

図9 超音波顕微鏡用トランスジューサ
(a) LSAW音速測定用, (b) バルク波音速測定用

シャルZnO膜の報告はなかった。横波トランスジューサとしては，横波を励振する水晶等の単結晶の薄い振動子をロッドに接着した構造のトランスジューサが使用されていたが，振動子の厚みを薄くする限界や接着層における高周波での大きな減衰のため，横波トランスジューサの高周波化は困難であった。1995年，R面サファイアを用い，図8に示す電極/横波励振用（11$\bar{2}$0）配向エピタキシャルZnO圧電膜/電極用導電性（11$\bar{2}$0）配向エピタキシャルZnO膜/R面サファイア構造にて，横波だけを励振することに初めて成功している[7,8]。また，この横波用トランスジューサがエピタキシャルZnO膜であるのもこれが最初である。この報告の8年後の2003年には，この論文とまったく同じ構造で，R. H. WittstruckによりMgを一部添加した横波用エピタキシャルZnO膜の報告がある[26]。

これらのトランスジューサでは，図9(a),(b)に示すように縦波用トランスジューサは超音波顕微鏡のトランスジューサとして使用されているが，横波を用いた測定には，単結晶を貼り付けた構造が用いられている。今後変換効率が良く高周波化が容易な前述のエピタキシャルZnO膜横波トランスジューサが期待されている。

4.2 時計用音叉型振動子[9]

図5で示した振動モードでは低周波化への限界や素子固定方法の課題があり，低周波用には図10のような音叉が考えられる。図に示すように，コの字型のエリンバ金属の片側に約20μmのZnO膜を成膜し，その上に金電極を成膜し，さらに，その音叉が真空中で3 mm径の円筒の金属ケース内に挿入された音叉型振動子が報告されている。この共振周波数frは32.768 kHz，共振抵抗R_0は20 kΩ，

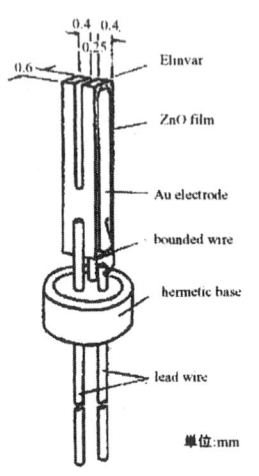

図10 時計用音叉の構造

第7章　種々のデバイス

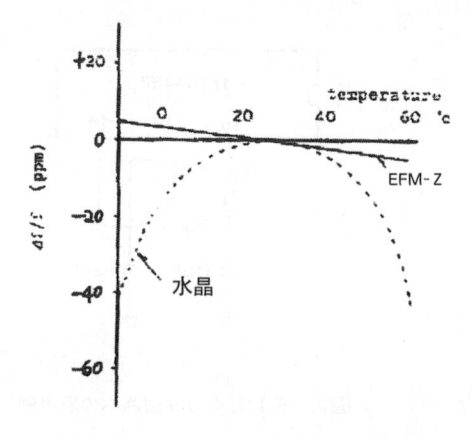

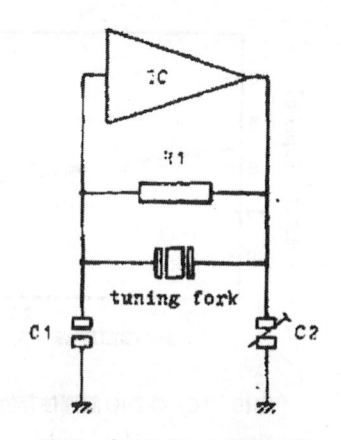

図11　ZnO膜を用いた音叉と水晶振動子の周波数温度特性

図12　音叉を用いた発振回路

機械的Qは36,200と大きく，電気機械結合係数k^2は0.00065である。エリンバ金属は恒弾性金属であり，エリンバを熱処理することにより，周波数温度特性TCFを制御している。そのプラスのTCFに制御されたエリンバ金属上に，マイナスのTCFをもつZnOが成膜されることにより，良好なTCFをもつ振動子が構成されている。その温度特性を図11の実線で示すが，参考に示した図中破線の水晶振動子の温度特性よりも良好である。IC型電子時計の発振回路である図12の発振回路で発振させることができ，誤差も小さく良好な発振特性を示している。

4.3　テレビクロマ回路VCO用発振子[10]

図5に示す広がり振動や伸び振動は振動子の中央で支持しなければならず，また，その周波数の上限はせいぜい1MHz程度であった。$2.8 \times 2.0 \, mm^2$のエリンバ金属をケミカルエッチングし，図13に示すように，中央部に短辺方向伸び振動子を形成し，その中央部にZnO膜を成膜し，さらにその上に電極を形成し，振動子が形成されている。振動子の接続は図の振動子のはりと外枠

図13　テレビクロマ回路VCO用発振子の構造

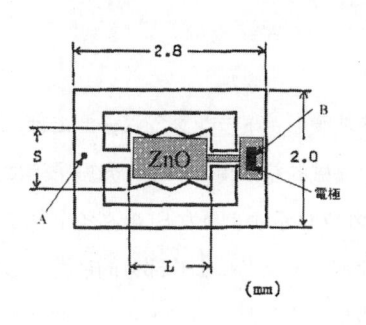

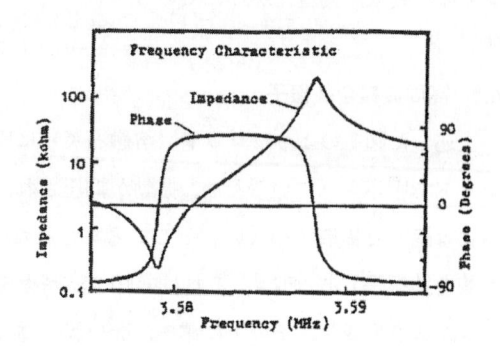

図14　発振子の周波数特性（インピーダンスと位相）

155

図15　TCFのZnO膜厚依存性　　　　　図16　テレビクロマ回路への応用例

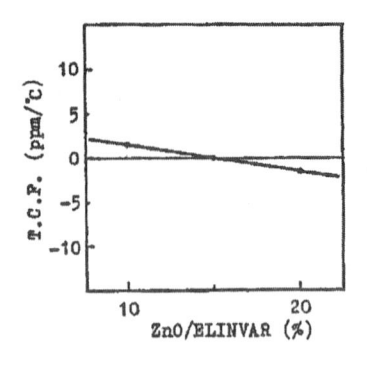

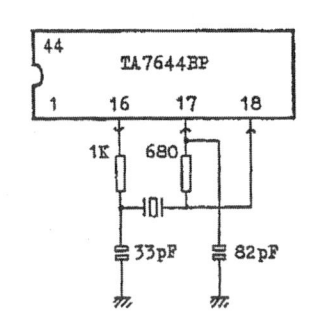

との交差部の箇所で行い，端子の片方はエリンバA部に他方はZnO膜上の金属膜B部に接続されている。メインの短辺伸び振動以外に長辺伸び振動，屈曲振動，対称ラム波等の不要振動があるが，振動子の長辺L/短辺S比，形状，接続箇所，フレームの最適化で不要振動を抑圧している。図14にこの振動子の周波数特性を示す。この振動子の共振周波数frは3.58 MHz，共振抵抗R_0は160 Ω，機械的Qは7026，容量比γは160が得られている。この構造でも恒弾性のエリンバ金属の熱処理とZnO膜厚の最適化を行い良好なTCFが得られている。図15はZnO膜とエリンバとの厚み比とTCFの関係を示したもので，その比が15%のとき，ゼロTCFが得られている。図13に示したエリンバ金属の外枠のフレームの上下に中空の樹脂ケースを熱圧着し，振動子の振動部を空洞にした構造が採用されている。開発された当時のテレビ，VTRのクロマ回路では3.58 MHzの電圧制御発振回路（VCO）が用いられ，トリマコンデンサにて発振周波数を調整しており，無調整化が望まれていた。この発振子を用いた回路を図16に示す。この発振子は従来のVCO用発振子と比較して，共振，反共振間の周波数帯域が2倍と広くしかも基本波の近傍に不要振動がないため，可変周波数範囲が広く取れることから，既存回路のままでトリマコンデンサの不要な無調整化が計れている。

4.4　高周波複合共振子

上述した図7のようにロッド（溶融石英）に圧電膜を成膜したトランスジューサでは，片側がロッドで固定されているため，振動が抑圧され，大きな機械的Qが得られず，発振子等に使用するには適した構造ではない。そこで考案されたのが，図17に示すようなSiのダイヤフラムをもつ複合共振子である[11～13]。これは(001) Si基板を異方性エッチングにより部分的に薄くしてダイヤフラムを形成し，その上に電極，ZnO膜，電極を順番に形成したものである。当初ダイヤフラムとしてSiのp+層が用いられた。この層はエッチング時のストップ層となり，その厚みはドー

第7章 種々のデバイス

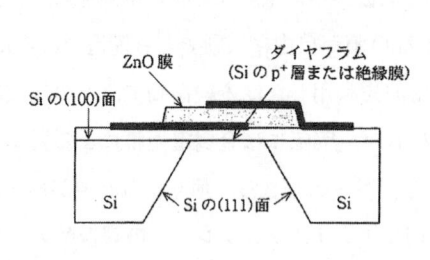

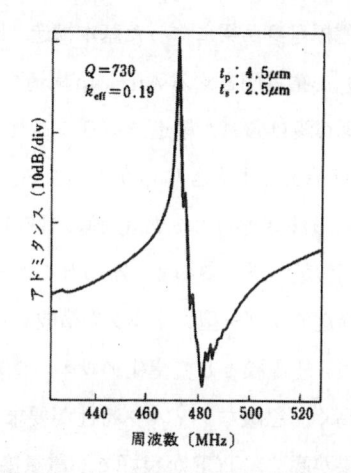

図17 ダイヤフラム構造をもつZnO/Si構造複合共振子

図18 ZnO/SiO₂構造複合共振子の基本厚み縦振動のアドミタンス特性

プ深さで制御できるので，薄いダイヤフラムを形成することができ，高周波共振子が実現できる。この(001)Siの異方性エッチングでは，角度55°をなす(111)面が斜めの面として現れ，テーパーのついた空洞部となる。図18に466 MHz基本厚み縦振動のアドミタンスの周波数特性を示す[27]。730のQ，0.036の電気機械結合係数k^2が得られている。その後，ダイヤフラムとしてSiO₂やSi₃N₄の絶縁膜で構成する構造も報告されている。この圧電膜にはZnO膜以外にも窒化アルミニウム(AlN)，チタン酸ジルコン酸鉛(PZT)，チタン酸鉛(PT)等の薄膜の報告もある。その後，ダイヤフラムを使用しない構造として図19, 20, 21に示す構造が報告されている[28,29]。図19

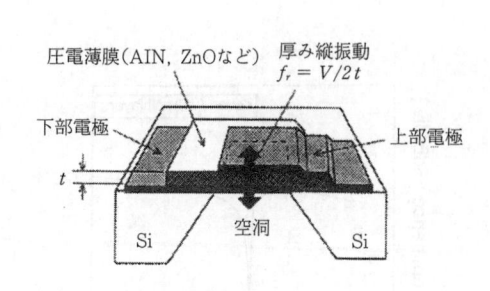

図19 ダイヤフラムを使用しない複合共振子の基本構造

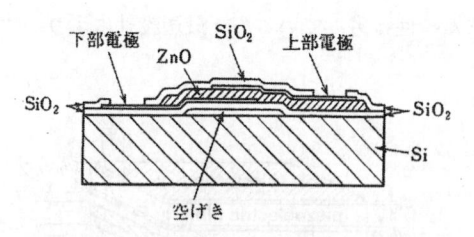

図20 空隙げき形SiO₂/ZnO/SiO₂複合共振子

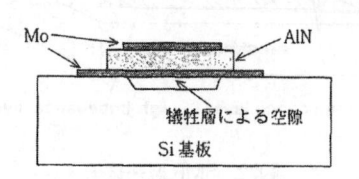

図21 犠牲層を用いた複合共振子

ZnO系の最新技術と応用

は下部電極自身が梁になった基本構造，図20は薄いZnO膜（エッチングされやすい品質の悪いZnO膜）を犠牲層とするAir-gap構造[28]，図21はSi基板の中に空隙部を設け空隙部の上に直接下部電極が設けられた構造である。これらの構造はZnO膜が自由に振動できる構造であるため，図17の構造よりも大きなQが得られる。いずれも縦波を利用した厚み縦振動で，その周波数はZnO膜の縦波音速／（2×ZnO膜の厚み）で近似されるが，実際には金属電極膜による質量付加効果で周波数が下がるので，ZnO膜の厚みは式で示した厚みよりさらに薄くする必要がある。これらの構造でラダー型フィルタを構成した携帯電話用のアンテナデュプレクサの報告があるが[30]，残念ながら圧電膜として窒化アルミニウム（AlN）が使用されている。そのデュプレクサは，周波数が高く，急峻なフィルタ特性が要求されるため，ZnO膜よりも音速が速く高周波化に適し，放熱効果が高く，TCFが良好で，電気機械結合係数が小さいため大きなQの得られるAlN膜の方が適しているからである。これらの共振子はfilm bulk acoustic resonator（FBAR）とも呼ばれている。

さらに，近年，より高周波化に適した構造として，図22に示すように，従来の片側の空隙の代わりに，λ/4厚の低音響インピーダンス膜と高音響インピーダンスの膜を交互に多層に設けその上に圧電膜を設けた構造（Solidly Mounted Resonator：SMR）の共振子が提案されている[31]。この多層膜では音波が効率よく反射するようにインピーダンスや厚みが設計されている。図22の構造で，λ/4厚の低音響インピーダンス膜として0.46μmのSiO₂膜が，λ/4厚の高音響インピーダンスの膜として0.41μmのZnO膜が，圧電膜として0.7μmのZnO膜が，上下の電極として0.03μmのCr-Au電極が用いられ，図23に示すような3GHz共振子のアドミタンス特性が得られている[32]。インピーダンス比は約25dBで，空隙を設けた図19～21の構造に比べ，まだ特性は劣っているが，最適設計によりいずれ良好な特性が得られるであろう。

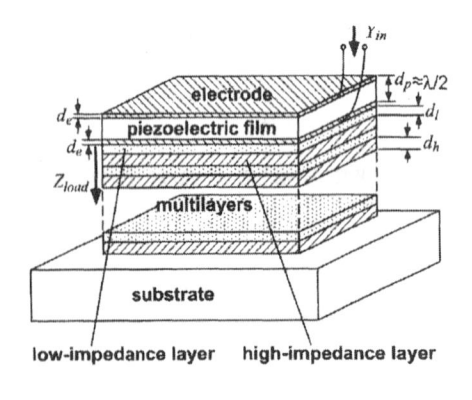

図22　SMR型共振子

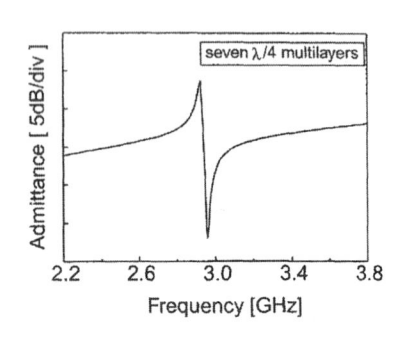

図23　SMR型共振子の3GHzアドミタンス特性

5 ZnO膜と非圧電基板を組合わせた弾性表面波基板

SAW用基板にはニオブ酸リチウム（LiNbO$_3$），タンタル酸リチウム（LiTaO$_3$）等の単結晶基板，非圧電基板とZnO，AlN，CdS等の圧電薄膜を組合わせた構造，チタン酸ジルコン酸鉛（PZT）で代表される圧電セラミック基板等がある。単結晶や圧電セラミックの基板の場合，音速，電気機械結合係数，TCFは基板固有の値であるのに対し，ZnO膜の場合，下地の基板を選ぶことにより，音速，電気機械結合係数，TCFをある程度選択できる等の利点や特徴がある。図24に各種基板におけるSAW音速のZnO膜厚依存性を示す[33]。例えば，低コストを要求される場合には，安価なガラス基板を用いることができ，高周波特性が要求される場合には，高音速のサファイア等の基板を用いればよい。ZnO膜，IDT電極，短絡電極，基板の組み合わせには4通りの組み合わせがある。ガラス基板を用いた組み合わせにおける電気機械結合係数のZnO膜厚み依存性を図25に示す[33]。実線がレイリー波で破線がセザワ波である。ガラス基板を用いた場合にはZnO膜/IDT電極/ガラス構造で大きなレイリー波の電気機械結合係数が得られ，ZnO単結晶の3倍の値である。しかし，セザワ波ではどの構造においても大きな電気機械結合係数が得られない。一方，サファイア基板を用いた組み合わせでは，ZnO膜を直接サファイア基板に成膜することによりエピタキシャルZnO膜が得られるため，IDT電極をZnO膜の上に形成したIDT電極/ZnO膜/サファイア構造が用いられる。図26にR面サファイアを用いた場合のレイリー波，

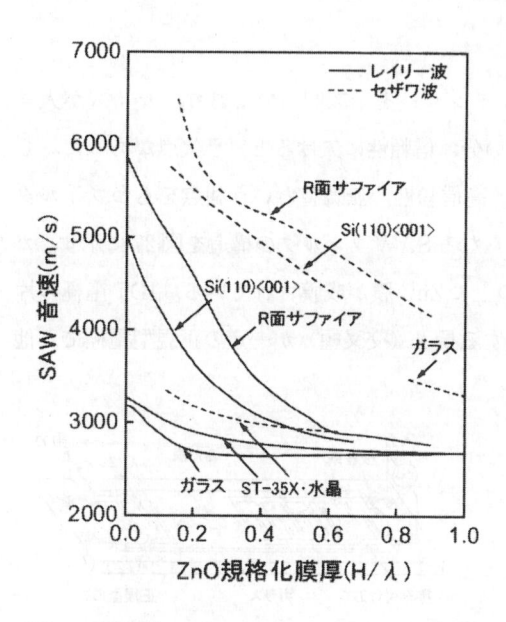

図24 各種基板におけるレイリー波とセザワ波の音速のZnO膜厚依存性

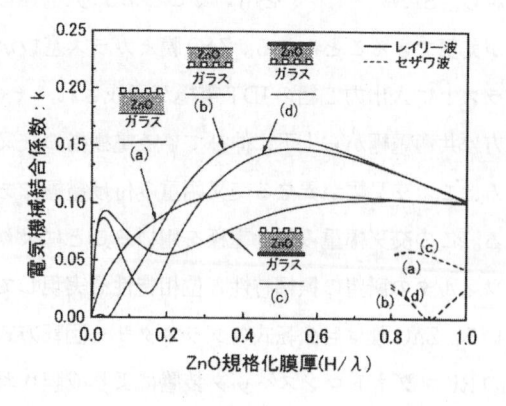

図25 ZnO/ガラスにおける電気機械結合係数のZnO膜厚依存性

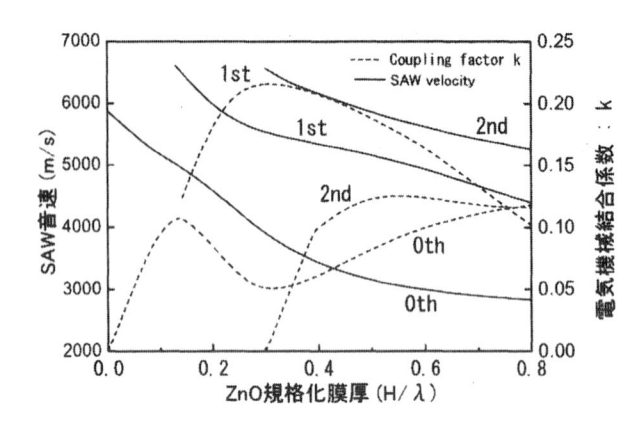

図26 IDT/ZnO/R面サファイアにおける音速及び電気機械結合係数のZnO膜厚依存性

セザワ波，その高次モードの音速及び電気機械結合係数のZnO膜厚依存性を示す[20,33]。3つのSAWモードのうち1stで示されたセザワ波で最も大きな電気機械結合係数が得られており，その値はZnO単結晶自身の6倍の値であり，セザワ波音速も図24, 26に示すように2倍の高音速が得られている。良好なTCFが必要なときには，マイナスのTCFをもつZnO膜と逆のプラスのTCFをもつ基板に選べばよい。しかし，プラスのTCFをもつ基板は少なく，水晶の特定の方位角はプラスのTCFをもつ。その基板を組み合わせて良好なTCFが得られている[19,34,35]。

5.1 テレビVIF用SAWフィルタ[15,16,36]

従来，テレビのVIFフィルタにはコイルとコンデンサーを十数個用いており，サイズが大きく，周波数調整を必要とし，しかも部品点数が多い分，信頼性に欠けるという欠点があった。しかし，SAWフィルタを用いることにより，小型，高信頼性，無調整という利点をもつフィルタが実現できることになる。ZnO膜とガラス基板からなるSAWフィルタの構造を図27に示す。ガラス上に入出力2組のIDT電極が形成され，その上にZnO膜が成膜されている。IDT電極の片方は共通電極から上下に伸びている電極指の交叉する長さ（交叉幅）が一定の正規型電極で，他方はこの交叉幅が異なる交叉幅重み付け電極である。この交叉幅重み付け電極を用いることによりフィルタの所望の振幅特性と位相特性を実現している。ZnO膜は自公転式のプラネタリー回転方式のRFマグネトロンスパッタ装置により成膜されている。図24と25に示すように，ガラス基板との組合せでは，ZnO膜厚み0.45λで最も大きい電

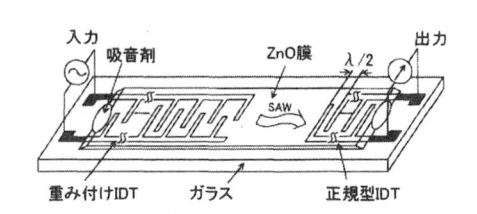

図27 ZnO/IDT/ガラス構造テレビVIF用SAWフィルタの構造

第7章　種々のデバイス

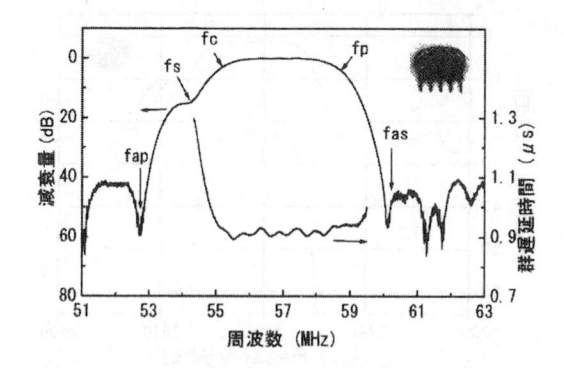

図28　ZnO/IDT/ガラス構造テレビVIF用SAWフィルタの特性

気機械結合係数をもち，この膜厚近傍での膜厚変動による音速の変化が小さいという利点があるため，この膜厚が用いられている。そのSAWフィルタの周波数特性例を図28に示す。図右上に樹脂でパッケージされたフィルタを示している。図中f_pが映像搬送波周波数，f_cが色搬送波周波数，f_sが音声搬送波周波数，f_{as}が隣接チャンネルの音声搬送波周波数，f_{ap}が隣接チャンネルの映像搬送波周波数を示しており，隣接チャンネルからの影響を避けるため，f_{as}とf_{ap}の減衰量は大きくとらねばならない。ZnO膜には，単結晶に比べ基板の価格が安価という特徴もあるが，ZnO膜の成膜に長い時間を要する，再現性のよい膜が得られない，大量生産が困難，図24のように膜厚による音速のばらつきが大きい，さらにZnO膜自身の弾性的ばらつきも大きい等の欠点があった。このZnO膜を用いたテレビ・VTRのVIF用SAWフィルタについてはいくつかの企業が開発を開始したが，最終的には，村田製作所だけが，それらZnO膜に関する多くの課題を種々の方策で解決し，このSAWフィルタの実用化に成功している[15,16,36]。

5.2　ZnO/サファイア構造RF用SAWフィルタ[17,18,37]

図24や26に示すように音速の速いR面サファイア基板に成膜されたZnO膜の場合，ZnO膜/ガラス構造のレイリー波の音速の2倍の音速と1.3倍の電気機械結合係数k^2をもつセザワ波が励振される。この構造のセザワ波では4通りの組み合せのうちIDT電極/ZnO膜/短絡電極/基板の構造で最も大きな電気機械結合係数が得られるが，電極の上には多結晶ZnO膜しか得られない。そのため，サファイア基板に直接成膜するIDT電極/エピタキシャルZnO膜/基板構造が用いられる。音速が速い，エピタキシャルZnO膜/サファイアが低損失であるという特徴を活かし，村田製作所では携帯電話や移動体通信のRFフィルタ用SAWフィルタの本構造による実用化に世界で唯一成功している。衛星移動体通信用2.4GHz RFフィルタの周波数特性例を図29に示す。図右上にセラミックパッケージされたフィルタを示している。

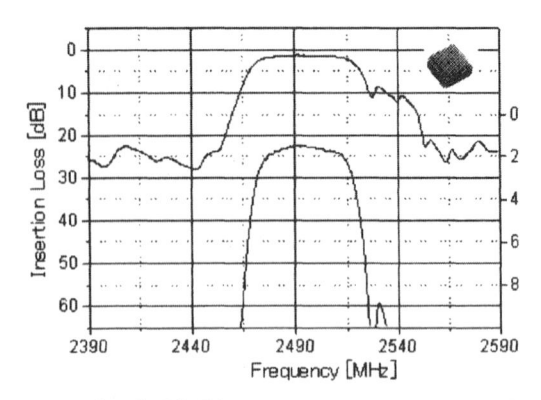

図29　衛星移動体通信用 2.4 GHz の RFSAW フィルタ

5.3 ZnO/水晶構造SAWフィルタ[19,34,35]

　上述のZnO膜を用いたSAWフィルタのTCFは－30 ppm/℃とそれ程良好なTCFではない。SAW基板で最も良好なTCF（＝1 ppm/℃）が得られるSTカットX伝搬レイリー波用水晶基板は，電気機械結合係数が小さく（k^2＝0.0014），大きい電気機械結合係数と低損失が要求されるトランスバーサル型SAWフィルタには適した基板ではない。単結晶や薄膜のほとんどがマイナスのTCFをもつのに対し，水晶の特定のカット角ではプラスのTCFをもつ。パワーフロー角（PFA）がゼロで適度にプラスのTCFをもつ方位角の水晶基板を選び，マイナスのTCFをもつZnO膜とを組み合せることにより良好なTCFと大きな電気機械結合係数を得たことが報告されている。図30にZnO膜とSTカット35°X伝搬水晶を組み合わせた構造の電気機械結合係数を示す。図31にZnO膜ST－35°X水晶基板におけるTCFのZnO膜厚依存性を示す。ZnO膜厚を変更することで任意の電気機械結合係数やTCFが得られる。ZnO膜（厚み0.27λ）/IDT電極/26°Y-X

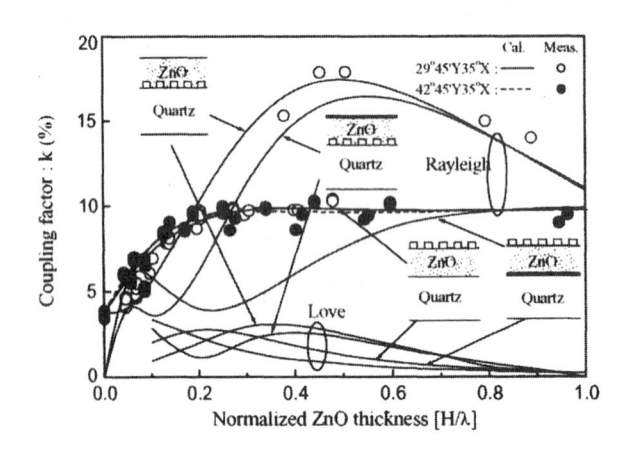

図30　ZnO/水晶構造の電気機械結合係数のZnO膜厚依存性

第7章　種々のデバイス

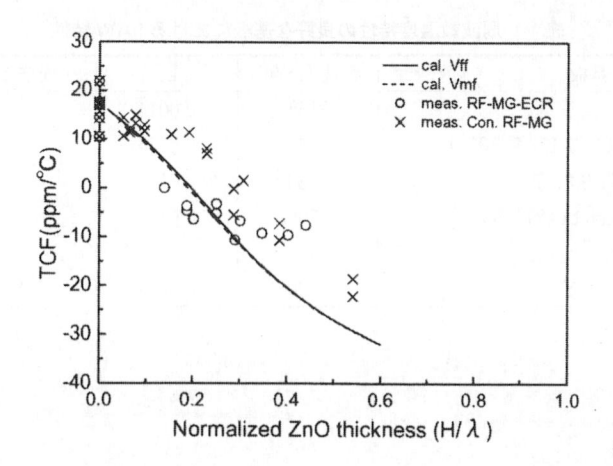

図31　ZnO/ST-35°X水晶におけるTCFのZnO膜厚依存性

水晶構造レイリー波SAWにて，単相一方向性トランスジューサ（SPUDT）をIDT電極に用い，高次モードのラブ波によるスプリアスのないcode division multiple access one（CDMA-one）やwideband CDMA（W-CDMA）のIF用SAWフィルタが開発された。その周波数特性を図32に示す。図右上にセラミックパッケージされた素子を示している。挿入損は4.3dBとST-X水晶レイリー波で構成されたIFフィルタに比べその挿入損失は3～5dB良好である。表1に他のTCFの良好な基板との比較を示す[19]。ZnO膜と水晶の組み合わせではSTカットX伝搬水晶レイリー波より良好なTCF（約半分以下）と約14倍の電気機械結合係数k^2を示している。今後，良好なTCFと低損失が要求されるフィルタには，この構造のレイリーSAW基板が有望である。

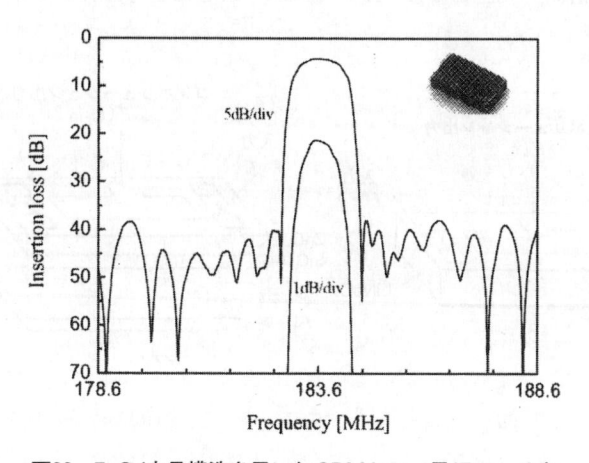

図32　ZnO/水晶構造を用いたCDMA-one用IFフィルタ

表1　周波数温度特性の良好な基板における SAW 特性

基板	音速 (m/s)	k_s^2	周波数変化 (ppm/℃)
ST-X quartz	3158	0.0014	0.9
La$_3$Ga$_5$SiO$_{14}$ (12°, 152.7°, 37°)	2835	0.0046	1.55
Li$_2$B$_4$O$_7$ (110°, 90°, 90°)	3480	0.01	6.8
ZnO/IDT/quartz (27°Y-X) (参考)	2700	0.018	0.5
LiTaO$_3$ (X-112°Y)	3290	0.0064	18

5.4　その他

5.4.1　コンボルバ[38]

マッチドフィルタもコンボルバと同じ機能を有するが，そのコードは固定なのでここでは説明を省く。図33 (a) (b) に示すように代表的なコンボルバにはエラスティックコンボルバとモノリシックコンボルバがある。エラスティックコンボルバは LiNbO$_3$ 基板の非線形性を利用し，モノリシックコンボルバは半導体の容量の非線形性を利用している。エラスティックコンボルバはモノリシックコンボルバに比べると出力効率が悪く入力に大電力を必要とする。図33に示すように，SAW を励振させる 2 つの入力 IDT 電極があるが，それぞれに信号 $g(\tau)$ と $f(\tau)$ を入力させると，ともに SAW が基板の中央方向に伝搬し，これらが重なっているときに基板の非線形性により 2 つの信号がかけあわされる。そしてこれらの誘起された乗算信号を中央の金属電極ですべて (積分して) 取り出すことでコンボリューション信号 $F(t) = \int g(\tau) \cdot f(t-\tau) d\tau$ を得ることができる。具体的には図34に示すスペクトラム通信方式において，受信した信号に含まれる PN コードと受信側で発生させた PN コードが一致したときだけコンボルバの出力として取

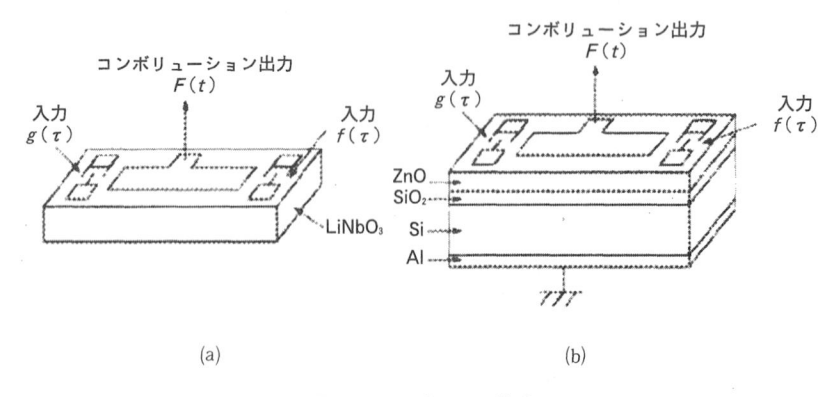

図33　コンボルバの構造
(a)エラスティックコンボルバ，(b)モノリシックコンボルバ

第7章 種々のデバイス

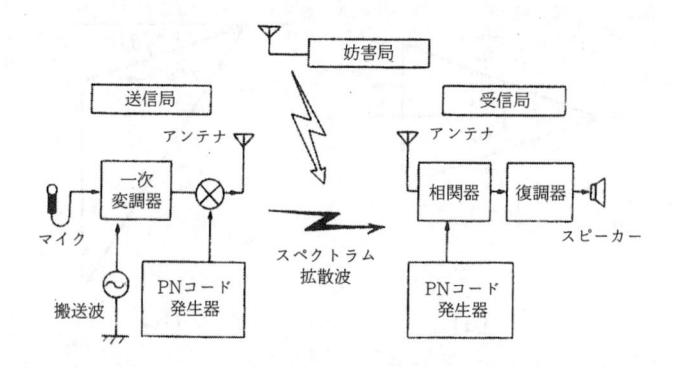

図34 スペクトラム拡散通信の送受信システム構成

り出される。そのためこのシステムは秘話性が高いという特徴をもつ。さらにこのスペクトラム通信方式は，干渉や，妨害にも強い。コンボルバの応用例として，生産ライン，無人倉庫などの雑音の多い工場や，スーパーマーケットでの販売時点情報管理システム等の無線通信がある。このコンボルバはサイズが大きいのが欠点である。

5.4.2 音響光学素子[39]

　音響光学偏向素子は光導波とSAW励振用IDT電極が同じ基板上で形成されている。大きな光弾性定数をもつLiNbO$_3$基板のみに構成する場合と，溶融水晶やサファイア等の基板上に透明なZnO膜が成膜された構成等がある。後者の基本構成は図35のようになり，光導波路の一部分にSAWを励振するIDT電極が設けられている。SAWの伝搬に伴って，光導波路中には波長の間隔で変化する屈折率の格子状縞が，またその表面には凹凸の皺が格子状に生じる。したがって回折格子の原理により光は以下に示す条件下で，SAWによって強く回折されることになる。数MHzから数十MHzの周波数領域で起こる回折現象はラマンナス回折であるが，100 MHz以上

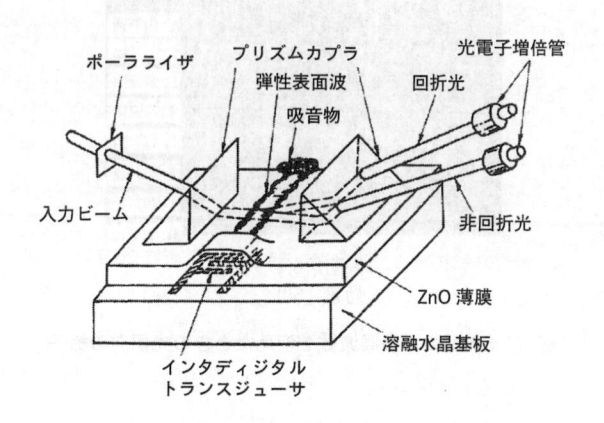

図35 ZnO薄膜/溶解石英構成の表面音響光学素子

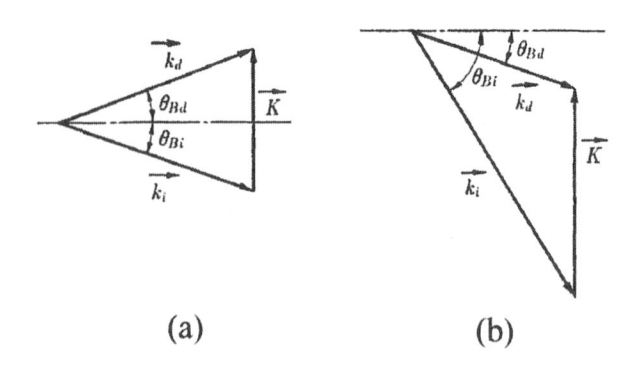

図36 ブラッグ回折の様子
(a)同一モード間回折，(b)モード変換回折

のSAWによる回折現象はブラッグ回折である。ZnO膜中の光の波数ベクトルをk_i，回折される光の波数ベクトルをk_d，SAWの波数ベクトルをKとすると，運動量保存則は

$$k_d = k_i \pm K$$

となり，図36(a)(b)の入射光k_iはブラッグ回折によりk_dの方向に偏向される。図36(a)が同一モード回折であり，(b)がモード変換回折である。図37に示すようにSAWの励振周波数を0.9GHzから1.6GHzまで可変することにより偏向される光の角度が変化し，6.1°の偏向角が得られている。この音響光学偏向素子は電気信号で偏向角度が可変できるためレーザープリンタの高速印字用に有効であり，レーザープリンタのポリゴンミラーの代わりとして検討されたが[40]，回折効率が悪く，実用化に至らなかった。

光偏向の様子

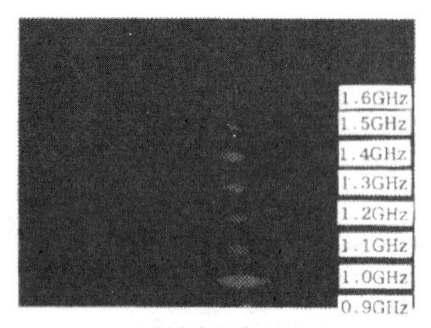

偏向角6.1°
効率 50%

図37 SAWの励振周波数を変えたときの光偏向の様子

6 おわりに

　長い間，大型のZnO単結晶が育成できなかったが，その間にZnO薄膜を用いたデバイスの実用化や，ZnO単結晶より大きな電気機械結合係数をもつLiNbO₃やLiTaO₃単結晶も開発実用化された．近年，ZnO大型単結晶の報告があるが，このZnO大型単結晶を圧電デバイス用として見たとき，水晶，ZnO膜/非圧電基板，LiNbO₃単結晶，LiTaO₃単結晶に比べ，特徴を出すのが難しい．しかし，ZnO膜と基板との組み合わせでは単結晶に比べ，さまざまな特徴が出せるので，今後も，圧電デバイス用ZnOに関しては，ZnO薄膜と基板とを組み合わせた研究が中心となるものと考える．

文　献

1) 村田製作所製品情報，http://163.50.148.95:8080/Ceramy/CatsearchAction.do
2) N.F. Foster, *IEEE, Trans.*, **Su-11**, 63 (1964)
3) A. R. Hutson *et al.*, *Phys. Rev. Lett.*, **7**, 237 (1961)
4) S. Wanuga *et al.*, Proc. IEEE Ultrasonics Symp., Boston, MA,I-6 (1965)
5) N.F. Foster *et al.*, *Appl. Phys. Lett.*, **8**, 221 (1966)
6) J. Kushibiki *et al.*, Proc. IEEE Ultrason. Symp., p.817 (1987)
7) 門田道雄，特許第3449013号（1995.2.21出願）
8) M.Kadota *et al.*, *Jpn. Jour. Appl. Phys.*, **41**, Part1, 5B, 3281 (2002)
9) 藤島　啓ほか，第8回EMシンポジウム，P.67 (1979)
10) S. Fujishima *et al.*, *Jpn. Appl. Phys.*, **24**, 133 (1985)
11) 中村僖良ほか，日本音響学会講演論文集，p.127 (1980)
12) T. W. Grudkowski, *Appl. Phys. Lett.*, **37**, 993 (1980)
13) K. M. Lakin *et al.*, *Appl. Phys. Lett.*, **38**, 125 (1981)
14) G. S. Kino *et al.*, *J.Appl.Phys.*, **44**(4), 1480 (1973)
15) 門田道雄，東北大学博士論文 (1994)
16) 門田道雄ほか，第41回大河内賞受賞報告書，p.45 (1995)
17) J. Koike *et al.*, *Jpn. J. Appl. Phys.*, **32**, 5B, 2337 (1993)
18) H. Ieki *et al.*, IEEE Ultrason. Symp., p281 (1999)
19) M. Kadota *et al.*, *IEEE Trans. UFFC*, **51**(4), 464 (2004)
20) T. Mitsuyu *et al.*, *J. Appl. Phys.*, **51**, 2464 (1980)
21) K. Nakamura *et al.*, *Jpn. J. Appl. Phys.* **39**, L534 (2000)
22) 門田道雄ほか，信学技報，US2005-121, p.47 (2006)

23) 皆方　誠, 東北大学博士論文（1974）
24) N. S. Foster, *Jour. Vac. Sci. Tech.*, **6**, 111（1969）
25) S. V. Krishnaswamy *et al.*, Proc. IEEE Symp., p.531（1983）
26) R. H. Wittstruck *et al.*, *IEEE Trans. UFFC*, **50**(10), 1272（2003）
27) K. Nakamura *et al.*, *Electron. Lett.*, **19**, 521（1983）
28) H. Sato, *et al.*, Proc. IEEE Ultrason. Symp., p.1091（1998）
29) J. D. Larson III *et al.*, Proc. IEEE Ultrason. Symp., p.813（2001）
30) R. Ruby *et al. Electronics Lett.*, **35**(10), 794（1999）
31) K. M. Lakin, Proc. IEEE Ultrason. Symp. p.895（1999）
32) H. Kobayashi *et al.*, *Jpn. J. Appl. Phys.* **41**, 3455（2002）
33) 門田道雄, 応物学会結晶工学分科会第109回研テキスト, p53（1998）
34) M.Kadota, *Jpn. J. Appl. Phys.*, **36**(5B), 3076（1997）
35) 門田道雄, 信学会論文誌C-I, **J82-C-I**(12), 706（1999）
36) 門田道雄, 電気学会, 電子回路技術, 第26回 EMシンポジウム, p.83（1997）
37) 家木英治ほか, 第6回音響学会技術開発賞（1998）
38) 坪内和夫ほか, 固体物理, **25**(3), 346（1990）
39) 弾性表面波光学, コロナ社, 東京, p.132（1983）
40) 羽島正美ほか, 信学技報, US92-51, p.1（1992）

第8章 ZnOナノクリスタル

李 常賢*

1 序論

　最近ナノ物質に対する様々な研究がなされている。その目的はナノサイズの物質を利用してデバイスの微細化と量子効果，広い比表面積による物理と化学的に独特な物性のためである。特に，半導体ナノクリスタルは機能性ナノデバイスを作るための成長方法，配列方法及びデバイスの製作までのたゆまぬ努力がなされている。機能性ナノデバイスの応用への可能性はナノサイズの発光ダイオード（Light emitting diode），電界効果トランジスター（field effect transistor），単一電子トランジスター（single electron transistor），電界放出デバイス（field emitter device）など多様な広がりを持っていることが研究結果から証明されている。

　ZnOはバルク研究で立証されている直接遷移型ワイドバンドギャップ（3.32eV）半導体であることに加え，圧電特性及び酸化物であることによる表面反応性などの物性によって多くの関心を持たれている。また，ZnOはナノサイズによる広い比表面積と酸化物の表面反応性を通じて太陽電池，ガス及びバイオセンサーの効率的な物質として提示されている。最近数年の間，複合的な機能を持ったZnOナノクリスタルをデバイスに利用するためにナノドット，ナノワイヤ，ナノリボン，ナノリング，ナノチューブなど様々な形状の合成方法及び形象に対する数多くの研究と結果が報告された。本章ではZnOナノクリスタル，特に1次元形状のナノ構造の多様な合成方法から配列方法，ドーピングなどの特性調節，機能性デバイスの製作及び特性分析に関する全般的な研究動向を扱うものとする。

2 ZnOナノクリスタルの成長と配列

2.1 ZnOナノクリスタルの成長

　ナノクリスタルは多様な方法で成長することができ，成長方法によって形態と特性が変化する。このような関係からZnOナノクリスタルの基本的物性把握をすることにより，これらのデバイスへの応用が可能である。低次元形態のナノドット[1]，ナノワイヤ[2]，ナノリボン[3]，ナノリン

---

*　Lee Sang Hyun　東北大学　学際科学国際高等研究センター　八百研究室

グ[4]，ナノチューブ[5]などZnOナノクリスタルは高温での気相-固相（Vapor-Solid），金属触媒を利用した気相-液相-固相（Vapor-Liquid-Solid），テンプレートを利用した方法と低温での液相方法によって成長された。温度，圧力，基板，ドーピング物質などの成長条件によって形態と成長方向の調節が変化し，これらの要素は物質の特性に影響を及ぼす。

ZnOナノクリスタルの代表的な成長方法としては触媒を利用した気相伝達凝縮方法（Vapor phase transport and condensation method）が挙げられる。ZnOナノワイヤはZnOとgraphite粉末を原料とし，Auコロイドまたは薄膜を触媒として用い900℃以上の高温で気相-液相-固相（vapor-liquid-solid，VLS）成長メカニズムによってAu粒子でのZnとOの拡散と結合によって形成される。用いる触媒のサイズの調節と触媒が作用する基板の種類によってナノワイヤの大きさと方向の制御ができる。Peidong Yang[6]のグループはa-Al_2O_3を利用して垂直方向へのZnOナノワイヤの成長が可能だと報告した。

基板の種類によるナノワイヤの成長方向性の違いを図1に示す。Si基板の場合ZnOとの間において格子定数の大きな差によって成長方向が単一ではなくなる。また，サファイアの場合には基板と決まった方向で成長する。ZnOと格子定数が近いAlN基板（4.5％）または金属bufferを使った場合には垂直形態のZnOナノワイヤが形成される。

基板上での直接成長ではない粉末形態のワイヤ，リボン模様のナノクリスタルは1300度以上の高温でZnO粉末の分解を利用して成長できる。

熱蒸発方法は高温成長方法と類似した方法でソースとしてZn金属を使い500℃ぐらいの低い成長温度で合成する。気相のZnとOの反応で触媒を用いず，Znの自己触媒化によって形成され，その成長条件によって多様な形態のナノクリスタルの成長が可能である。

気相凝縮伝達方法に比べてMOCVD，MOVPEとMBEを利用した方法は成長速度とドーピングなどの微細な制御が可能で異種接合形態のナノクリスタルの合成が容易である。また成長温度が気相凝縮方法に比べて低い400〜600度ぐらいで触媒を使用せずに合成することが可能だという利点がある。

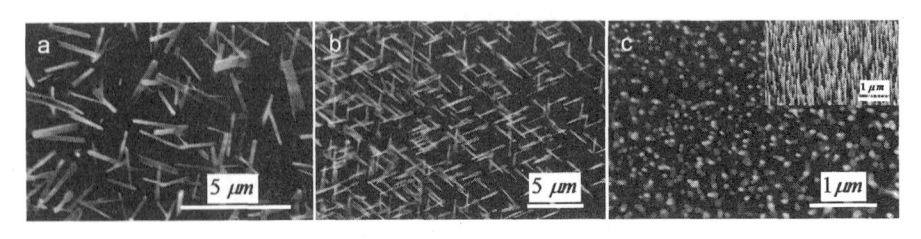

図1 基板の種類によるZnOナノワイヤの成長方向に対するSEMイメージ
(a) Si, (b) Al_2O_3, (c) 金属 buffer/Al_2O_3

第8章 ZnO ナノクリスタル

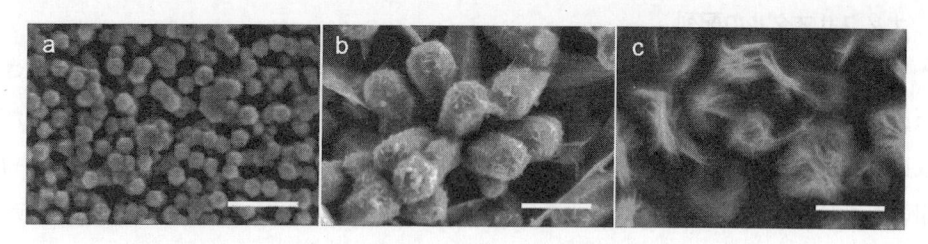

図2 溶液方法に合成された多様な ZnO ナノクリスタル。スケールは 1 μm

　前で言及したような成長方法は 500 ℃ 以上の成長温度を要する。したがって，成長方法の条件からくる，基板選択の限界性などの制約が生じる。最近このような制約を克服するために液相方法による ZnO ナノクリスタルの研究結果がなされている。100 ℃ 以下の低温での液相方法は 1 次元のドットから 3 次元形態の多様な模様の合成と 2 インチ以上の基板などの広範囲な領域で ZnO ナノクリスタルの成長が可能である。図 2 に液体で成長された ZnO ナノクリスタルの多様な模様を示す。

2.2 ZnO ナノクリスタルの異種構造とドーピング

　ZnO ナノクリスタルの異種接合やドーピングは光学及び電子デバイスを製作するために重要なプロセスである。現在 ZnO-金属，半導体アイソレーター等異種接合のための多様な試みがなされていることに加え，遷移金属等を利用したドーピングを通じて電気伝導性の向上及び磁性デバイスとして活用するための研究が進行している。ZnO ナノクリスタルの異種接合またはドーピングには熱蒸着法や MOCVD，MOVPE，インプランテーション法などを利用する。熱蒸発法としては，具体的には SnO_2 を ZnO 粉末と一緒に蒸発させる方法がある。この時 Sn を触媒として作用させるとナノリボンにナノワイヤを接合させ独特な構造を形成させることが可能である。また，ドーピングによっても形態的に変化する[7]。

　ZnO ナノ構造は他のナノ物質の成長のために使うこともできる。他の物質に比べて ZnO ナノ構造は成長し易く加工し易い。ZnO ナノロッドを成長したテンプレートを用い，その上に GaN または Al_2O_3 膜を形成した後，ZnO をエッチングによって除去し，ナノチューブ形態の GaN[8] または Al_2O_3[9] を成長させることも可能である。

　ZnO 異種構造形態は MOVPE を利用して ZnO ナノロッド形態の上に ZnO/MgZnO の形態の超格子構造として扇形異種接合構造またはコア-シェル形態の構造で量子効果を具現[10]した。またカーボンナノチューブ（Carbon nanotube）との接合を通じて新しい電子デバイスまたはセンサーデバイスとしての応用可能性が提示[11]された。

2.3 ナノクリスタルの配列

ナノ構造の配列はデバイスを作るための重要なプロセスの中の一つである。今まで研究されてきたナノ物質の配列技術は，ZnOナノ構造の触媒のパターニングのような前処理を通じた選択的成長方法と成長後にナノクリスタルを配する方法の二つで区分することができる。固相-液相-気相の合成方法によるナノクリスタルの配列方法としてはフォトリソグラフィーを利用した触媒金属のパターンまたはマスクのパターンを利用した選択的な成長[12]，PS（Polystylene)[13]，AAO（anodic aluminum oxide）などのテンプレートを利用した方法[14]，マイクロ流路を利用した選択的シド形成方法[15]などが挙げられる。広い領域のパターン方法以外にも微細パターンを形成するためのナノ-ペン[16]を利用した合成方法も導入されている。

成長したナノワイヤを有機溶媒に分散させた後マイクロ電流を通す配列方法[17]やLangmuir-blodgett方法[18]を利用して広い面積に配列させる方法も提示されている。

3 ZnOナノクリスタルの特性

3.1 構造的及び形態的特性

ZnOは非対称性と極性表面を持ったウルツァイト構造である。ZnOの持つ特性は光電，光，圧電デバイスとして応用するためには重要である。ZnOのナノ構造の成長方向は表面エネルギーを考慮すると［0001]，［10$\bar{1}$0]と［2$\bar{1}\bar{1}$0]方向に成長可能であり，これらは成長条件によって選択することができる。［0001]の成長方向を持っているZnOナノワイヤはa-Al$_2$O$_3$基板上に触媒を利用して成長[6]することができ，また（0001）面で成長したナノワイヤの端面は自然に形成された反射鏡の役目をし，これはレーザーデバイスへの応用が可能である。［10$\bar{1}$0]の成長方向と（2$\bar{1}\bar{1}$0）の両面で成り立った極性構造を持ったベルト[4]，またはスプリング[19]形態のZnOナノ構造はナノスケールのセンサーや変換機で共鳴器などへの可能性が提示された。図3にリボン形態のZnOのポーラー表面で非対称なナノ形象[20]を示している。実験的結果から一般的な形象でZn原子で終端されているZnO（0001）面は化学的に活性であるがO原子で終端されているZnO（000$\bar{1}$）面は比較的反応性が低い。前者のZnO（0001）面にはZn自体の触媒化によって長くて広い形態のカンチレバー配列が形成される。一般的に，不活性であると言われるZnO（000$\bar{1}$）面ではあまり成長しないが成長条件によっては短くて薄い形態のカンチレバー配列が形成される。

3.2 光学特性

ナノ構造の光学特性は結晶サイズによる量子効果，比表面積の増加による表面反応によって，

第 8 章　ZnO ナノクリスタル

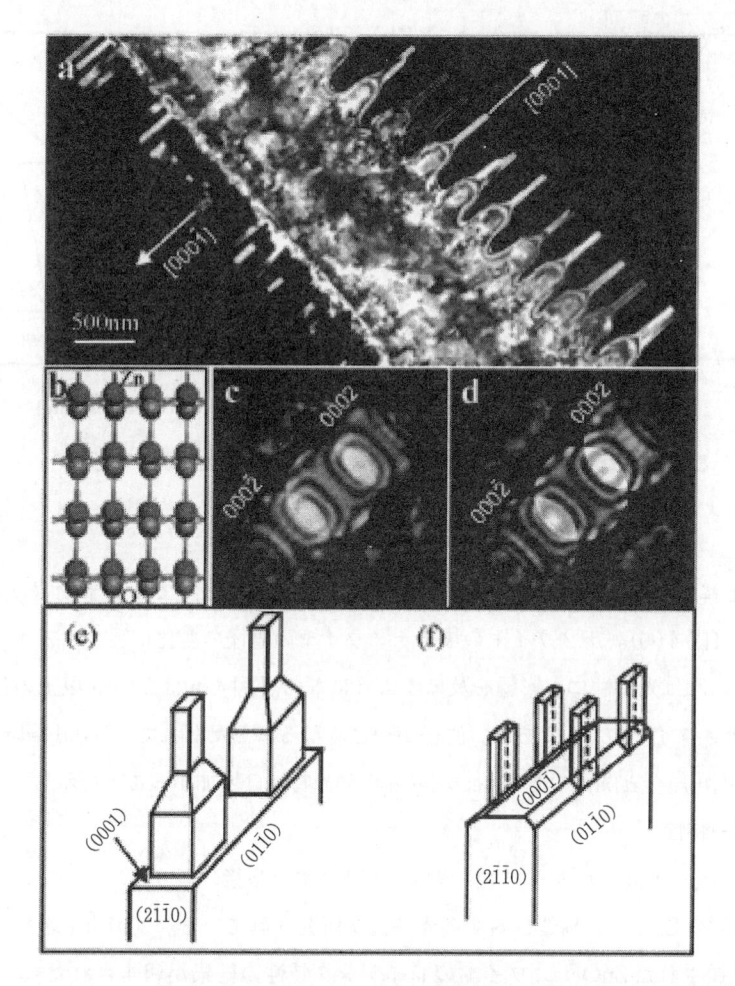

**図 3　[21̄1̄0] 方向に成長された ZnO で両極性によって形成された
クシ (comb) 形態の ZnO ナノ構造の TEM 分析結果**

(a)暗視野 TEM イメージ，(b)[011̄0] で投影した ZnO の構造的モデル，(c)リボンからの CBED (conversion beam electron diffraction) パターン，(d)シミュレーション結果，(e), (f)(0001) と (0001̄) 面でのナノチップ (nanotip) とナノ指 (nanofinger) の成長模型[20]。

deep-level の変化及び形態的要因によって変化する。ナノ構造での異種接合及びドーピングなどを試みた微細構造デバイスでの光学的特性も研究されている。

3.2.1　サイズによる光学特性の変化

　サイズが小さくなるにしたがって量子効果が顕著に現れるようになる。また，表面積が大きくなることによって ZnO ナノクリスタルの光学的特性が変化する。液相方法によって形成された ZnO ナノクリスタルのサイズによる光学的特性が分析[21]された。その結果として粒子の大きさが

ZnO系の最新技術と応用

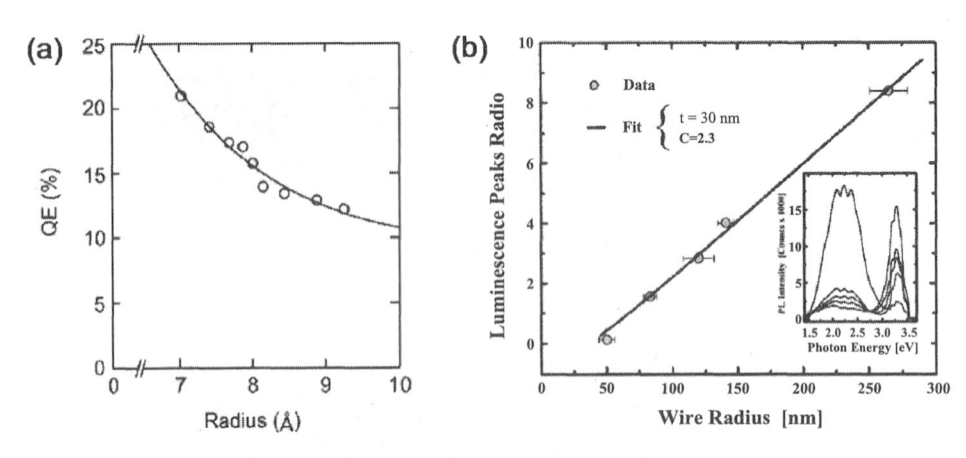

図4 (a) ZnO粒子直径による室温でのルミネセンス量子効率の変化[21]
(b) ナノワイヤ直径による発光のピーク比の変化[22]

7Åから10Åになるにしたがって可視領域（Visible emission）での量子効率は20％から12％へ減少した（図4(a)）。ナノワイヤの場合ナノワイヤの直径の変化は長さに対する比表面積の増加を伴い，これは光特性にも影響を及ぼすようになる。図4(b)は30 nm以上の色々な直径を持ったZnOナノワイヤのPLである。直径が小さくなるにしたがって，Band-edgeからの発光は減少し，表面再結合と関係のあるdeep levelの発光特性は増加することを示している[22]。

3.2.2 レーザー特性

1次元形態のナノワイヤのレイジング特性が報告された以後，ロッド，リボン，テトラポッドなど多様な形態のZnOナノ構造に対する光特性が研究されている。2001年に初めてAl_2O_3基板上に垂直に成長されたZnOナノワイヤのレイジング特性の結果が報告された[6]。室温でNd：YAG laser（266 nm，3ns pulse width）を使った光学的ポンピングによって観察され，閾値電圧以上で（～40 kW/cm^2，Threshold voltage），0.3 nm以下の半値幅を持ったピークが365 nmの位置で表われた。それ以来レイジング特性に対する多様な研究が進行している。

ナノリボンの長さに対する光学的特性の変化[23]を図5に示す。ナノリボンの場合高いマイクロ共振の特性が見られるが，FIB（focused ion beam）を利用したエッチングを用い長さを調節するとレイジングのしきい電圧の変化が生じ，この値は長さに対して反比例する。この結果は既存のZnO粒子，または膜の結果に比べて非常に優秀な結果であり，これはZnOの光学的特性が1次元ナノ形象によって微細サイズのレーザーデバイスの材料として最適化されたと考えられる。このようなZnOナノ構造のレーザー特性は光学通信，情報保存，微細分析デバイスなどの多様な分野に応用できることが期待される。

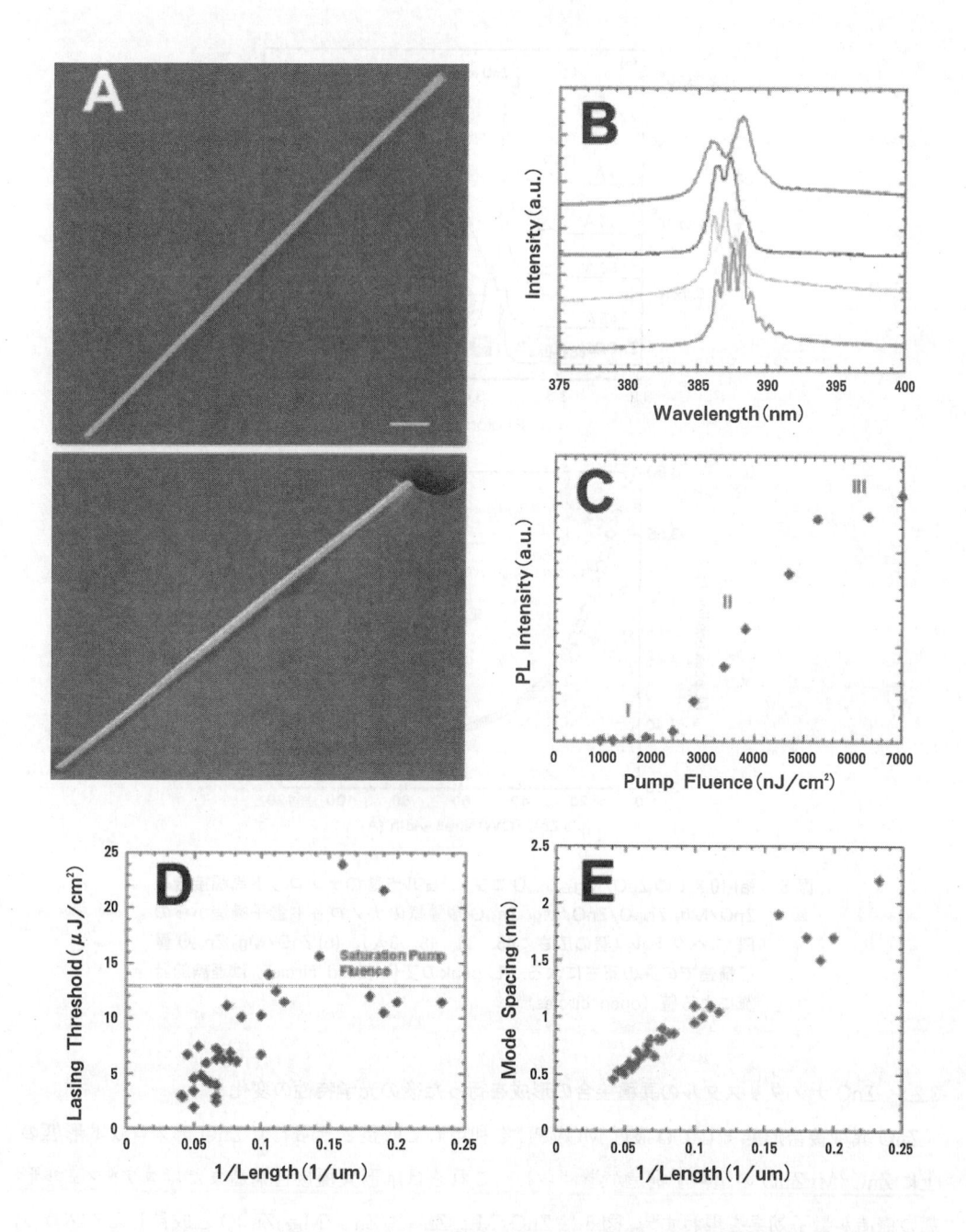

図5 (A) FIB（30秒，30kV の Ga イオン）による長さの調節をする前と後のナノリボンの SEM イメージ。スケールバーは 2 μm。(B) 単一のナノリボンでの他の長さ（上から長さは 18, 13, 10, 4.5μm）でのレージング スペクトル。(C) 光学ポンピング強度による積分強度の変化，長さによる (D) レージング閾値と (E) モード間隔の変化[23]

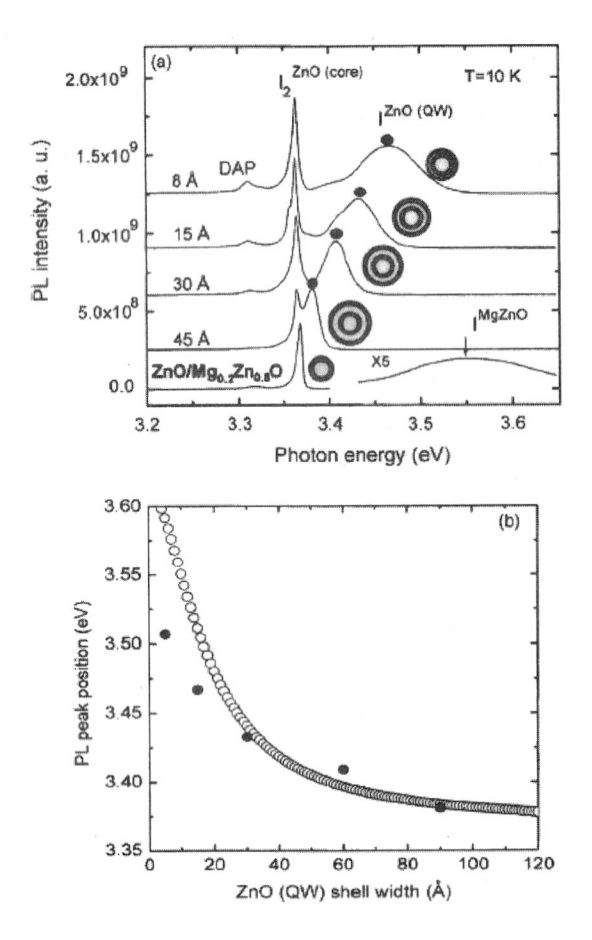

図6 (a) 10 K での ZnO/Mg$_{0.2}$Zn$_{0.8}$O コア-シェル形態のナノロッド異種接合と ZnO/Mg$_{0.2}$Zn$_{0.8}$O/ZnO/Mg$_{0.2}$Zn$_{0.8}$O 多重壁のナノロッド量子構造からの PL スペクトル（壁の広さ：45, 30, 15, 8 Å），(b) ZnO/Mg$_{0.2}$Zn$_{0.8}$O 量子構造での井の深さによる PL peak の変化（solid circles）は理論的計算による値（open circles）[10]。

3.2.3 ZnO ナノクリスタルの異種接合の形成を行った後の光学特性の変化

ZnO 異種接合形態としては最近 MOVPE を利用して成長させられた ZnO ナノロッド形態の上に ZnO/MgZnO の超格子構造が挙げられ，これらは扇形異種接合構造またはコア-シェル形態の構造が量子効果を現わす[10]。図6は ZnO/Mg$_{0.2}$Zn$_{0.8}$O/ZnO/Mg$_{0.2}$Zn$_{0.8}$O と成長したナノロッドの多重井戸構造で中間 ZnO 壁の厚さを変化させたときのバンドギャップの変化を示す。厚さが増加するにつれて量子制限効果によってピーク位置が移動する。

第8章 ZnOナノクリスタル

3.3 電気的特性

一般的に単一ZnOナノクリスタルの電気的特性は基板の上に分散されたZnOナノクリスタルの両端にソースとドレインを形成した後にゲート電圧を印加し評価を行う。このような特性はZnOナノクリスタルを利用したFET構造の多様な応用に対して重要である。応用に対する部分は4節で扱う。

3.3.1 伝導性

ZnOナノ構造，特に1次元形態の構造に対する電気的特性はFETとsensorなどの応用のために多くの研究がなされている。1次元形態のZnOナノ構造はオーミックまたはショットキー接合を通じて評価されており，測定雰囲気（ガス，温度，光）ドーピングなどによって特性の変化が持てる。

伝導性向上のためにZnOナノクリスタルのNi，Alなどのドーピングに関する研究も行われている。ZhongグループはMEVVA (metal vapor vacuum arc) イオンソースドーピング技術を利用し合成されたZnOナノワイヤに約6原子％Niをドーピング[24]した。図7はアンドープZnOナノワイヤとNiをドーピングしたナノワイヤの電気的特性を示す。ナノワイヤの印加電圧させる時，-1Vで1V電流は-3から3nAまで線形に変化し，その時の抵抗は390Ωcmであった。同じ条件でNiをドーピングした場合には-75から75nAまで電流が変化したときの抵抗は12Ωcmであり，ドーピングしていないサンプルに比べて約30倍の伝導性向上を示した。このような伝導性の向上は3価のNi3＋カチオンが正孔キャリアとして寄与したことが原因と考えられる。

3.3.2 電界放出特性

1次元ナノ構造の代表的な特徴の一つは大きいアスペクト比を持つことで，この特性から電界放出特性の向上を実現することができる。ナノ構造の電界放出特性はカーボンナノチューブのす

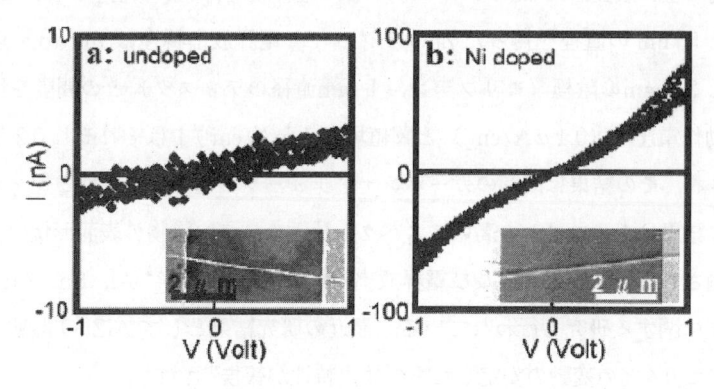

図7 アンドープZnOナノワイヤとNiをドーピングしたナノワイヤのI-V特性[24]

表1　ZnOナノロッドのアレイからの電界放出特性と表面形状の特性

Morphology	r (nm)	Turn-on field (V/μm)	Threshold field (V/μm)	β	β_{single}	Density (/cm^2)	s	η
Nanoneedle	50	2.4	6.5	1464	9201	1.3×10^7	0.159	2.75%
Nanocavity	120	4.1	11.6	1035	3834	1.1×10^7	0.270	0.47%
Bottlelike	175	4.6	—	809	2629	5.8×10^6	0.307	0.41%

r：平均直径，β：F-N の plot からの field enhancement factor，β_{single}：Filip モデルからの単一エミッション field enhancement factor，密度：SEM イメージからのナノロッドの密度[25]

ぐれた電界放出特性によって多くの関心を集めるようになり，多様な材料と形態の電界放出特性が評価された。ZnO は多様な合成方法と加工性を持っており，また酸化物の安全性，長い寿命，高い効率が期待される。

表1は10^{-7}Pa の真空で測定された異なる形象の ZnO ナノ構造からの電界放出特性を示す。動作電圧フィールドと閾値電界（1mA/cm^2 での電場）が ZnO ナノ構造の直径によって減少することが分かる[26]。

そして I-V の結果（J/E^2 vs $1/E$）から Folwer-Nordheim 式（Eq.1）利用して β，放出場所の密度及び地形的効率（η）を計算することができる。

$$J = \eta a \left(\frac{\beta^2 E}{\phi}\right)\exp\left(\frac{-b\phi^{3/2}}{\beta E}\right) \qquad (1)$$

$a = 1.54\times10^{-6} A/V^2 eV, b = 6.83\times10^9 V/meV^{3/2}$, and ϕ は仕事関数（work function, 5.3 eV）にあたる。結果値打ちから β 打ちと放出効率がエミッションの模様と密接な関係があり小さな直径であればあるほど電界放出が良いことが分かる。

カーボン織物の上に成長した ZnO ナノワイヤでの電界放出特性が報告[26]された（図8）。5～10μm の長さと 50 nm の直径を持った ZnO ナノワイヤ電界放出特性は 10^{-6} torr 以下の真空でカーボン織物と 2.5 mm の陰極（モリブデン，5 mm 直径のディスク）との間隔を置いて測定された。ここで動作電圧場（0.1μA/cm^2）と閾値場（1mA/cm^2）1 はそれぞれ 0.2 と 0.7 V/μm において測定され，その結果は既存のカーボンナノチューブの電界放出特性と比べることができる。このような結果はナノワイヤの高いアスペクト比とカーボン織物の表面形状の要因によることであると推測される。また伝導性及び電界放出特性を高めるために Al，Sn，Mn，Ga，In などのドーピングに関する研究も行われている。最近の研究結果として AlZnO 形態のナノワイヤの成長によって±0.4％の変動の安定した電界放出特性が報告[27]された。

第8章 ZnO ナノクリスタル

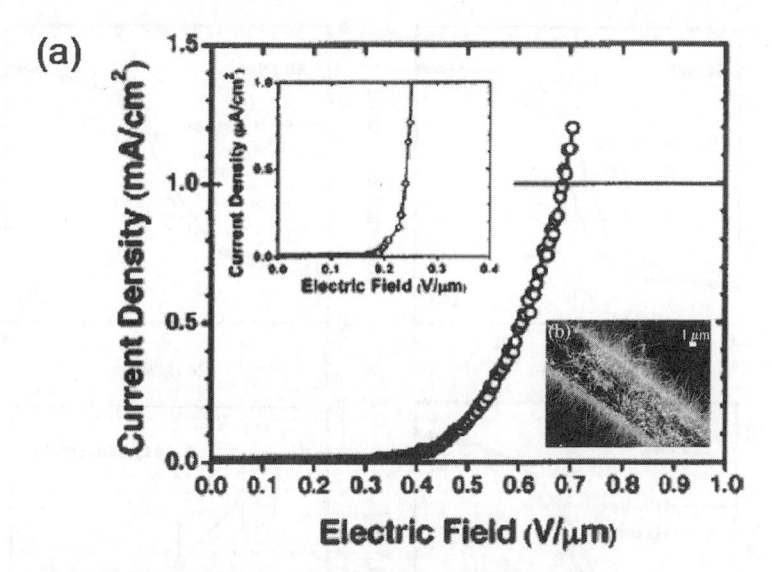

図8 (a) カーボン織物の上に成長された ZnO ナノワイヤの電界放出特性
0.7 V/μm で 1 mA/cm² の電流，インセットグラフでは 0.2 V/μm で 0.1 μA/cm² 電流を示す。
(b) カーボン布の上に成長された ZnO ナノワイヤの SEM イメージ[26]

3.3.3 磁気的特性

最近，化合物半導体の Fe，Co，Ni，Mn などの遷移金属をドーピングした II-IV 化合物半導体を利用した強磁性，スピン-グラスと反磁性のような磁気的特性に関心がもたれている。ZnO ナノ結晶においてもドーピングまたは移植などの方法を利用したナノサイズ効果と磁気的特性の結合に対する研究が進行している。

MOVPE の方法を利用して垂直に形成されたが ZnO ナノロッドのアレイ上に Ni 金属を蒸着した異種接合構造で Ni の膜厚による磁気的特性が分析された。Ni の膜厚さが 10～40 nm と増加するに従い残留磁気比と磁気強制フィールドが 7 から 10％，10 Oe から 110 Oe の範囲で増加した。このような磁気特性の変化は膜厚が増加することによる表面と高さの比（S/V）の減少によるものと考えられる。磁気特性は表面領域で有効磁気モーメント（effective magnetic moment）の減少が起きる[28]。

Zn と MnCl₂ によって合成された $Zn_{1-x}Mn_xO$ ナノワイヤの磁気特性を評価した。Mn 最大ドーピングの量が 13％である時，500 Oe 磁場下での温度変化による磁性の分析を行うと（M-T）約 37 K のキュリー温度を得た[29]。また，CVD を利用した $Zn_{1-x}Co_xO$ ナノロッド 300 K での 0.22±0.01 μ_B/Co site の飽和磁性（M_S）と 350 K 以上のキュリー温度の磁気特性を測定した[30]。

最近，電気蒸着（electrodeposition）を用いた，Co と Ni がドーピングされた ZnO ナノワイヤの室温での強磁性の異方性に関する研究が報告[31]された。図9は Co がドーピングされた ZnO

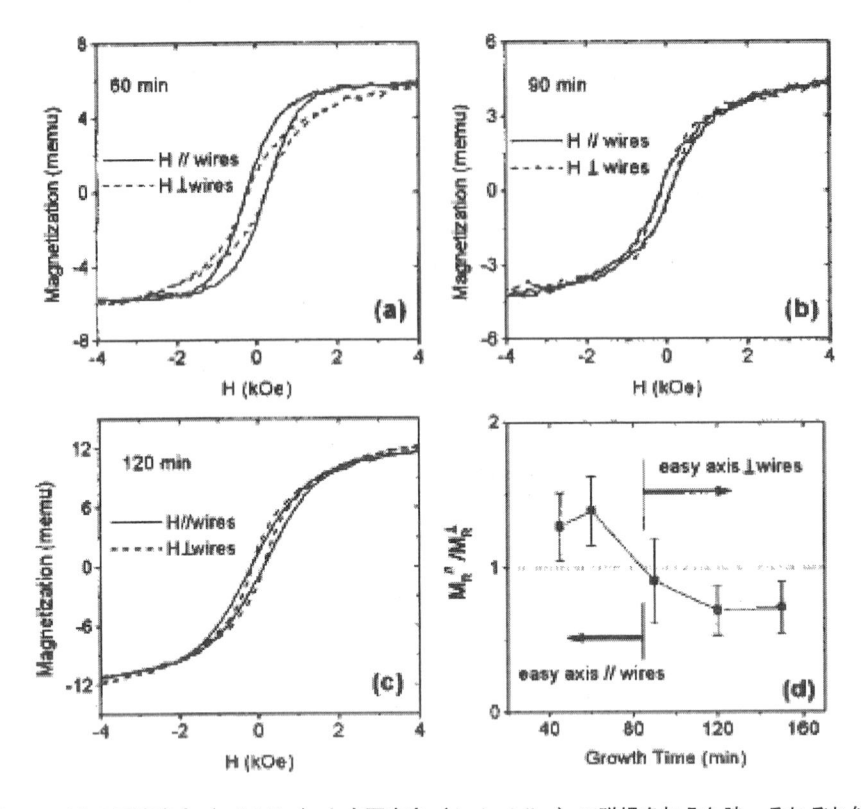

図9 ワイヤの垂直方向(solid line)と水平方向(dashed line)で磁場を加えた時,それぞれ他の成長時間に対する (a) 60, (b) 90, (c) 120 分のドーピング時間での ZnO ナノワイヤの磁性曲線。(d) 成長時間による $M^{\perp}_R / M^{\parallel}_R$ の比の変化[31]。

の成長時間とナノワイヤに印加された磁場の方向による磁性曲線を示す。図9(d)は $M^{\perp}_R$ (ワイヤの軸と水平方向)/ $M^{\parallel}_R$ (ワイヤの軸と垂直方向)の比が成長時間の増加によって1以下で減少することが示されている。このような現象は垂直方向配列されたナノワイヤを2次元配列であると仮定して,自己反磁性 (self demagnetization, magnetic easy axis とナノワイヤ軸が水平になるように誘導する成分) と静磁カップリング (magnetostatic, magnetic easy axis とナノワイヤ軸が垂直になるように誘導する) による関係を用いることで説明することができる。

垂直と水平成分での運動量差として定義される効果的な異方性磁場 (H_e) は

$$H_e = 2\pi M_S - \frac{6.3\pi M_S r^2 L}{D^3} \tag{2}$$

r, L, D はそれぞれ直径,長さとナノワイヤの分離を意味する。

長さと直径に対する成長速度をそれぞれ 1300, 63 nm/h, 密度を $5 \times 10^8 / cm^2$ して計算する場合,magnetic easy axis は 105 分の成長時間で水平から垂直に変化してこの結果は実験的結果

第8章 ZnOナノクリスタル

と近いことを示す。

3.3.4 圧電特性

圧電特性は化合物半導体として ZnO が持つ電気的, 機械的な特性として, マイクロ天秤 (Microbalance), スイッチング素子, SAW デバイスなどとしてさまざまな応用可能性がある。

PFM (Piezoresponse force microscopy) を利用して (0001) の上面と [2$\bar{1}\bar{1}$0] の成長方向をいろいろな方向を持たせたベルト形態の単一 ZnO ナノ構造に対する圧電特性が分析[32]された。図10 はバルク ZnO と x-cut quartz と比べたベルトの圧電特性を示す。ベルト模様の ZnO の有効圧電係数 d_{33} は周波数を 14.3 pm/V から 26.7 pm/V まで変化させ, この値はバルク ZnO の 9.93pm/V より大きい値を持つ。このような結果は表面チャージング効果と不完全な電気的接触と欠陥が少ない単結晶によるものである。

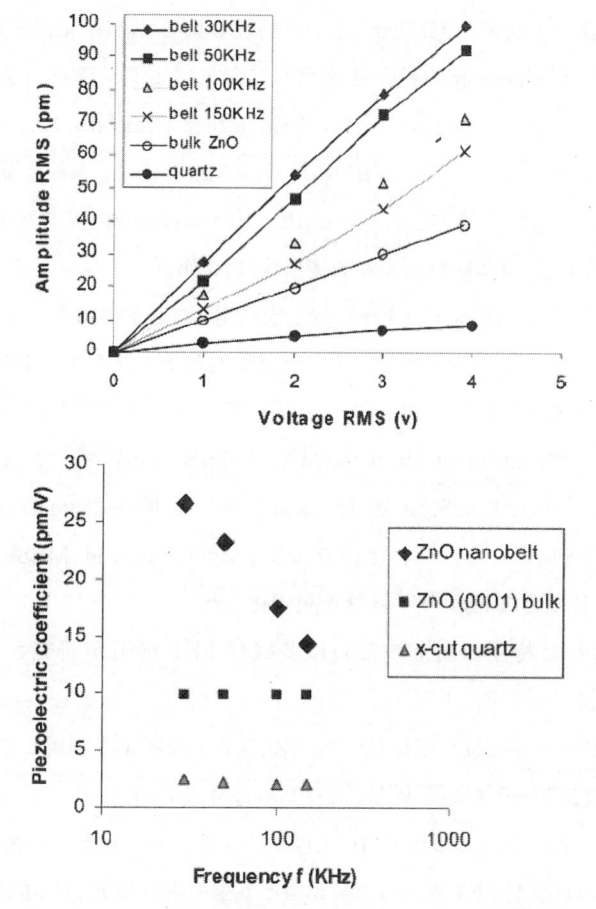

図10 ZnO ナノ-ベルト, バルク (0001) ZnO と x-cut quartz の圧電特性
(a)増幅された RMS と加えられた電圧は直線関係を表して直線の勾配から圧電係数を求めることができる。(b)周波数による圧電係数の変化[32]。

4 ZnOナノクリスタルの応用

4.1 電界効果トランジスター（FET）

最近，化合物半導体を利用したナノ構造を利用した電子デバイスとしての応用は既存のTop-down方式とは違いbottom-upの新しい方式を取り入れ，FETとSET（単一電子トランジスター，single electron transistor）などの微細デバイス及びそれらの性能の向上を高めようとする研究がなされている。

ZnOナノ構造を利用したFETの製作は1次元形態のナノワイヤとナノベルトを利用して具現化された。ZnOナノベルト（直径10～30nm）を利用したFETは，合成されたナノベルトが分散させた溶液をあらかじめ形成された電極（Au）/絶縁層（SiO_2, 120nm）/基板（p-Si）構造の上に落として形成する方式で製作[33]された。ナノベルトFETは−15Vのゲート閾値電圧，約100のスイッチング比と$1.25\times10^{-3}\Omega^{-1}cm^{-1}$という特性を見せた。G.-C. YiグループはMOVPE（metal-organic vapor-phase epitaxy）を利用して合成した20～100nm直径のZnOナノロッドを使ってMESFET（metal semiconductor field-effect transistor）とlogic gate deviceを作製[34]した。オーミックとショットキー接合のためにAu/TiとAu電極金属を利用した。ショットキーdiodeはバルク金属/半導体と似ている10^5～10^6の高い準バイアスと逆バイアス（I_f/I_r）の値を示した。MESFETは両端がオミック接合されたZnOナノロッドをソースとドレーンとして使用し，論理ゲートとしてショットキー接合を利用して作製された。トランスコンダクタンスの最大値は$2\mu S$で，ナノロッドで成り立った効率的なチャンネルを100nmに仮定して規準化したトランスコンダクタンスは$20\mu S/\mu m$に計算され，この値は既存のZnOナノロッドMOSFETより大きくて，state of the art GaAs（$36\mu S/\mu m$）またはGaN MESFET（23～$70\mu S/\mu m$）と近い。そしてsubthreshold swing（S）は100～200mV/decでGaAsを利用したMESFETの値と似ている。それだけではなくZnO nanorod MESFETを利用し，OR，AND，NOTとNORなどのlogicデバイスを具現化した。

ナノ構造を利用した特性の向上のために多様なFET構造が研究された。垂直型FET（Vertical Surround Gate Field-Effect transistor）はSiCの基板e-beam露光装置による触媒のパターンニングを行った後，成長した単一ZnOナノワイヤを利用して製作[16]された。ZnOナノワイヤのまわりにゲートの絶縁層として20nm厚さのSiO_2をPECVDを利用して蒸着した後CrをGate電極で使った。その後CMP工程とエッチングプロセスを利用して図11のような構造のn型とp型の垂直型FETを作った。n型とp型の垂直型FETの閾値電圧（V_{th}）はそれぞれ−3.5，0.25Vであり，On/Off電流の比（I_{ON}/I_{OFF}）は10^4，10^3以上と評価された。チャンネルにあたる一つのナノワイヤのトランスコンダクタンスはそれぞれ$|V_{th}|=1V$の時，50nS

第8章 ZnOナノクリスタル

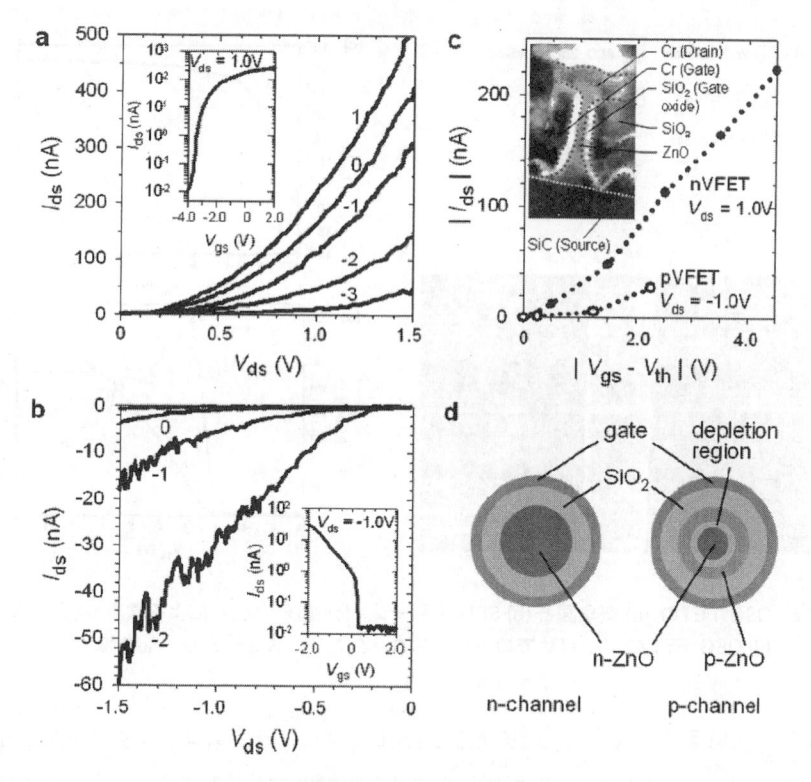

図11 ZnOナノワイヤを利用して形成されたn-，p-型垂直型FET
(a) 他のV_gs下でn型FETのI_ds-V_ds特性，インセットはV_ds=1Vでの転移特性を示している。
(b) 他のV_gs下でp型FETのI_ds-V_ds特性，インセットはV_ds=1Vでの転移特性を示している。
(c) 二つの垂直型FETに対する|I_ds|と|V_gs-V_th|。インセットは200nmのチャンネルの垂直型FETの断面。(d) n-型（左側）とp-型（右側）垂直型FETの右に出て見た断面の形状[16]。

と35nSである。そして効果的電子と正孔の移動度（effective electron and hole mobility）は $\mu_e = 0.53 cm^2/Vs$，$\mu_h = 0.23 cm^2/Vs$，subthreshold勾配はnとp型に対する170mV dec^{-1}は130mV/decで評価された。この値は既存のCNT-FET（p-型，130mV/dec）の結果と似ていてシリコンMOSFET（about～100mV/dec）よりは高い値である。

既存の露光装置プロセスではない基板との結晶方向によるナノワイヤの垂直成長を利用した垂直型FETの製作は，既存のMOSFETのcell sizeより少なくとも10％以下に最小化でき，高集積電子デバイスとしての利用可能性が提示された。

S. Kimグループは最近Omega shaped Gate ZnOナノワイヤFETを製作[35]した（図12）。110nmのZnOナノワイヤチャンネルを形成した後ALD（atomic layer deposition）と光露光装置プロセスを利用してチャンネルの周辺をAl_2O_3にコーティングしてゲート絶縁層を形成した。絶縁層が形成されたナノワイヤの表面積の約80％ををゲート金属で取り囲んだ形態のOSG-FET

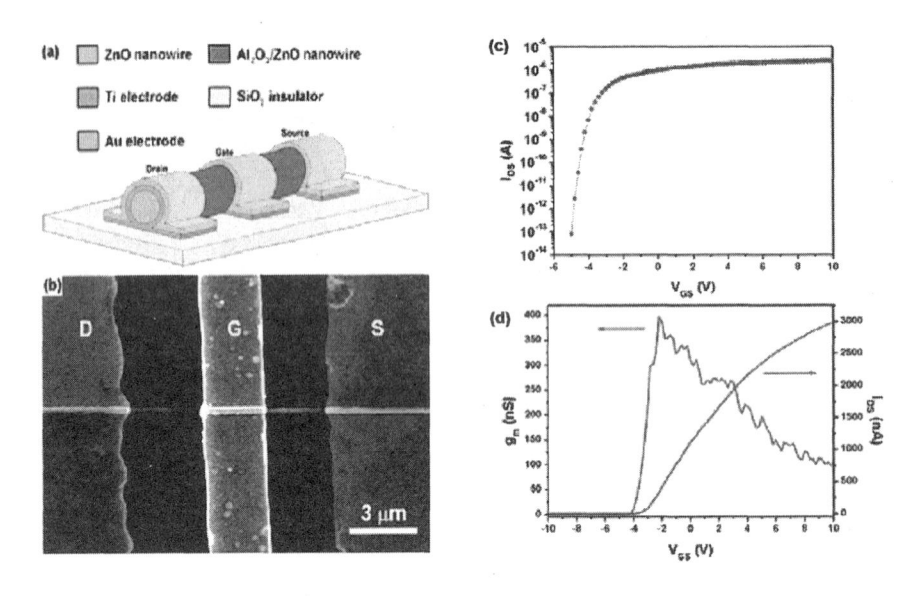

図12 OSG FETの (a) 概念図と (b) SEMイメージ。(c) 電圧（V_{GS}）による電流（I_{DS}）の変化，(d) OSG FET の $V_{DS}=1V$ でのトランスコンダクタンス曲線と I_{DS}-V_{GS} 曲線[35]。

は $30.2 cm^2 V^{-1}s^{-1}$ 移動度と $V_G=-2.2V$ で $0.4\mu S$ ピークのトランスコンダクタンスと 10^7 の I_{ON}/I_{OFF} で既存の back-gate 形態の FET に比べて特性が大幅に向上した。

FET の技術は電子デバイスの応用だけではなく光学及びガスセンサーにも応用できる可能性が提示された。

4.2　センサー（Sensor）

ZnO の UV 領域のバンドギャップ，電気伝導性，表面化学反応，圧電などは多様なセンサーの適用が可能である。ナノサイズの ZnO は微細センサーとサイズ効果による感度及び効率の増大が期待されている。

4.2.1　光検出器（photodetector）

単結晶またはゾル-ゲル形態で作った ZnO 膜の UV light による伝導性の変化に対して多く研究がなされるようになってきており，最近 UV light による ZnO ナノワイヤの伝導性の変化を利用した ZnO 光検出器及び，光学スイッチングデバイスの研究が行われている。単一 ZnO ナノワイヤ間に 4 個の電極を形成した後，暗い時と UV 光に露出した時の電気的特性の変化を測定[36]した。暗い時の抵抗値は $3.5 M\Omega cm$ であり，絶縁体の特性を現わすが，UV（UV lamp, $0.3 mW/cm^2$, 365 nm）に露出した場合の抵抗は約 $10^4 \sim 10^6$ ほど減少する。このような現象は表面での化学反応によって説明することができる。暗い大気の中に陰電荷を帯びた酸素分子がナノ

第8章 ZnOナノクリスタル

ワイヤに吸収されて表面欠乏層を形成して，n型半導体であるZnOの自由電子の移動を邪魔することで，低い伝導性を表わす。

一方，UV lightに露出した場合，光によって生成された正孔と吸収された酸素イオンが表面で電子-正孔再結合を起こして，同時に光によって形成された電子はナノワイヤの伝導性を増加させるようになる。基板上にAu電極で成長したZnOナノワイヤの光電流の測定でバンドギャップより波長が長い光源と短い光源を用いⅠ-Ⅴ特性より，それぞれオーミックとショットキーの特性が表われた[37]。その原因としてはバンドギャップより大きい光源では接触によって形成されたポテンシャル障壁を低めてくれることや，トンネリングによってショットキー障壁をパスしてオーミックが形成されるが，バンドギャップより波長が短い光源または暗い雰囲気ではナノワイヤに吸収された酸素の影響と電極とナノワイヤの間のショットキー障壁によって特性がショットキーとして表われる。

UV及び可視領域の光検出の特性は単一ZnOナノワイヤを利用したFETを製作して評価[38]された。使われたZnOナノワイヤのPL特性で380nmのバンド端の微細発光と650nm中心の赤-緑の発光が観測された。図13(a)は633He-Neレーザー（～0.2W/cm^2）で露光した時のⅠ-Ⅴの変化を示す。Ⅰ-Ⅴ結果から2Vのドレーン-ソースのバイアスでZnOナノワイヤの伝導性は暗い雰囲気での13.1nSから73.4nSへ増加した。図13のインセットではゲート電圧によって電流特性の変化を表わす。レーザー露光による＋0.6から－0.2Vへのゲート閾値電圧の変化はゲート電圧による1次元形象の電子濃度（$n=(C/L)(V_{gt}/e)$）の変化（$\Delta n=(\Delta V_{gt}/e)(2\pi\varepsilon_0/ln(2h/r))$）で説明される。トランスコンダクタンスは$2.9\times10^{-9}$ A/Vから2.6×10^{-9} A/Vで減少し，電子移動度も23.4から20.0cm^2/Vsに低下した。電子移動度の減少は高いキャリア濃度での電子-電子散乱の増加によることと考えられる。633nmレーザーのパワーに対する電流特性はpower law依存性（$I=A\times P^{0.43}$（Aは定数））と一致した。真空中と空気中での光電流の減衰（decay）特性から酸素の影響性を確認することができる。空気雰囲気での減衰時間（T_d，電流がI_{max}/eまで落ちるのに必要となる時間）は8秒で，真空状態では1時間以上である。このような現象は上で言及したメカニズムで酸素が表面に吸着されてレーザー励起下で電子-正孔の再結合を形成して励起を止めたとき，酸素の影響が大きくなって光電流（photo current）yを緩和するようになる。しかし真空状態では酸素量が少ないことによって緩和される時間が増加する。図13(d)ではUV光励起と偏光によるZnOナノワイヤの光伝流を示す。特にナノワイヤの光伝流はcos$^2\theta$に比例して入射光（UV Light）と平行である時最大の値を持ち，角度が変わるにつれ徐々に減少し，垂直であるとき最小値を見せる。このような現象はナノワイヤの直径が波長より小さい場合，ナノワイヤと垂直した光の電場成分は効果的に電気閉じ込め（electric confinement）によってナノワイヤの中で減衰され，光伝流も減少するようになる。

ZnO系の最新技術と応用

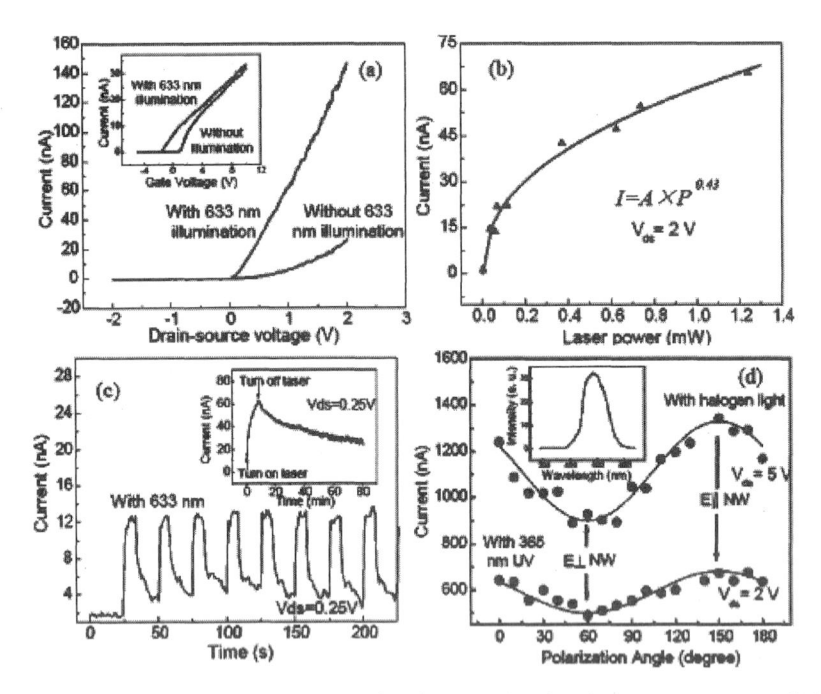

図13 (a) ZnOナノワイヤの633nmレーザー励起を行ったときと行わなかったときのI-V曲線とトランスコンダクタンス, (b) 入力光のパワーに対する光電流とPower lawの係わり合い, (c) 大気の中と10^{-3}Torrの真空での光応答, (d) UV光と可視光線の偏光に対する光電流の変化[38]。

上記の研究を通じてナノワイヤのサイズをさらに小さく調節した場合,検出の精度も高くなり,単一光子（photon）の検出も可能だろうという期待もできる。

4.2.2 化学センサー

ZnOは酸化化合物として表面での化学的反応を通じてガス,溶液及びDNAなどのセンサーとして使用が可能である。ZnOナノワイヤの化学センサーはMEMS (microelectromechanical system) 技術を利用して製作[39]された（図14）。高濃度のエチルアルコールガス（1, 5, 50, 100, and 200ppm）は300度で注入され,それをZnOの電気的特性の変化によって検出した。初期の抵抗は一定しており,エチルアルコールガスに対する応答と回復速度は早い。

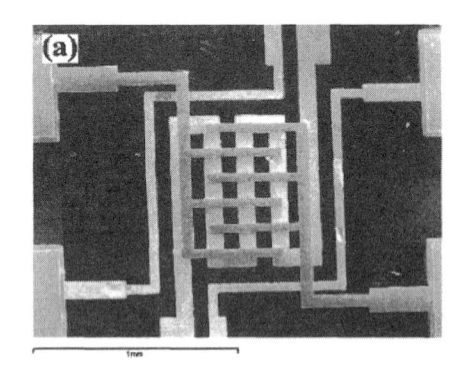

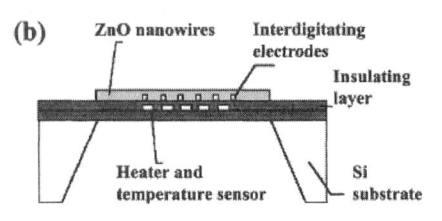

図14 (a) 集積化されたPt電極及びPt heaterで構成された基板のSEMイメージ, (b) 製作されたセンサーの3D概念図[39]。

第 8 章 ZnO ナノクリスタル

ZnO ナノワイヤを利用したエチルアルコールガスの検出は初期の大気に露出して表面に吸着された酸素イオンによって電子の流れが邪魔を受けるが，エチルアルコールガスはナノワイヤの吸着された酸素イオンの還元ガスとして作用し，表面の酸素イオンによるホールを減少させて電子の濃度を増加させるようになる (図15)。

このような表面での化学反応は化学的センサーとして重要な役目をして，似たような原理を利用して湿度，CO，H_2，H_2S，NH_3，NO_2，O_2 ガスなどの検出にも利用される。また，ZnO ナノワイヤ FET に製作されたセンサーの場合，電気的作用によって再生されて様々なガスに，また繰り返し的なセンサーとしての使用が可能であることが提示されている。

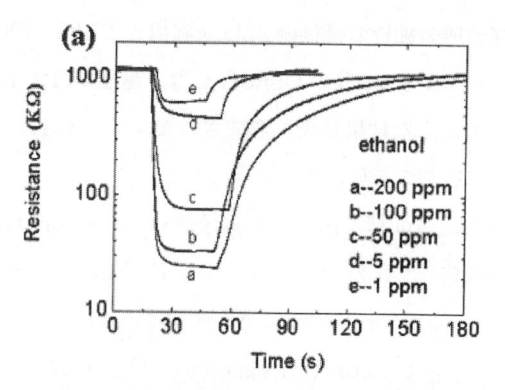

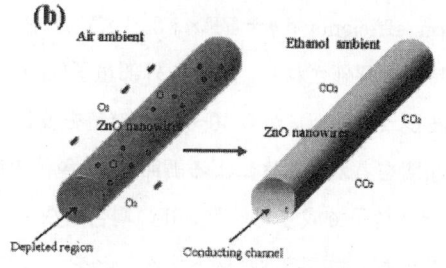

図15 (a) 300 度から 1～200 ppm 濃度のエチルアルコールに露出した ZnO ナノワイヤの応答及び回復特性と (b) ZnO ナノワイヤを利用したエチルアルコールの検出メカニズム[39]。

ガスだけではなく溶液の特性も ZnO ナノ構造によって検出された。B. S. Kang[40]は ZnO ナノロッドに電極を形成した後ナノロッドの上に高分子を利用してマイクロ流路を形成した。形成されたマイクロ流路にそれぞれ異なるペーハーを持った溶液を入れ，それによる電気的特性の変化を観察した。ペーハーの増加によって（2～12）伝導性は一定になるように減少する。溶液上での伝導性の減少も表面での極性溶液分子（OH^-）の吸着で説明することができる。溶液分子は van der Waals の力によって繋がれており，ZnO 内の偏光によって，正の電荷が表面に出て，キャリアの密度の変化を誘導する。

4.2.3 染色体センシタイズ太陽電池 Dye-sensitized Solar cell（DSSC）

ZnO ナノ構造は光学的特性と非常に大きい比表面積（roughness factor が変化する，total film area/unit substrate area，～1000）を持ち，TiO_2 とともに DSSC の陰極物質として提示されている。$ZnCl_2$ と NH_4CO_2NH の化学反応によって合成された大きさ 15nm サイズのナノ粉末と染色体を用いた DSSC の最大 IPCE（incident photon to current conversion efficiency）は 58％を観測し，2％の OSECE（overall solar energy conversion efficiency）の結果が報告[41]された。DSSC の特性は物質の形態と結晶性によって変わるので ZnO ナノ構造の変化を通じる効率の向上に対する研究がなされている。類似の方法で eosin Y 染色体を吸着させたロー

ズ形態の独特の模様のZnOを利用して100, 10mW/cm² (150℃, AM 1.5 照明) の条件でそれぞれ 2.0 と 3.3％の OSECE を得，電極の最大 IPCE は 530nm 波長で 84.9％の値を測定[42]した。このような結果は膜に形成されたマイクロ pore の電解質の輸送能力向上とナノ pore での染色体の吸着の数値増加に起因したと考えている。最近には単結晶で成り立った1次元ナノ構造の大きな比表面積と高い電子輸送能力（electron transport properties）を利用した DSSC の研究が報告[43]され ZnO ナノワイヤは F：SnO₂ 伝導性ガラスの上に液相方法によって低温で合成された。100±3 mW/cm³ の積分強度で Jsc (current density of short circuit) = 5.3-5.83 mA/cm², V_{oc} (photovoltaic at open circuit) = 0.61-0.71V, FF (fill factor) = 0.36-0.38 と power conversion efficiency (η = FF×|J_{sc}|×V_{oc})/P_{in}, P_{in}：incident light power density) = 1.2～1.5％の特性が評価された。また，外部量子効果（external quantum efficiency）は染色体の最大吸収波長 (515nm) から 40～43％の値を表わした。TiO₂, ZnO 粒子とナノワイヤ cell に対する比表面積を考え（厚さによる調節），染色体の吸着量に対する DSSC の効率を比べると TiO₂ と ZnO ナノ粒子で成り立った cell の場合，決まった厚さ以上では飽和する。これは粒子に形成された場合電子輸送特性が低下することを示している。一方で ZnO ナノワイヤを利用した場合扇形で増加して，ZnO ナノ粒子に比べて高い電流を発生させることができる。類似の実験結果として MOCVD を利用して合成した ZnO ナノロードと ZnO コロイドの電子輸送特性を比べた結果も報告された。ZnO ナノロッドの電子輸送を利用した DSSC cell はコロイド形態（～10ms）に比べて約 100 倍早い～30μs で表われた。このような結果は ZnO ナノワイヤが電荷凝集（charge collector）のための DSSC の photoanode として優秀な物質であることを証明している。

4.2.4 LED (Light emitting diode)

直接遷移型バンドギャップ構造と放射遷移速度を早くする 60meV の大きな励起子結合エネルギーを持った ZnO は LD と LED などの光電子デバイスの応用にふさわしい物質として知られている。このような特性は ZnO ナノ構造でも証明され，様々な形態のナノ構造でレイジングなどの光特性を表わした。垂直型 ZnO ナノ構造を利用した LED に対する研究は Köenekamp らによって報告[44]された。六角柱形態の ZnO ナノワイヤ（直径：100～200 nm，長さ～2μm）は水溶液から電気蒸着 (electrodeposition) によって Fluorine-doped SnO₂ がコーティングされたガラス基板で成長することができ，電気を供給するための SnO₂ layer と優秀な接合が形成されたことと予想された。P-type 接合を作るために ZnO ナノワイヤの間の空隙をポリスチレン (polystyrene) で満たし ZnO 上部を poly (3, 4-ethylene-dioxythiophene) (PEDOT) / poly (styrenesulfonate) 膜を形成した。最後に正孔注入のためにショットキー障壁の形態の電極を形成するために Au を蒸着するとナノワイヤに形成された LED の PL の特性から 340nm での excitonic バンドと 620nm での defect-related バンドが観察された。EL は～10V の閾値電圧で

第8章 ZnO ナノクリスタル

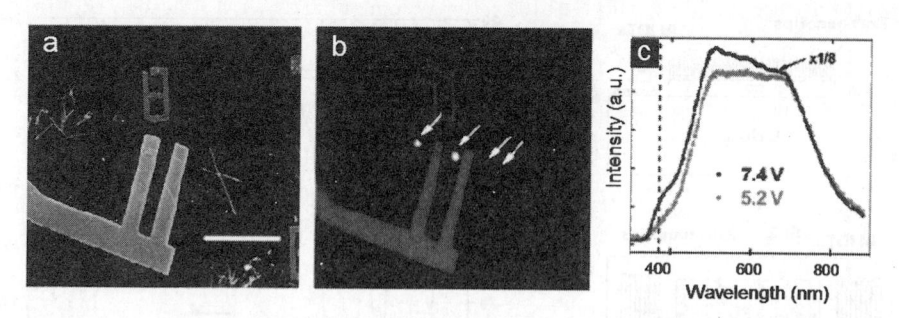

図16 (a) p-type Si 基板（暗い部分）上に形成された単一 ZnO ナノワイヤを利用した LED 構造。スケール棒 10μm。(b) 7 V の電圧でのデバイスの光学イメージ。光は矢印が表示されている 4 箇所の位置で放出される。(c) 5.2V と 7.4V での単一 ZnO ナノワイヤの EL スペクトロム[45]

発生し，約 1 時間の間に安定して作動した。

単一 ZnO ナノワイヤの LED 構造は微細な電子ビームパターニングによって製作[45]された。図16(a)と(b)は電極（Ti/Au）/ZnO ナノワイヤ/p-type Si LED の構造と準バイアス電圧 7 V の電圧を加えたときの点発光の SEM イメージである。図16(c)は 5.2V と 7.4V の電圧での EL スペクトルを示す。EL では 350～850nm 以下までの広い領域のピークが形成されたし，excitonic 再結合による～380nm で弱い発光が見える。PL の測定結果でも広い領域のサブバンド発光が観察され，これは ZnO の欠陥と表面準位（surface state）に起因していると推定する。

4.2.5 その他の応用

上で言及した FET，sensor，LED など以外にも磁性デバイス，SAW（surface acoustic wave），光結晶（photonic crystal），電界放出エミッターなど様々な応用が研究されている。図17 は ZnO ナノ-チップを利用した SAW[46]とそのセンサーの構造とセンサーからの特性値を示す。ZnO ナノ-チップは MOCVD を利用して SiO_2/Y-cut $LiNbO_3$ の上に成長し，基準値としてパターンされた Al interdigital transducers（IDTs）が形成した。効率的な hydridization と二次基準 DNA oligonucleotide のナノ-チップ直接連結を避けるためにナノ-チップの上に avidin を飽和させてその表面に biotin-DNA（185delWT）を形成させた。形成された SAW センサーに DNA oligonucleotide を測定した結果から immobilization に対する sensitivity は 2.2×10^{-3}g/cm^2，second standard DNA oligonucleotide に対する sensitivity は 1.5×10^{-3}g/cm^2 で計算された。

ナノワイヤを利用した光結晶[47]は多様な配列方法によってマイクロ以下オーダーの間隔の規則的な配列も可能になった。Al_2O_3 基板の上に単一層形態で分散した（mono dispersed）球形ポリスチレンの間空隙を用いた蜂の巣模様を金属パターンを用いて作り，その形態によって ZnO ナノワイヤ配列を形成する。ZnO ナノワイヤ上に ALD を利用して TiO_2 を蒸着し，2次元形態

ZnO系の最新技術と応用

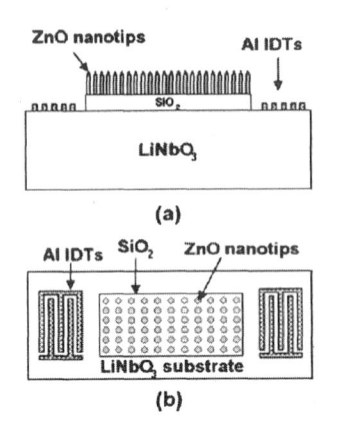

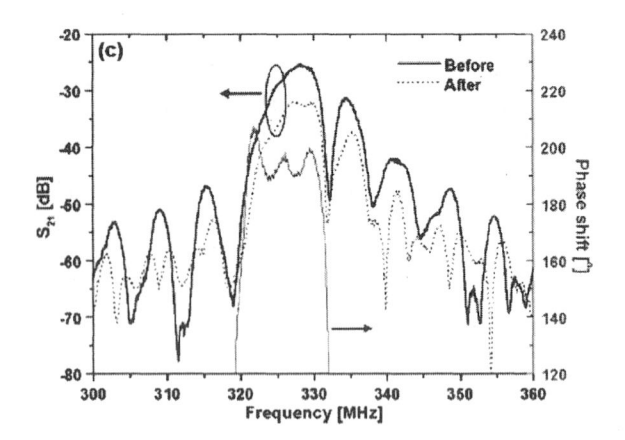

図17 ZnOナノ-チップを利用したSAWバイオセンサーの構造
(a) 断面と(b) 上から見た模型図, (c) DNA oligonucleotide immobilizationの前と後のS21（透過）スペクトル。329.94 MHzでの状相シフト（phase shift）は191°（ウツック），原型はimmobilization前と後SAW sensorの周波数応答（ズァツック）。

のZnO光結晶を製作する（図18）。TiO₂/ZnO Quasi 2D PC slabから得られた反射ピーク（reflection peak）は半幅値〜220nmで2670nmの波長で観察され，計算によって出された2342nmでのバンドギャップの値と約〜12％の差がある。この差は光の方向，ノイズなどのような理論的計算での仮定と実験的要素を考えることで推測することができる。

5　おわりに

本章ではZnOナノ構造の成長，特性，応用などに係わる最近の研究動向に関して叙述した。優秀な研究結果を通じて多様な形態の合成及び特性の制御，デバイスのための配列を行う集積技術，多様なデバイスとしての応用可能性などが提示されている。特に最近発光デバイス，FET，センサー，太陽電池などの応用

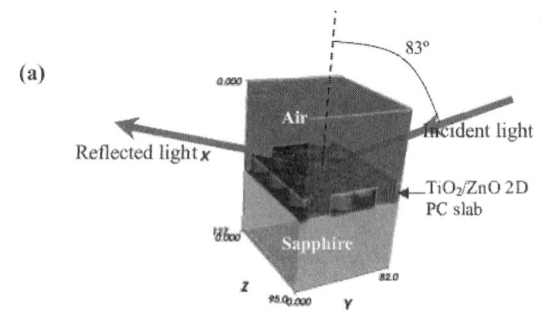

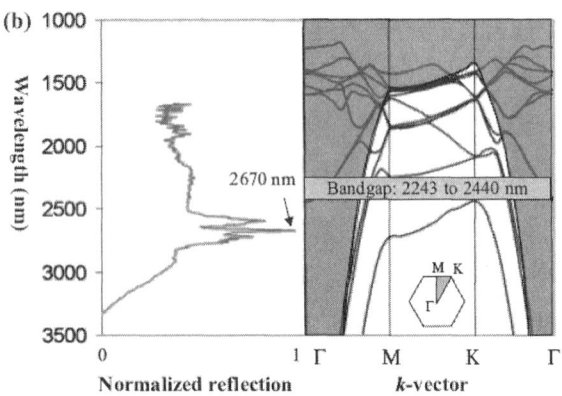

図18 (a) TiO₂/ZnO quasi-2D photonic-crystal の概念図, (b) 左：TiO₂/ZnO quasi-2D photonic-crystal slab の反射スペクトルと右：計算値[47]。

第8章 ZnOナノクリスタル

に対する多くの報告がある．多くの研究結果にもかかわらず，商用デバイスを製作するためには量子効果のためのサイズの効率的な成長及び制御技術，表面積の効率的制御，nとp型のZnOナノワイヤの成長，効率的な配列方法及び電子濃度及び正孔濃度の効率的な制御，デバイスへ向けて，接合などの技術的進歩が必要である．

文　献

1) M. Ohtsu et al., IEEE J. Seelcted Topics in Quantum Electronics, **8**, 839 (2002)
2) M. H. Huang et al., Adv. Mater., **13**, 113 (2001)
3) H. Yan et al., Adv. Mater., **15**, 1907 (2003)
4) X. Y. Kong et al., Science, **303**, 1348 (2004)
5) H. Yu et al., J. Am. Chem. Soc., **127**, 2378 (2005)
6) M. H. Huang et al., Science, **292**, 1897 (2001)
7) P. Gao et al., J. Phys. Chem. B, **106**, 12653 (2002)
8) J. Goldberger et al., Nature, **422**, 599 (2003)
9) J. Hwang et al., Adv. Mater., **16**, 422 (2004)
10) E.-S. Jang et al., Appl. Phys. Lett., **88**, 023102 (2006)
11) J. Liu et al., Adv. Mater., **18**, 1740 (2006)
12) P. Yang et al., Adv. Func. Mater., **12**, 323 (2002)
13) X. Wang et al., Nano Lett., **4**, 423 (2004)
14) C. H. Liu et al., Appl. Phys. Lett., **83**, 3168 (2003)
15) S. H. Lee et al., J. Phys. Chem. B, **110**, 3856 (2006)
16) H. T. Ng et al., Nano Lett., **4**, 1247 (2004)
17) Y. Huang et al., Science, **291**, 630 (2001)
18) F. Kim et al., J. Am. Chem. Soc., **123**, 4360 (2001)
19) P. X. Gao et al., Science, **309**, 1700 (2005)
20) Z. L. Wang et al., Phys. Rev. Lett., **91**, 185502-1 (2003)
21) A. V. Dijken et al., J. Lumin., **92**, 323 (2001)
22) I. Shalish et al., Phys. Rev. B, **69**, 245401 (2004)
23) H. Yan et al., Adv. Mater., **15**, 1907 (2003)
24) Jr H. He et al., J. Am. Chem. Soc., **127**, 16376 (2005)
25) Q. Zhao et al., Appl. Phys. Lett., **86**, 203115 (2005)
26) S. H. Jo et al., Appl. Phys. Lett., **85**, 1407 (2004)
27) X. Y. Xue et al., Appl. Phys. Lett., **89**, 043118 (2006)
28) S. W. Jung et al., Adv. Mater., **15**, 1358 (2003)
29) Y. Q. Chang et al., Appl. Phys. Lett., **83**, 4020 (2003)

30) J.-J. Wu et al., *Appl. Phys. Lett.*, **85**, 1027 (2004)
31) J. B. Cui et al., *Appl. Phys. Lett.*, **87**, 133108 (2005)
32) M. H. Zhao et al., *Nano Lett.*, **4**, 587 (2004)
33) M. S. Arnold et al., *J. Phys. Chem. B*, **107**, 659 (2003)
34) W. I. Park et al., *Adv. Mater.*, **17**, 1393 (2005)
35) K. Keem et al., *Nano Lett.*, **6**, 1454 (2006)
36) H. Kind et al., *Adv. Mater.*, **14**, 158 (2002)
37) K. Keem et al., *Appl. Phys. Lett.*, **84**, 4376 (2004)
38) Z. Fan et al., *Appl. Phys. Lett.*, **85**, 6128 (2004)
39) Q. Wan et al., *Appl. Phys. Lett.*, **84**, 3654 (2004)
40) B. S. Kang et al., *Appl. Phys. Lett.*, **86**, 112105 (2005)
41) H. Rensmo et al., *J. Phys. Chem. B*, **101**, 2598 (1997)
42) E. Hosono et al., *Eletro. Acta*, **49**, 2287 (2004)
43) M. Law et al., *Nature Mater.*, **4**, 455 (2005)
44) R. Koenekamp et al., *Appl. Phys. Lett.*, **85**, 6004 (2004)
45) J. Bao et al., *Nano. Lett.*, **6**, 1719 (2006)
46) Z. Zhang et al., IEEE Transactions on ultrasonics, ferroelectrics, and frequency control, **53**, 786 (2006)
47) X. Wang et al., *Adv. Mater.*, **17**, 2103 (2005)

第9章　新機能材料への展開

1　酸化亜鉛ベース希薄磁性半導体のマテリアルデザイン

佐藤和則[*1]，豊田雅之[*2]，吉田　博[*3]

1.1　はじめに　―半導体ナノスピントロニクス―

　私たちの社会や生活を支える現代の情報技術は，シリコンCMOS半導体技術を基盤としている．これらの半導体エレクトロニクスの演算処理能力は，18カ月で2倍という有名なゴードン・ムーアの法則に従って着実に進歩してきた．ムーアの法則は別名では負け犬の法則とも呼ばれ，半導体デバイス業界では，いかに前倒しでこれを実現し，競合他社を追い落とし，シェアを増やすかに多くの凌を削っている．その結果，2005年にはGHzのスイッチング・スピード，Gbitのメモリ集積度を十分な余裕を持って実現した．残るは省エネルギーであり，"Intel focuses on energy saving-chips"とニューヨーク・タイムズの見出しにも出たように，各社はマルチ・コアやX86アーキテクチャーによる，いかにエネルギー効率の良いPCやサーバーを実現するかに腐心し，2010年には1.5ワットの消費電力を持つhand-topsと呼ばれるコンピュータが実現しそうである．しかしながら，ムーアの法則に従えば，2020年にはTHz, Tbit, 超省エネルギー（不揮発性）を超える新しいエレクトロニクスを実現する必要があるが，シリコンCMOS半導体技術を基盤とするかぎり，この法則は2020年には破綻すると予測されている．シリコンCMOS半導体技術を超えて，THzのスイッチング，Tbitの集積密度，および 超省エネルギー（不揮発性）を実現するための可能性として，半導体ナノスピントロニクス（Semiconductor Nano-spintronics），モルトロニクス（Moltronics = Molecular Electronics），クオントロニクス（Quantronics = Quantum Electronics）があげられ，2020年からの次世代エレクトロニクスを制したものが世界経済を制す，を合い言葉に，世界的レベルでのグローバルな激しい研究開発競争が行われている．

　半導体中の電子は，電荷とスピンの二つの自由度を持っている．半導体中の電子をドーピング

---

* 1　Kazunori Sato　大阪大学　産業科学研究所　産業科学ナノテクノロジーセンター　助手
* 2　Masayuki Toyoda　大阪大学　産業科学研究所　計算機ナノマテリアルデザイン分野　大学院生
* 3　Hiroshi Katayama-Yoshida　大阪大学　産業科学研究所　教授

による価電子制御やゲートによる電場制御によって電荷を制御する従来のエレクトロニクスに対して，半導体ナノ超構造を舞台として，電子の持つもう一つの自由度であるスピンを積極的に電場や光によって制御する新しいクラスのエレクトロニクスを半導体スピントロニクスという[1~3]。半導体ナノ超構造の中のスピンを自由に制御するには，集団としての電子の物性を特徴づける量子位相と原子・電荷・スピンのナノダイナミックスを制御する手法を開発することが不可欠である。半導体中にドープした局在スピン間の相互作用は，母体半導体の①キャリア濃度 N とそのタイプ（p型 or n型），②ナノ超構造のスケールサイズ（L），および③超構造の次元性（$d = 0, 1, 2, 3$）に大きく依存している。半導体の特長であるナノ微細加工，自己組織化，ドーピングによる価電子制御，ゲート電圧制御，および，光励起によって，これら三つのパラメータを調整することにより，半導体中のスピンを思いのまま制御することができ，半導体ナノ超構造を舞台にして，電子の持つ電荷とスピンを同時に制御することにより，超高速（THz），超高集積（Tbit），超省電力（不揮発性）を実現する半導体ナノスピントロニクスの実現が期待されている[4]。いままでで，半導体スピントロニクス材料設計として最も有望視されているのは，Mn を添加したⅢ-Ⅴ族化合物半導体（Ga, Mn）As である[4]。非平衡結晶成長法の進歩により高品質の（Ga, Mn）As が成長できるようになり，それに伴い比較的高いキュリー温度が報告されるようになってきた。しかし，室温より高いキュリー温度を持つ希薄磁性半導体（現実的には室温の3倍程度のキュリー温度が必要）の作成は容易でなく，違う磁性イオンと母体半導体の組み合わせにおいて，よい性質を持った強磁性希薄磁性半導体の探索がつづけられている。本節では，母体半導体として酸化亜鉛をえらび 3d 遷移金属イオンの添加により合成される希薄磁性半導体の磁性について第一原理計算の立場から議論し，半導体ナノスピントロニクスのためのマテリアルデザインの一例として紹介する[5, 6]。

1.2　計算機ナノマテリアルデザイン

近年，コンピュータと計算物理学的手法に大きな進歩があり，物質の原子レベルにおける基本法則である第一原理（量子力学）計算により，原子番号だけを入力パラメータにして，多様な系についての物性を定量的に予測することが可能になってきた。実験で決めるべき経験的パラメータを含む従来型のモデル（模型）計算と比較して，第一原理計算は，世の中にまだ存在しない仮想物質や新物質について，電子状態や物性を定量的に予言できる唯一の理論的枠組みといってもよく，「凝縮系物質における標準模型」と呼ばれている[7]。

計算機ナノマテリアルデザインでは，第一原理計算手法を用いてナノ超構造を支配している微視的機構を解明する（基本要素還元）。つぎに，解明された微視的機構（基本要素）を統合して仮想物質を推論する（基本要素統合）。推論した仮想物質は第一原理計算によりその機能や構造

第9章 新機能材料への展開

計算機ナノマテリアルデザインCMD® Osaka

開発・公開量子シミュレーション・ソフトウェア
- OSAKA-2003-nano （白井光雲）
- MACHIKANEYAMA-2002 （赤井久純）
- KANSAI-99 （播磨尚朝）
- NANIWA-2001 （笠井秀明）
- HiLAPW-2002 （小口多美夫）
- STATE-senri （森川良忠）
- PSIC-Machi （豊田雅之）

ナノマテリアルデザインエンジン

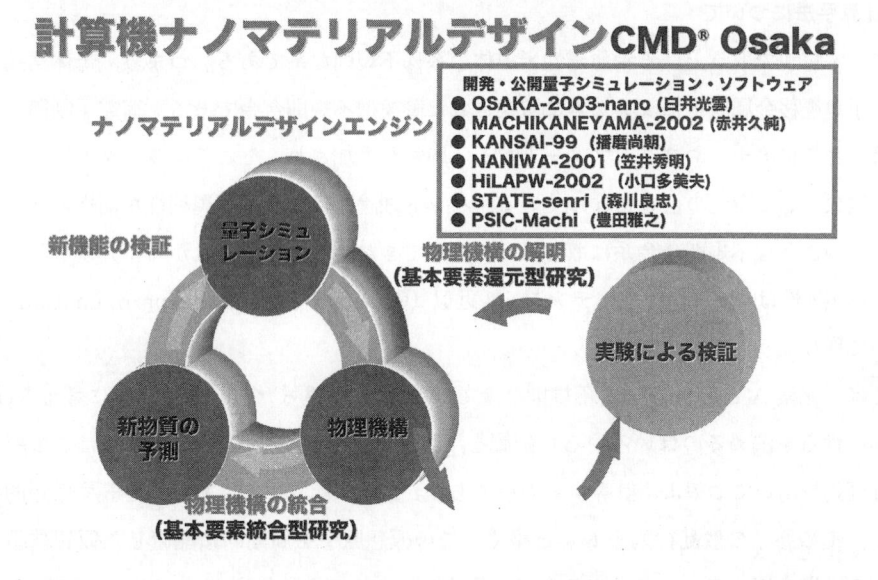

新機能の検証 — 量子シミュレーション — 物理機構の解明（基本要素還元型研究） — 実験による検証

新物質の予測 — 物理機構 — 物理機構の統合（基本要素統合型研究）

図1 計算機マテリアルデザインの概念図

安定性を検証し，目標とする機能が満たされない場合には，その原因を理論的に解明する。原因がわかれば，それらを基にさらに優れた仮想物質を推論する。このような基本要素還元型研究と基本要素統合型研究の二つのプロセスについて，第一原理計算を介してマテリアルデザインエンジン（逐次的材料設計）の中で循環させることにより，目標とする機能を持った新物質や創製プロセス法を効率よく確実にデザインすることができる[7]。

デザイン結果は実証実験により検証される。実証実験において目標が達成されない場合には，その原因について，実験データを第一原理計算に戻し，解析結果をもとに，さらに優れた機能を持つ新物質をデザインする。このようなプロセスを繰り返すことにより，現在では驚くほど多くの新物質やナノ超構造体を着実にデザインすることが可能となってきた。計算機マテリアルデザインの概念図を図1に示す。このようなデザイン手法とビジネスモデルは，「阪大オリジナル」と呼ばれており，開発されたデザインのための第一原理計算コード（計算手順）は一般に無償で公開され，さらには多くの研究者や技術者を対象にした講習会による広範な普及活動が行われている[7]。

本節では以上に説明した計算機マテリアルデザインを酸化亜鉛を母体とする希薄磁性半導体の設計に応用する[5,6,8]。酸化亜鉛は，3.3eVのワイドギャップ半導体であり可視光に対して透明であること，励起子の束縛エネルギーが60meVと大きいこと，安価で環境調和性に優れていることなどの特徴の他に，遷移金属を比較的高濃度に添加できるという特性から半導体スピントロニクス材料として注目されている。

1.3 計算手法について

さて，本解説で取り上げる希薄磁性半導体の系は不規則な系である。つまり，母体結晶の格子点の原子が遷移金属原子にランダムに置換された置換型不規則合金である。荷電子制御をする場合には，さらにドナーやアクセプターとなる不純物が添加され，それらもランダムに結晶中に分布し，結果として多元の合金となっている。バンド理論では扱う系の周期性が前提となっているため，このような不規則合金系は取り扱うことができない。本節でこれから紹介する計算においては，不規則性はコヒーレントポテンシャル近似（Coherent Potential Approximation；CPA）を用いて取り扱う[9]。

例えば，元素AとBからなる不規則合金ではAとBの違った並べ方が無数に考えられるが，系全体の性質を決めるのはいろいろな配置を平均した配置平均である。CPA法はこの配置平均を散乱理論を用いて効率よく計算する方法である。まず，配置平均された系を表す仮想的な原子を考え，その原子の散乱行列を t_{CPA} と書く。この仮想原子を周期的に配置した仮想結晶が不規則合金の性質を表すことになる。このとき仮想結晶全体の散乱行列 T とグリーン関数 G は多重散乱理論により $T=(t_{CPA}^{-1}-g)^{-1}$, $G=g+gTg$ のように自由空間のグリーン関数 g を使って計算でき，G からいろいろな物理量が導かれる[9]。

さて t_{CPA} であるが，コヒーレントポテンシャル近似では仮想原子からなる結晶中に母体原子Aを1つおいたときの散乱行列 T_A と不純物原子Bをおいたときの散乱行列 T_B の平均が仮想原子の散乱行列に等しいということ，つまり $T=(1-c)T_A+cT_A$ を解くことで求められる（c は不純物濃度）。ここで散乱理論によると，$T_A=(t_A^{-1}-t_{CPA}^{-1}+T^{-1})^{-1}$, $T_B=(t_B^{-1}-t_{CPA}^{-1}+T^{-1})^{-1}$ であるので上の方程式は両辺に t_{CPA} を含み逐次的に解くことになる[9]。

このようにCPA法は配置平均をとる一般的な方法であるが散乱理論の言葉で書かれているため，第一原理計算に応用するときは同じく散乱理論の言葉で書かれているKKR法（Korringa-Kohn-Rostoker法）と組み合わせてKKR-CPA法として使用されることが多い。KKR-CPA法の計算コードは阪大の赤井久純教授によって開発，整備が行われておりMACHIKANEYAMAシリーズとして無償で公開されている[10]。

KKR-CPA法を用いると原子の置換型不規則だけでなく磁気的な不規則性も少しの工夫で取り扱うことができ有限温度磁性の第一原理計算に応用できる[9]。本節では $3d$ 遷移金属元素（TM）を不純物として含むZnO,（Zn, TM）Oを取り扱う。後ほど実際に計算して示されることであるが，半導体中で遷移金属元素は母体の価電子帯と大きな混成を示すが，大きな交換分裂のため磁気モーメントを失わずに保持している。このような場合，ある方向を向いた磁気モーメントを持つTM, TM[up]と，その逆方向の磁気モーメントを持ったTM, TM[down]が考えられ，そのため一般に電子状態計算は次のような2つの解に収束する可能性がある。つまり，遷移金属イ

オンの磁気モーメントがすべて同じ方向を向いている強磁性状態（Zn_{1-x}, TM^{up}_x）O と，ランダムな方向を向いている常磁性状態（Zn_{1-x}, $TM^{up}_{x/2}$, $TM^{down}_{x/2}$）O である。ここに，x は遷移金属の濃度である。それぞれの状態について，密度汎関数法に基づき全エネルギーを計算することができるので，それらの比較からどちらが基底状態であるかを判定することができる。また，平均場近似によると，エネルギー差 ΔE の大きさからキュリー温度 T_C は $k_B T_C = 2\Delta E / 3x$ と計算されることがわかっている[11]。ここで k_B はボルツマン定数である。

1.4 強磁性のメカニズム ―二重交換相互作用，p-d 交換相互作用と超交換相互作用―

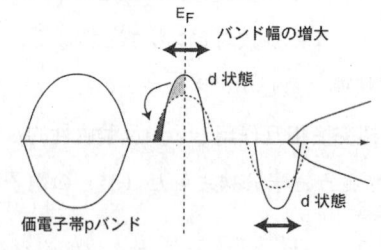

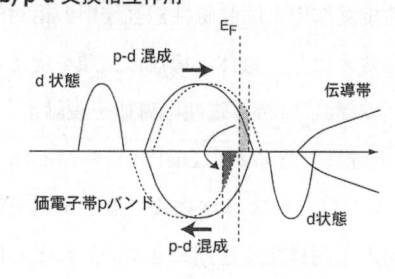

　酸化亜鉛ベース希薄磁性半導体の磁性の議論の前に，まず希薄磁性半導体一般についてその強磁性のメカニズムについてまとめておく[8]。化合物半導体では価電子帯は陰イオンの p 状態から構成されているが，母体半導体の価電子帯と添加した遷移金属原子の d 状態の相対的な位置関係によって，希薄磁性半導体が大きく 2 つのグループに分けられることがわかっている[12]。

　一つは，ワイドギャップ半導体を母体とする希薄磁性半導体でよく見られる電子状態で，遷移金属不純物を添加したときに d 状態がバンドギャップ中に深い不純物準位をつくり不純物バンドを形成しているものである（図2(a)参照）。Fermi 準位が不純物バンド内に位置する場合，バンド幅を広げることによってエネルギーを下げることができる。磁気モーメントが平行なときこ

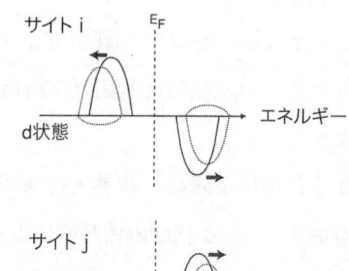

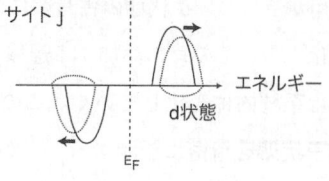

図2　希薄磁性半導体中の磁気的交換相互作用
(a)二重交換相互作用，(b) p-d 交換相互作用，(c)超交換相互作用

の機構によって有利にエネルギーを稼ぐことができ，その結果強磁性状態が安定となる。この解釈は二重交換相互作用と呼ばれるものである[13]。エネルギーの利得はバンド幅に比例し，バンド幅は不純物濃度の平方根に比例するので，不純物濃度cを変えていくとT_Cは$c^{1/2}$に比例して変化することが知られている[11, 12]。

それに対してもう一方のグループでは，遷移金属不純物のd状態が母体半導体の価電子帯の下の方に位置していて局在した磁気モーメントを形成していると考えられる系である。この場合，図2(b)に示すように，正孔は母体の価電子帯に導入されるが，交換分裂したd状態との混成のため強磁性状態では価電子帯は遷移金属の磁気モーメントとは逆向きに偏極し，この偏極が有効磁場として働き強磁性状態を安定化させている。正孔が片方のスピン状態のみに入るとすると価電子帯の偏極は不純物濃度cに比例するので，T_Cはcに比例して変化すると期待される。この機構はp-d交換相互作用と呼ばれている[14]。Dietlらはこのモデルに基づき希薄磁性半導体の材料設計を行った[15]。

系の磁性は上記の強磁性的な二重交換相互作用またはp-d交換相互作用と，反強磁性的な交換相互作用（磁気モーメントが反平行に並んだときのエネルギーの稼ぎ）との競合によってきまる。反強磁性的な相互作用は以下に説明する超交換相互作用の機構によりもたらされる。常磁性状態ではあるサイトiに目をつけると，サイトiに平行な磁気モーメントを持っているサイトと反平行な磁気モーメントを持っているサイトが同じだけ存在する。反平行の磁気モーメントを持っているサイトjとサイトiの相互作用を考えると，サイトiの多数スピン状態はサイトjの少数スピン状態と，またサイトiの少数スピン状態はサイトjの多数スピン状態と混成し，多数スピン状態の重心がエネルギーの低いほうに少数スピン状態の重心がエネルギーの高い方にそれぞれシフトしエネルギーを稼ぐ（図2(c)）。この効果を超交換相互作用といい反強磁性的な相互作用をもたらす。この反強磁性的相互作用はd状態がちょうど半分詰まった（d^5）の電子配置の時に一番大きくなる[12]。

このように遷移金属のd状態と母体半導体の価電子帯の相対位置の違いにより主要な強磁性相互作用が異なり，d状態の占有率によって強磁性相互作用と反強磁性相互作用の相対的な大きさが変化する。そのため添加する遷移金属の種類を変えたり，母体半導体の種類を変えると磁気的性質は系統的に変化していく。この考察から，全く新しい希薄磁性半導体を設計する場合は，その電子状態を精密に予測することが重要であると理解できるが，Dietl[15, 16]やMacDonald[17]らが用いているp-dモデルによるマテリアルデザインではどのような物質でもまず電子状態を仮定して計算を行うため，仮定が正当化されない場合，予測は全く信用できない。たとえば，(Ga, Mn)NにおいてDietlらは非常に高いT_Cを予測しているが，(Ga, Mn)Nの電子状態はp-dモデルでは記述できず，また平均場近似が非常に悪くなっていることもあり，彼らのT_Cの予測値

第9章　新機能材料への展開

に大きな誤差があることが指摘されている[18, 19]。

1.5 酸化亜鉛ベース希薄磁性半導体の電子状態と磁性

前節で指摘したように希薄磁性半導体のマテリアルデザインには精密な電子状態計算が必要である。本節では局所密度近似（Local density approximation：LDA）による電子状態計算に基づき酸化亜鉛ベースの希薄磁性半導体の磁性予測を行う。LDA はよく知られているように非常に高い精度で広範囲の物質の電子状態を予測するが，一方で系統的な誤差が有ることも知られている。特に本研究に関しては占有 d 軌道を LDA ではエネルギーの高い方に予測する誤差がマテリアルデザインに影響を与える可能性がある[20, 21]。このことについては後で詳しく議論することにして本節では LDA の結果に基づきマテリアルデザインを議論する。

1.5.1 強磁性の安定性

まず，V, Cr, Mn, Fe, Co または Ni を添加した ZnO と ZnTe における強磁性状態の安定性の LDA による計算結果を図3(a)に示す。遷移金属を 5, 10, 15, 20, 25 ％添加したものについて，強磁性状態と常磁性状態の一分子あたりの全エネルギー差が図に示されている。遷移金属不純物の他に価電子制御のための不純物等は加えていない。グラフで正のエネルギー差は，強磁性状態が安定であることを示している。全体的に次のような傾向をみてとることができる。つまり，Mn 添加で最も常磁性状態が安定であり，Mn から原子番号の小さい方にずれた V と Cr 添加では強磁性状態が安定となる。Mn より原子番号が大きい Fe, Co と Ni 添加については，ZnO では強磁性状態が安定であるが，比較のために計算した ZnTe では常磁性状態が安定である（図3(b)）。しかし，エネルギー差は強磁性状態が安定な方向に向かっており，全体的な傾向は2つの化合物でよく似ているということができる。ZnTe ベース希薄磁性半導体と同様な磁性の系統的変化は，ZnS と ZnSe ベース希薄磁性半導体についての計算でも得られており，ZnO がむしろ例外的である[8]。

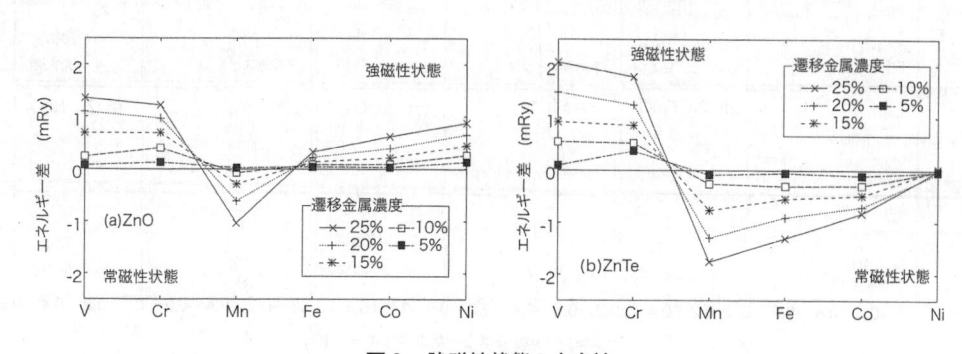

図3　強磁性状態の安定性
(a) ZnO ベース希薄磁性半導体，(b) ZnTe ベース希薄磁性半導体

平均場近似により T_C を見積もると，例えば ZnO に V を 25％添加した場合，エネルギー差は 1.36mRy にもなり 570K 程度の T_C となり，遷移金属を高濃度に添加した ZnO において室温以上の T_C が示唆されるが，正確な見積もりには平均場近似を超えて磁気的パーコレーションを取り入れた計算が必要である[18, 19]。この点については後ほど議論する。

1.5.2 酸化亜鉛希薄磁性半導体の電子状態

次に計算で得られた電子状態を解析し強磁性の安定化の起源について考察する。図 4 に強磁性状態における ZnO 希薄磁性半導体の状態密度の計算結果を示す。遷移金属濃度 5％の時の計算結果をあげた。実線で示してあるのが全状態密度で，点線で示してあるのがそれぞれの遷移金属の 3d 軌道成分の部分状態密度である。ZnO の母体に由来する，Zn の 3d 成分がフェルミレベルから測って -0.5Ry 付近に幅 0.15Ry 程度のピークとしてあらわれている。およそ -0.4Ry から -0.2Ry に広がっているのが酸素の 2p 軌道からなる価電子帯である。おもに Zn の 4s 軌道などからなる伝導体との間に，不純物の添加によってあらわれた，遷移金属の 3d 軌道に由来する成分がみえる。この不純物準位は，大きい交換分裂を示していて，それらは不純物の原子番号が増えるに従って順に占有されていく。その結果，遷移金属イオンは高スピン状態にある。特徴的なことは，V，Cr，Fe，Co または Ni を添加した系では，フェルミレベルで片方のスピンについては金属的でもう一方のスピンについては絶縁体的なハーフメタリックな状態密度に近くなっていることである。このようなフェルミレベルでの電子のスピン方向の非対称は，ZnO だけでなく ZnS，ZnSe や ZnTe でもみられ，II-VI 族希薄磁性半導体が，スピントロニクスデバイスに不可欠なスピン放出源や磁気抵抗効果を利用したデバイスの材料として有望であると考えられる[1〜4]。

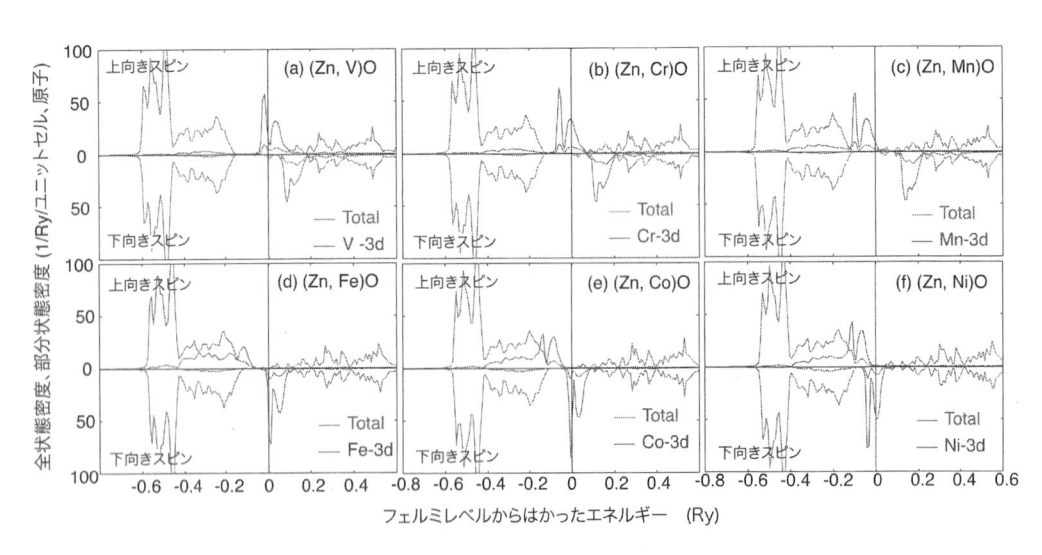

図 4　ZnO ベース希薄磁性半導体の強磁性状態での状態密度（遷移金属濃度は 5％）

第9章 新機能材料への展開

さて，Mn の状態密度，図4(c)を見てみると，Mn^{2+} が Zn^{2+} と置換し d^5 の状態になっていることがよくわかる。このときは，Mn 間の反強磁性的な超交換相互作用により常磁性状態が安定となっていると理解される。一方，V^{2+}, Cr^{2+}, Fe^{2+}, Co^{2+}, Ni^{2+} はそれぞれ d^3, d^4, d^6, d^7, d^8 電子配置で上向きまたは下向きの d 軌道は完全には占有されていない。二重交換相互作用が有効に働き強磁性状態が安定となっている。しかし図3(b)に示されているように，ZnTe では，Fe, Co と Ni では強磁性とならず，ZnO のときとは結果が違う。母体半導体中で磁性イオンのまわりを陰イオンが四面体に配置しているが，結晶場による d バンドの分裂を考えると ZnTe で強磁性の安定性が Mn をはさんで対称になっていない理由を推察できる。

半導体中の遷移金属不純物の一般的な議論によると[22]，d 電子のエネルギー準位は不純物が陰イオンに四面体に配位されているとき次のようになる。五重に縮退した d 軌道は立方対称の結晶場中で二重に縮退した $d\gamma$ 軌道と三重に縮退した $d\varepsilon$ 軌道に分裂する。2つの $d\gamma$ 軌道は，$3z^2-r^2$ または x^2-y^2 の対称性を持っている。3つの $d\varepsilon$ 軌道は xy, yz または zx の対称性を持っている。$d\varepsilon$ 軌道が陰イオンの方向にのびた軌道であるのに対して，$d\gamma$ 軌道は陰イオンのない方向にのびている。結果として，$d\varepsilon$ 軌道は陰イオンの p 軌道つまり価電子帯とよく混成し結合軌道（t^b）と反結合軌道（t^a）を形成する。一方，$d\gamma$ 軌道は混成は弱く，局在性の強い非結合軌道（e）となる。この様子を図5に模式的に示した。この不純物準位の特徴は第一原理計算で得た状態密度に反映されている。後での比較のために，図6に ZnTe に遷移金属を5％添加したものについて状態密度の計算結果を示す。図4と図6では確かに，価電子帯と磁性イオンの $d\varepsilon$ 軌道との結合軌道が価電子帯中に t^b 軌道としてあらわれ，そして反結合軌道がバンドギャップ中に t^a 軌道としてあらわれている。一方，$d\gamma$ 軌道は非結合状態で e 軌道として t^a 軌道と t^b 軌道のつくる状態密度の中間に鋭いピークとしてあらわれており，この特徴は図5での説明とよく対応している。

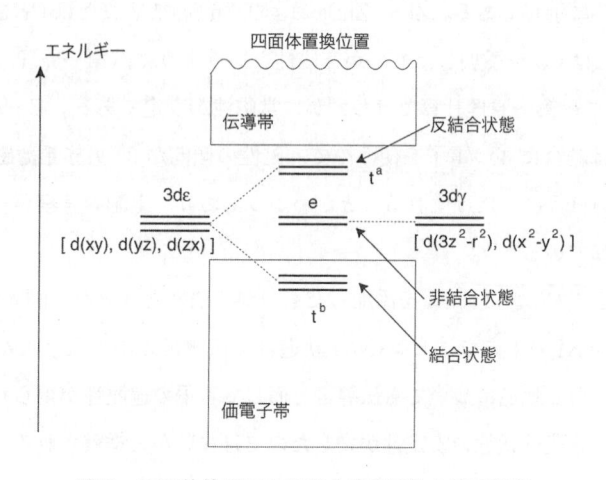

図5　四面体位置での遷移金属不純物の電子状態

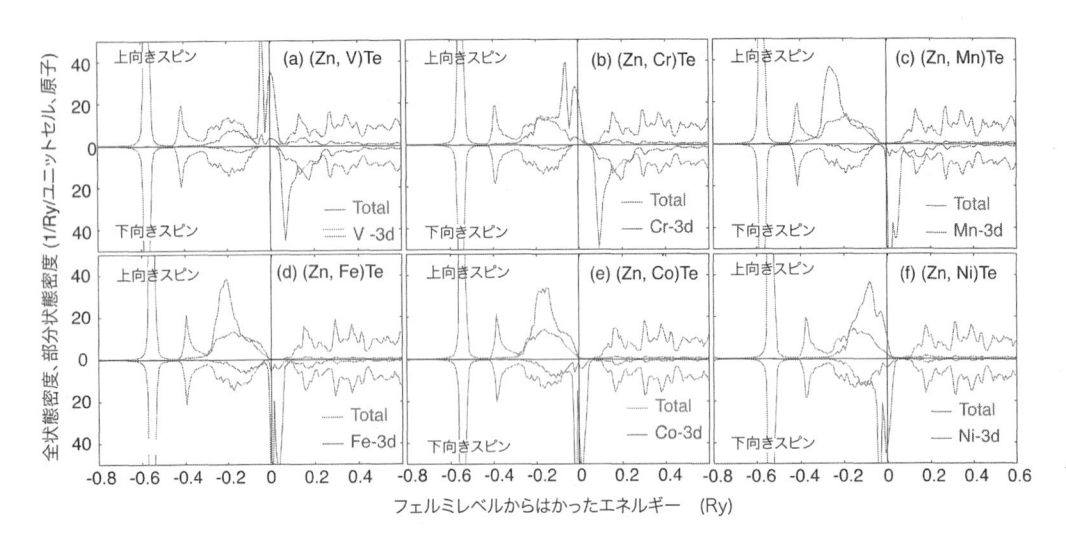

図6 ZnTeベース希薄磁性半導体の強磁性状態での状態密度（遷移金属濃度は5%）

ところで，状態密度の計算結果の考察から，希薄磁性半導体中での強磁性の安定化の機構として二重交換作用の描像を提案した．つまり，遍歴性の強い電子のほうが有効に運動エネルギーを下げることができ強磁性状態を安定化させる傾向が強い．今の場合には，遍歴性の大きいt^a軌道が部分的に占有されているときに強磁性状態が最も安定となることが結論される．II-VI族とIII-V族化合物半導体中で遷移金属元素がそれぞれII族とIII族元素を置換し，それぞれ2+と3+の形式価数を持っているとし，d電子の配位置を模式的に示してみると，図7のようになる．実際は強磁性が安定となるかどうかは常磁性状態とのエネルギーの比較で決まるが，先ほどの考察に従い単純にt^a軌道に電子またはホールがあるとき強磁性状態となるとして磁性を予測した結果もあわせて図7に示してある．ZnS, ZnSeおよびZnTeでVまたはCrを添加したものが強磁性，Mn, Fe, またはCoを添加したものが常磁性というように，第一原理計算の結果をうまく説明している．Niでは第一原理計算ではわずかに常磁性が安定である．III-V族希薄磁性半導体の場合，陽イオンは結合に3つ電子を使うので，磁性の傾向がII-VI族希薄磁性半導体の場合から原子番号の小さいほうに1だけずれることがわかっており，上記の考察が一般的に成り立っていることが確認されている[23, 24]．

ZnOについて，Fe, CoまたはNiを添加したものが強磁性となった．図4でみられるように，ZnO中でFe, CoやNiの下向きスピンの3d軌道は，伝導帯の中に入りこんでいる．そのために，局在性が強かったe軌道についても伝導帯を通して若干の遍歴性が得られ，その結果，二重交換相互作用による強磁性状態の安定性が増したのではないかと推察される．

第9章　新機能材料への展開

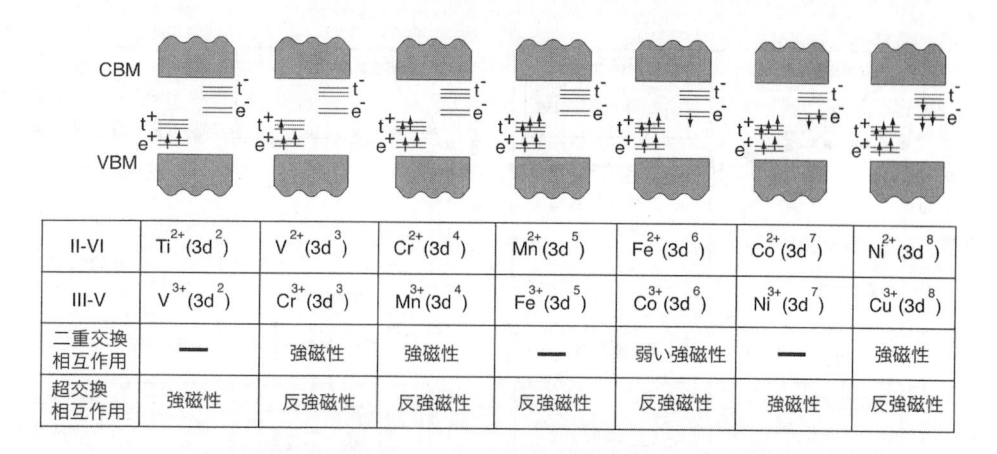

II-VI	Ti^{2+}(3d^2)	V^{2+}(3d^3)	Cr^{2+}(3d^4)	Mn^{2+}(3d^5)	Fe^{2+}(3d^6)	Co^{2+}(3d^7)	Ni^{2+}(3d^8)
III-V	V^{3+}(3d^2)	Cr^{3+}(3d^3)	Mn^{3+}(3d^4)	Fe^{3+}(3d^5)	Co^{3+}(3d^6)	Ni^{3+}(3d^7)	Cu^{3+}(3d^8)
二重交換相互作用	—	強磁性	強磁性	—	弱い強磁性	—	強磁性
超交換相互作用	強磁性	反強磁性	反強磁性	反強磁性	反強磁性	強磁性	反強磁性

図7　希薄磁性半導体中での二重交換相互作用と超交換相互作用の傾向

1.5.3　キャリア添加の効果

　半導体に磁性イオンを添加して強磁性を得ることは半導体スピントロニクスの実現に向けて非常に重要な第一歩であり，それ自体，磁気光効果や巨大磁気抵抗効果を応用したデバイスの材料として有用である．この節では次の段階として，強磁性状態をキャリア濃度の変化により制御する方法のデザインのために，ZnOベースの希薄磁性半導体の強磁性のキャリア濃度依存性を第一原理計算に基づいて調べる．ZnOにおいてn型の電気伝導はGa, Al,やInの添加により容易に得られることがわかっており非常に低抵抗のものが得られるが，可視光に対する透明性を維持することから透明電極として知られている．

　図8に，Mn, Fe, CoやNiを添加したZnOに，さらに正孔や電子をドープしたときの強磁性状態と常磁性状態のエネルギー差の計算結果を示す．これらの図では，分子ユニットあたりのエネルギー差が示されている．考えなくてはならない不純物はTM^{up}，TM^{down}とドーパントの3種類になったが，計算法の説明でふれたとおり，CPAの枠内で効率よく取り扱える．

　II-VI族化合物半導体中で遷移金属元素はTM^{2+}となってII族元素を置換するので，キャリアは生じない．図8(a)に示されているように，(Zn, Mn)Oにおいてはキャリアのない状態では常磁性状態が安定であるが，高濃度にホールを添加することにより強磁性状態が安定化する．つまり，(Ga, Mn)Asで観測されたキャリア誘起による強磁性が(Zn, Mn)Oの系でもみられることを予測している．計算で設定したホール濃度は現実的でないまでに高い値かもしれないが，ホール添加により強磁性が安定化するという知見は非常に重要であり，Mn濃度を最適化することで(Zn, Mn)Oの磁性をホール濃度で制御できるようになるかもしれない．一方，電子ドープはこの系の磁性にはあまり影響を与えず，Gaを25％ドープしても常磁性状態が安定なままである[6,8]．

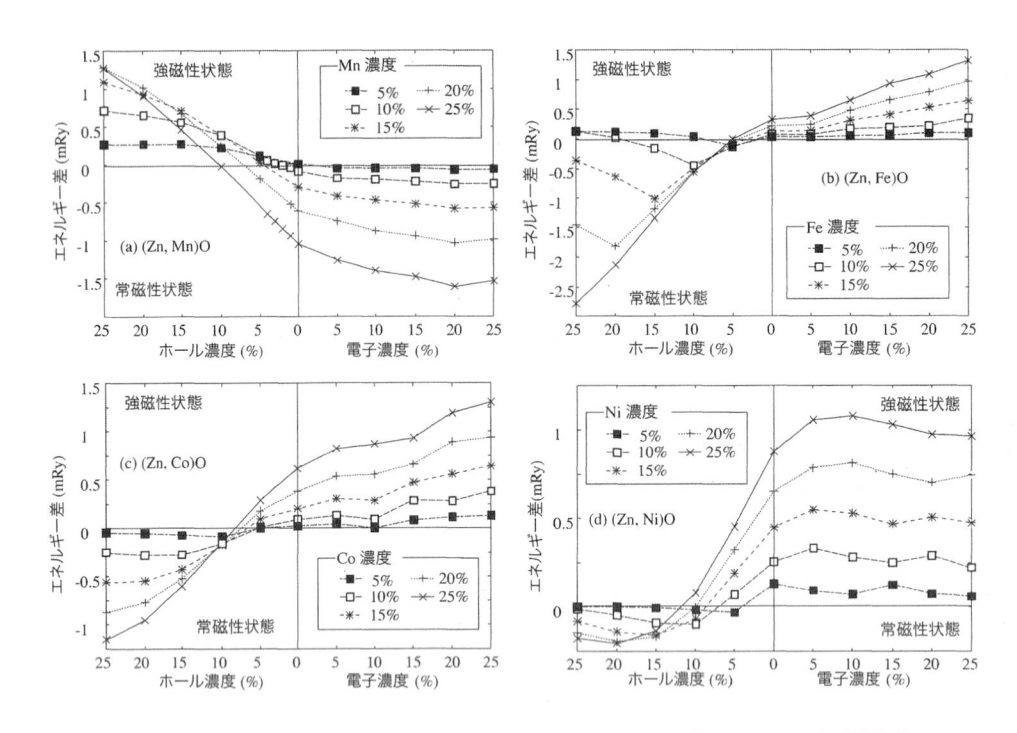

図8 (a)(Zn, Mn)O, (b)(Zn, Fe)O, (c)(Zn, Co)Oと(d)(Zn, Ni)Oにおける強磁性状態の安定性のキャリア濃度依存性。ホール、電子はそれぞれN、Gaの添加により導入

　ドーパントの種類に対する磁性の変化の非対称の原因を議論するために，状態密度を計算する。図9に示してあるのは，Mnを25％添加したZnOにさらにホールまたは電子を25％ずつ添加した時の状態密度である。ホールドープのために導入したNの$2p$軌道はOの$2p$軌道よりエネルギーの浅いところにあり，結果としてMnの$3d$軌道と非常によく混成する（図9(a)破線）。そのため，OがNに置換されたことで導入されるホールはd電子の性格を持ちつつ結晶中をよく動き回り，そのため運動エネルギーの稼ぎは大きく，二重交換相互作用による強磁性の安定化が有効に働いていることがみてとれる。一方，電子ドープの場合は，状態密度にあらわれているように，ZnをGaで置換して導入された電子はほとんどMn位置には存在せず，母体の伝導帯を占有している（図9(b)）。そのため，二重交換相互作用による強磁性の安定化は起こらない。

　マテリアルデザインのための新しいアイデアを得るために，キャリアドープしなくても強磁性が実現していた(Zn, Fe)O, (Zn, Co)Oと(Zn, Ni)Oについても，それらの磁性をキャリア濃度の関数として調べてみた。その結果，図8(b), (c)と(d)にそれぞれ示してあるように，これらの系では電子ドープで強磁性状態がさらに安定化されることがわかった。この結果は次の二つのことを示唆する。まず，より高いT_Cを持つ強磁性希薄磁性半導体が，電子ドープされた(Zn, Fe)O, (Zn, Co)Oや(Zn, Ni)Oで得られるということである。電子ドープがZnOでは容易な

第9章　新機能材料への展開

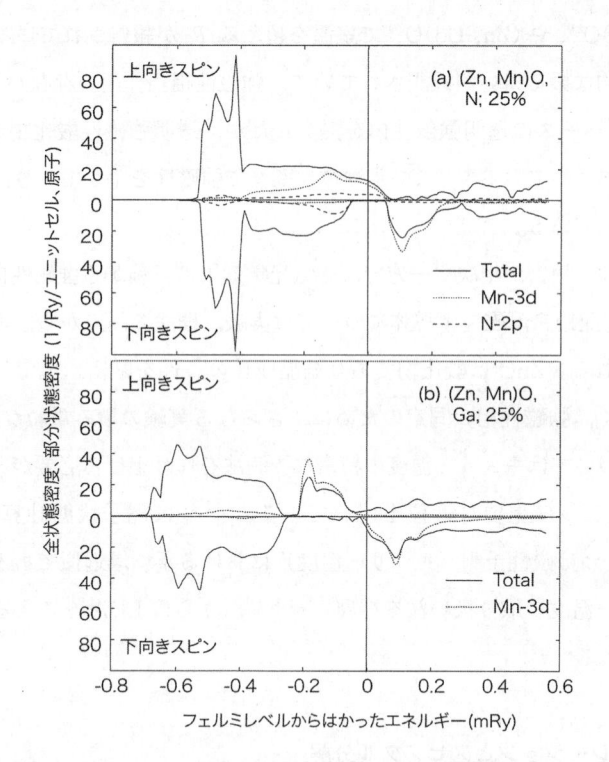

図9　(Zn, Mn)O に (a) N（ホール），(b) Ga（電子）をそれぞれ
25％添加したときの強磁性状態での状態密度

ことを考えると，Fe, Co または Ni を添加した ZnO が強磁性体として非常に有望であると考えられる．もう一つは，Fe, Co, Ni のどれかと Mn を同時に ZnO に添加して強磁性寸前の常磁性状態に調整できれば電子を導入することで強磁性に転移するような材料が合成できるかもしれないということである．このような2種類の遷移金属を同時にドープした系についての磁性の計算も最近行われつつある[25]．

1.5.4　実験との比較

ZnO ベースの希薄磁性半導体で強磁性となるものがいくつか示されたが，我々のマテリアルデザインに対する実証実験も数多く行われている[4, 26]．特に ZnO については，最近のコンビナトリアルレーザー MBE 法の発展が著しく，ZnO 中に 3d 遷移金属が数10％まで添加できることが示されてから[27]，ZnO ベースの強磁性体が特に注目されるようになった．高濃度に遷移金属をドープした ZnO について光の透過率が測定され，それらが可視光に対して透明であることが示されている[27]．我々のマテリアルデザインによると，ZnO ベースの希薄磁性半導体は透明な強磁性体になるはずであり，磁気光効果等を利用した新しいデバイスの可能性を示唆するものである．このようなことから，ZnO ベース磁性体の合成とその磁気特性の測定が活発に行われるよ

うになり，(Zn, V)O[28]，や (Zn, Co)O[29] で室温を超える T_C が報告されているし，(Zn, Ni)O でも室温で超常磁性的な振る舞いが観測されていて，強磁性相互作用の存在が示されている[30]。また，ここでは ZnO ベースの透明強磁性体を提案したが，透明強磁性酸化物半導体 (Ti, Co)O$_2$ が合成され話題をあつめている[31]。この磁性体は室温で強磁性を示しており，その強磁性の発現機構に興味が持たれている。

　このように強磁性の報告が相次ぐ一方で，磁気光学効果の実験から強磁性相の存在を否定する報告もあり[32]，酸化亜鉛希薄磁性半導体については実験，理論の両方から，さらに慎重な議論が必要であると思われる。ZnO は酸化物であり結晶成長の条件を厳密に規定して，格子欠陥等を制御するのが難しく，強磁性相の同定のために，さらなる実験の積み重ねが必要とされている。また，理論計算についてはキュリー温度の精密な予測法を作り上げる必要がある。今までのマテリアルデザインは二つの重要な近似を用いている。一つは電子状態計算における局所近似 (LDA) で，もう一つは磁性予測（キュリー温度）における平均場近似である。次節で平均場近似を超えたキュリー温度の取り扱い法を発展させ[18, 19]，さらに LDA をこえる電子状態計算の取り組みについてふれる[20, 21]。

1.6　磁気的パーコレーションとスピノダル分解

　前節での強磁性の議論は強磁性状態と常磁性状態のエネルギー差に基づいている。平均場近似によるとエネルギー差はキュリー温度に対応するが，希薄系で相互作用が短距離である場合，平均場近似が全く信用できなくなる場合がある[18, 19]。極端な場合として最近接原子間しか相互作用がないとする。磁性イオンが高濃度に存在する場合は最近接原子同士が作る磁気的なネットワークが結晶全体に広がっているが，希釈していくにつれネットワークがちぎれてゆき，ある限界濃度以下では結晶の端から端まで最近接磁性原子をたどっていくこと（パーコレーション）ができなくなる[33]。このようになると，磁性原子は小さいクラスターを構成するのみで，クラスター内では強磁性的であるがクラスター同士には磁気的なつながりはなく自発磁化は現れない。しかし，平均場近似では磁性原子の分布はならしてしまい，濃度の重みでもって各格子点に存在しているとしている。このため，エネルギー差 ΔE が正であれば，どんなに濃度が薄くても有限の T_C を与えてしまい定性的に正しくない。

　最もわかりやすい例として，FCC の Heisenberg 模型で，強磁性的相互作用が最近接原子間にのみ働くとして，T_C を平均場近似とモンテカルロシミュレーションにより計算すると，平均場近似では T_C は濃度に比例して増加しいつも正のキュリー温度を与える。一方，シミュレーションでは磁性イオンのランダムな配置をあからさまに取り入れているので，パーコレーション閾値 (FCC の場合 20 %) 以下では系はパーコレートすることができず，自発磁化はあらわれない。

第9章 新機能材料への展開

つまり，閾値以下では相互作用が短距離の場合，平均場近似は定性的にも正しくない答えを与える。実際の希薄磁性半導体中では相互作用は第一近接より遠いサイトにも及んでいると考えられるし，容易に想像できるように相互作用が十分長距離であればパーコレーションの閾値は低濃度になり，また平均場近似の T_C の見積もりもよくなる。このようなことを定量的に取り入れて希薄磁性半導体のキュリー温度を議論するために，磁性原子間の交換相互作用をそれぞれの対ごとに計算し相互作用長について調べ，さらに計算して得られた交換相互作用を使ってモンテカルロ法を用いてキュリー温度を求めるということが試みられており，成果をあげているので，それについて簡単に触れておく[18, 19]。

磁性合金中の磁性原子間の交換相互作用の計算法は既に Liechtenstein らが処方箋を与えている[34]。CPA での計算による強磁性希薄磁性半導体の配置平均された電子状態を表す有効媒質中に磁性原子，例えば Mn を位置 i と j におく。Mn の磁気モーメントが平行な状態から互いに少し傾けたときのエネルギーの変化を第一原理から計算しそれを Heisenberg ハミルトニアンと見比べることで i と j 間の交換相互作用が求まる。このような方法で (Zn, Co)O における Co 間の交換相互作用が Bergqvist らによって計算されており，相互作用は指数関数的に減衰する短距離相互作用であることが示されている[35]。この短距離性は，二重交換相互作用が主要な系の一般的特徴である[36]。

第一原理から交換相互作用が求まるとモンテカルロシミュレーション（MCS）を統計誤差の範囲内で厳密な T_C を見積もることができる。よく用いられるのは，有限サイズの FCC の結晶中に磁性原子をランダムにばらまき，磁化の熱平均を Metropolis のアルゴリズムにより計算する方法である。さらに，有限サイズのセルを用いていることからくる誤差を最小限に抑えかつ T_C を効率よく求めるために有限サイズスケーリングの方法を用いる[37]。このような方法でもとめた (Ga, Mn)As や (Zn, Cr)Te のキュリー温度は実験結果をよく再現する[18, 19, 38]。また，相互作用が短距離である (Ga, Mn)N では平均場近似は特に低濃度でキュリー温度を1桁以上も過大評価しており，実際には高い T_C は示さないことが明らかにされた。ZnO 希薄磁性半導体は二重交換相互作用により強磁性がもたらされると考えられるので，精密な議論のためには，上記のようなパーコレーションの効果を取り入れたキュリー温度計算が必要である。

前節で指摘した ZnO 希薄磁性半導体の実験結果のばらつきについても考察が進められている。希薄磁性半導体は一般に溶解度ギャップを持つ系で熱平衡状態では相分離（スピノダル分解）を起こす。これまでの計算では CPA 法を用いており，不純物の分布は完全にランダムで一様であると仮定している。そこで，相分離のために不純物濃度が不均一になった場合，希薄磁性半導体の強磁性特性がどのように変化するかが調べられている[39, 40]。不純物の不均一な分布もできるだけ第一原理から再現するために，この系におけるスピノダル分解のシミュレーションを試み，キュ

リー温度の変化が調べられている。まず，Ducastelle と Gautier による Generalized perturbation method を用い[41]，希薄磁性半導体中で磁性不純物間の原子対相互作用エネルギーを計算する。その結果，たとえば (Ga, Mn)As, (Ga, Mn)N, (Zn, Cr)Te において Mn 間および Cr 間の相互作用は引力的であり，一般に希薄磁性半導体は相分離を起こす系であることが確認された[39, 40]。この結果は実験ともよく対応しており，非平衡結晶成長法が必要な理由であり均一な相を作るのが大変難しいことを示している。特にワイドギャップ希薄磁性半導体では磁性不純物間に非常に強い引力が働く傾向がある。有効相互作用が与えられると，モンテカルロ法により有限温度でのスピノダル分解をシミュレートできる。引力的な相互作用により不純物同士は寄り集まり強い濃度の不均一を作る。濃度の低い場合は相分離により小さいクラスターがたくさんできるが，クラスター同士は磁気的にも分離されているためキュリー温度はスピノダル分解により低くなる[39]。しかし，20％程度以上の高濃度の場合にはスピノダル分解で生成された高濃度の領域は，互いに連結した複雑な構造をとる。これは同時に磁気的なネットワークも形成されることを意味し，スピノダル分解はキュリー温度を上げる方向に作用する[39]。参考のために，(Ga, Mn)As のキュリー温度のモンテカルロステップ数依存性を図10に示した。挿入図は (Ga, Mn)As 中の Mn 位置を示したもので，ステップが進むと相分離が進行し，高濃度では同時にキュリー温度が高くなることがわかる。このことは，希薄磁性半導体の強磁性特性が結晶成長の条件に非常に敏

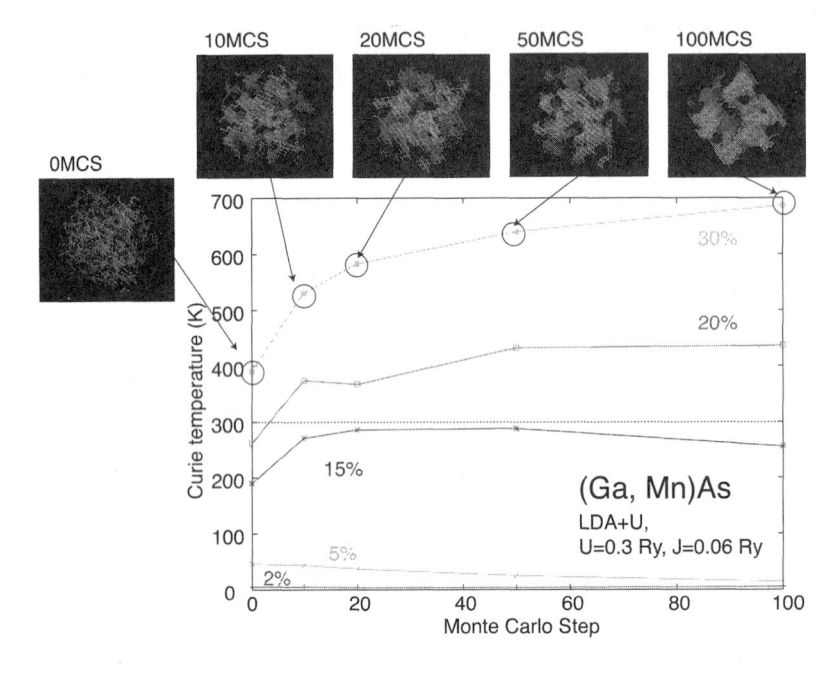

図10 (Ga, Mn)As での相分離とキュリー温度の関係

第9章　新機能材料への展開

感であることを示している。酸化亜鉛についてはスピノダル分解の影響はまだ計算されていない。

上記のスピノダル分解のシミュレーションでは相分離は等方的に起こるとしているが，より実際の実験の様子に近づけるため結晶成長の方向を仮定した場合のシミュレーションも行われている[40]。MBE 結晶成長法に対応して，シミュレーションにおいても一層ずつ原子層を積み上げていく。最上層に対してスピノダル分解のシミュレーションを実行し，そのシミュレーションが終わったらその層の原子配置は固定して次の層を積み重ねていく。このようにしてスピノダル分解の起こる層を限定し結晶成長方向を導入すると，結晶成長方向に平行にのびが擬一次元の形状を持つクラスターができることが示されている。このようなことは 5 % 程度の低濃度領域でも起こる。実験的にもアリゾナ大学の Newman らが（Al, Cr）N において結晶方向に平行に高濃度領域ができることを発見しており，ワイドギャップ希薄磁性半導体の磁性には常磁性ブロッキング現象が重要であることがわかってきた[42]。同様な相分離と一次元構造は Ge に Mn を添加した系でも報告されており，強磁性との関わりが議論されている[43]。また計算機シミュレーションによると，この擬一次元ナノマグネットは，その位置と形状を制御して希薄磁性半導体中に成長させることが可能であり，相分離でできるナノマグネットを積極的に用いるアイデアが半導体スピントロニクスの新しい方向性として検討されている。

1.7　自己相互作用補正

これまでにみたように，局所近似に基づく第一原理マテリアルデザインにより，酸化亜鉛希薄磁性半導体の材料設計に有用な指針が与えられた。しかし，局所近似で計算された電子状態にはしばしば系統的な誤差が含まれていることも知られている。例えば，局所近似では半導体のバンドギャップを過小評価する。また，局所近似による希薄磁性半導体の状態密度は光電子分光実験のスペクトルと一致せず，3d 電子のエネルギーが浅い位置に計算されることも指摘されている[44]。この不一致の原因として LDA で自己相互作用が完全に取り除かれていないことが挙げられる。

自己相互作用とは同一軌道間の静電相互作用と交換相関相互作用を合わせたもののことであり，たとえばハートリー・フォック近似による計算では二つの相互作用は互いに打ち消しあって零になるが，局所近似を用いたバンド計算では一般に打ち消されずに有限の値が残る。同一の軌道において電子間相互作用の寄与があるため，これを自己相互作用と呼んでいる。自己相互作用を含まない密度汎関数は定式化されていないため，バンド計算では局所近似の計算から自己相互作用の寄与分を差し引くという自己相互作用補正と呼ばれる方法が用いられる。

我々は酸化亜鉛希薄磁性半導体の計算において上記のような電子状態における誤差の影響を調べるために，Filippetti らによって提案された自己相互作用補正法（Pseudo-SIC）[45]を KKR-

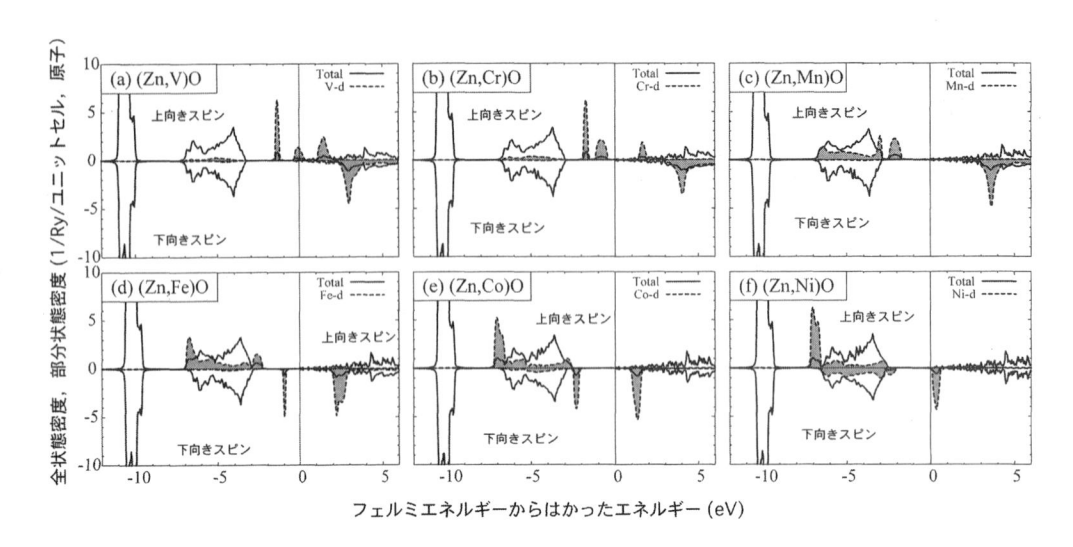

図11 (a)(Zn, V)O, (b)(Zn, Cr)O, (c)(Zn, Mn)O, (d)(Zn, Fe)O, (e)(Zn, Co)O と(f)(Zn, Ni)O の LDA-SIC による状態密度（遷移金属濃度は5％で強磁性状態での計算結果）

CPA電子状態プログラム（MACHIKANEYEMA）にとりいれて電子状態計算を行った[21]。得られた状態密度は図11に示されているようにLDAのもの（図4）とはかなり異なる。一般にギャップ中に表れる不純物準位の占有状態と非占有状態が大きく分裂し，フェルミレベルでの状態密度は減少している。Vを添加した系のVの部分状態密度のピークとCoを添加した系のCoの部分状態密度の二つの大きなピークの位置は，それぞれフェルミレベルからおよそ1.5eV, 3eV, 7eV下に現れており，これらは光電子分光実験で観測されているピークの位置と一致している。またMnを添加した系では，Mnの部分状態密度は価電子帯と重なるエネルギー範囲に分布しており，この点も光電子分光実験の結果を再現している。このように，LDAによる計算では全く再現できなかった光電子分光スペクトルを，自己相互作用補正によって再現することができる。現在，この補正の磁性に及ぼす影響について研究が進められている。

1.8 おわりに

ワイドギャップと大きな励起子束縛エネルギーを持ち，良好な環境調和性かつ安価な新機能材料として注目されている酸化亜鉛の半導体スピントロニクス材料としての可能性を，計算機ナノマテリアルデザイン法を用いて示した。遷移金属添加酸化亜鉛の磁性が二重交換相互作用と超交換相互作用の競合を考えることで統一的に理解でき，四面体位置に置かれたd状態の対称性とその占有率から系統的に磁性を予測できる。我々のマテリアルデザインに基づき数多くの実証実験が行われ，第一原理マテリアルデザインの有効性が確認されつつある。より現実的なマテリア

第9章 新機能材料への展開

ルデザインを与えるために，希薄磁性半導体のスピノダル分解を第一原理から考察し，わずかな実験条件の差が大きなキュリー温度の差を生むことを指摘した．スピノダル分解の次元性を制御することにより希薄磁性半導体中に擬一次元ナノ磁性体が成長することをシミュレーションにより示した．これらを利用した半導体ナノスピントロニクスのためのデバイス創製の実証実験が進んでおり，半導体スピントロニクスの新しい方向性として発展しつつある．最後に，より精密なマテリアルデザイン法の確立に向けて，電子状態計算に用いている局所近似に自己相互作用補正を加え局所近似の誤差がマテリアルデザインに及ぼす影響を定量的に調べた．

21世紀において地球規模で解決しなければならない最重要課題は，エネルギー問題，環境問題，そして高齢化福祉医療問題である．これらの問題解決の鍵を握っているのはマテリアルサイエンスであり，高効率エネルギー変換材料，環境調和材料そして高齢化福祉医療材料の開発が効率よく行われるかどうかが人類の未来を大きく左右する．このような人類の未来に関わる最重要課題の問題解決においても，第一原理計算によるマテリアルデザインが大きな貢献をすると我々は期待している．

謝辞

本研究の一部はユーリッヒ固体物理学研究所 P. H. Dederichs 教授との共同研究による．本研究の一部は，文部科学省科学研究費補助金の，特定領域研究「次世代量子シミュレーター・量子デザイン手法の開発」(No. 17064014)，特定領域研究「半導体ナノスピントロニクス」，若手研究 (B)，JST-CREST，NEDO-Nanotech，21 COE「新産業創造指向インターナノサイエンス」の研究助成により行われた．

文　　献

1) H. Ohno, *Science*, **281**, 951 (1998)
2) H. Ohno, *Science*, **291**, 840 (2001)
3) S. A. Wolf, D. D. Awschalom, R. A. Buhrman, J. M. Daughton, S. von Molnar, M. L. Roukes, A. Y. Chtchelkanova and D. M. Treger, *Science*, **294**, 1488 (2001)
4) F. Matsukura, H. Ohno and T. Dietl, Handbook of Magnetic Materials, 14, 1 (2002)
5) K. Sato and H. Katayama-Yoshida, *Jpn. J. Appl. Phys.*, **39**, L555 (2000)
6) K. Sato and H. Katayama-Yoshida, *Jpn. J. Appl. Phys.*, **40**, L334 (2001)
7) 笠井秀明, 赤井久純, 吉田博編, 計算機マテリアルデザイン入門, 大阪大学出版会 (2005)

8) K. Sato and H. Katayama-Yoshida, *Semicond. Sci. Technol.*, **17**, 367 (2002)
9) H. Akai and P. H. Dederichs, *Phys. Rev. B*, **47**, 8739 (1993)
10) http://sham.phys.sci.osaka-u.ac.jp/kkr
11) K. Sato, P. H. Dederichs, H. Katayama-Yoshida, *Europhysics Letter*, **61**, 403 (2003)
12) K. Sato, P. H. Dederichs, H. Katayama-Yoshida and J. Kudrnovsky, *J. Phys. Condens. Matter*, **16**, S5491 (2004)
13) H. Akai, *Phys. Rev. Lett.*, **81**, 3002 (1998)
14) J. Kanamori and K. Terakura, *J. Phys. Soc. Jpn.*, **70**, 1433 (2001)
15) T. Dietl et al., *Science*, **287**, 1019 (2000)
16) T. Dietl, *Semicond. Sci. Technol.*, **17**, 377 (2002)
17) T. Jungwirth, J. Sinova, J. Masek, J. Kucera and A. H. MacDonald, *Rev. Mod. Phys.*, **78**, 809 (2006)
18) L. Bergqvist, O. Eriksson, J. Kudrnovsky, V. Drchal, P. Korzhavyi and I. Turek, *Phys. Rev. Lett.* **93**, 137202 (2004)
19) K. Sato, W. Schweika, P. H. Dederichs and H. Katayama-Yoshida, *Phys. Rev. B*, **70**, 201202 (2004)
20) K. Sato, P. H. Dederichs and H. Katayama-Yoshida, *Physica B*, **376-377**, 639 (2006)
21) M. Toyoda, H. Akai, K. Sato and H. Katayama-Yoshida, *Physica B*, **376-377**, 647 (2006)
22) A. Zunger, *Solid State Physics*, **39**, 276 (1986)
23) K. Sato and H. Katayama-Yoshida, *Jpn. J. Appl. Phys.*, **40**, L485 (2001)
24) K. Sato and H. Katayama-Yoshida, *Jpn. J. Appl. Phys.*, **40**, L651 (2001)
25) H. Akai and M. Ogura, *Phys. Rev. Lett.*, **97**, 26401 (2006)
26) S. J. Pearton et al., *J. Appl. Phys.*, **93**, 1 (2003)
27) Zhengwu Jin, M. Murakami, T. Fukumura, Y. Matsumoto, A. Ohtomo, M. Kawasaki and H. Koinuma, *J. Cryst. Growth*, **214/215**, 55 (2000)
28) H. Saeki, H. Tabata and T. Kawai, *Solid State Commun.*, **120**, 439 (2001)
29) K. Ueda, H. Tabata and T. Kawai, *Appl. Phys. Lett.*, **79**, 988 (2001)
30) T. Wakano, N. Fujimura, Y. Morinaga, N. Abe, A. Ashida and T. Ito, *Physica C*, **10**, 260 (2001)
31) Y. Matsumoto, M. Murakami, T. Shono, T. Hasegawa, T. Fukumura, M. Kawasaki, P. Ahmet, T. Chikyow, S. Koshihara and H. Koinuma, *Science*, **291**, 854 (2001)
32) K. Ando, H. Saito, Z. Jin,m T. Fukumura, M. Kawasaki, Y. Matsumoto and H. Koinuma, *J. Appl. Phys.*, **78**, 2700 (2001)
33) D. Stauffer and A. Aharony, Introduction to percolation theory, 2nd Ed., Taylor & Francis (1994)
34) A. I. Liechtenstein et al., *J. Magn. Magn. Mater.*, **67**, 65 (1987)
35) L. Bergqvist et al., *Phys. Rev. B*, **72**, 195210 (2005)
36) J. Kudrnovsky et al., *Phys. Rev. B*, **69**, 115208 (2004)
37) K. Binder and D. W. Heermann, *Monte Carlo Simulation in Statistical Physics*,

Springer (2002)
38) T. Fukushima, K. Sato, H. Katayama-Yoshida and P. H. Dederichs, *Jpn. J. Appl. Phys.*, **43**, L1416 (2004)
39) K. Sato, H. Katayama-Yoshida and P. H. Dederichs, *Jpn. J. Appl. Phys.*, **44**, L948 (2005)
40) T. Fukushima, K. Sato, H. Katayama-Yoshida, and P. H. Dederichs, *Jpn. J. Appl. Phys.* **45**, L416 (2006)
41) F. Ducastelle and F. Gautier, *J. Phys. F*, **6**, 2039 (1976)
42) L. Gu, S. Y. Wu, H. X. Liu, R. K. Singh, N. Newman and D. J. Smith, *J. Magn. Magn. Mater.*, **290-291**, 1395 (2005)
43) M. Jamet *et al., Nature materials*, **5**, 653 (2006)
44) Y. Ishida *et al, Physica B*, **351**, 304 (2004) ; T. Mizokawa *et al., Phys. Rev. B*, **65**, 85209 (2002) ; S. C. Wi *et al., Phys. Stat. Sol.* (*b*), **241**, 1529 (2004) ; M. Kobayashi *et al., Phys. Rev. B*, **72**, 201201(R)(2005)
45) A. Filippetti, N. A. Spaldin, *Phys. Rev. B*, **67**, 125109 (2003)

2 酸化亜鉛の強誘電性

福永正則[*1], 小野寺 彰[*2]

酸化亜鉛 ZnO は,Zn を一価イオンの Li で一部置換すると強誘電性を示す。代表的な強誘電体に比べると,弱い強誘電特性や,相転移に伴う微小な結晶構造変化など特徴的な特性を示す。強誘電性のメカニズムは,Zn3d 電子の電子系主因の新しいタイプの強誘電体であると考えられる。ここでは酸化亜鉛を中心に,強誘電性半導体の最近の進展を紹介する。

2.1 はじめに

ZnO の圧電性は,ZnS や CdS の 2 倍以上,同じ酸素イオンを持つ BeO と比べても 1 桁大きい圧電定数を持つ。このため,超音波トランスデューサー,表面弾性波フィルター,ガスセンサーなど,多くの機能性デバイスに応用されている[1~3]。ZnO が強誘電性を示すと,さらに広い応用が考えられる。強誘電体は自発分極（P_s）を持ち,外部電場によりその向きを反転できる物質群で,誘電分極の履歴現象（D-E ヒステリシス），大きな誘電率,高い圧電効果や焦電効果,電気光学効果,および,非線形光学効果などの興味深い性質を示す。このような特徴を生かし,さまざまな電子デバイスへの応用が考えられている。近年では,特に強誘電体メモリー（FeRAM）が注目される。FeRAM は不揮発性メモリー（記録に自発分極を使用するため,電場を印加し続けなくても内容が消えない）であるだけでなく,従来のメモリー（DRAM）に比べ,高速な応答,高集積度などの優れた潜在能力を有している。これまで,ペロフスカイト系酸化物強誘電体をはじめとした多くの強誘電体が薄膜化され,実用に向けた多くの研究が行われている。

ZnO の長所は,代表的な半導体であるシリコンとよく似た結晶構造を持ち,半導体材料との構造的な整合性が良いことである。図 1 に示すように,分極方向に亜鉛イオンの金属層と酸素イオンの絶縁層が交互に積み重なり,良質の薄膜が作製できることも ZnO の利点である。もう一つの特徴は,不純物添加によ

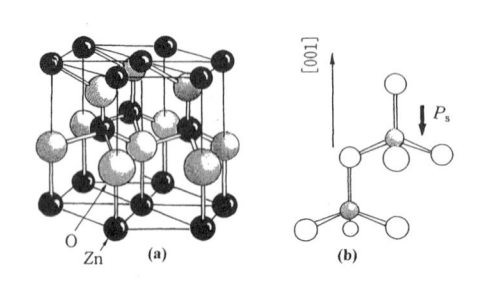

図 1　(a)は酸化亜鉛の結晶構造（ウルツ鉱型構造）。(b)は分極軸方向に撮影した ZnO の模式図で Zn 層と O 層が交互に積層している。P_s は構造からの計算される分極を表す

---

*1　Masanori Fukunaga　北海道大学大学院　理学研究科
*2　Akira Onodera　北海道大学大学院　理学研究科　教授

第9章 新機能材料への展開

り，比抵抗が実に14桁の範囲で変化することである。このような電気的特性の柔軟性は，逆に言えば，精密な不純物コントロールが要求されることを意味するが，この事情もシリコンと同様である。ZnOは，強誘電性を利用したメモリー素子への応用，ポッケルス効果による光スイッチングを利用した光IC素子，n型伝導性による透明電極，n, p型半導体性を利用した青色レーザーや透明太陽電池としての幅広い応用が有望視される次世代の機能性材料といえる。

2.2 AB型半導体結晶の強誘電性
2.2.1 二原子結晶の強誘電性

Slaterは代表的強誘電体BaTiO$_3$の各イオンに作用する有効電場を求め，強誘電性の起源を論じた[4]。分極c軸方向の-Ti-O-Ti-O-鎖の相関が重要で，Tiのイオン分極率が非調和項を介して温度変化することにより強誘電性が説明できることを示した。この考えは結晶構造と有効電場を考えた静的立場からの考察である。これに対し，Cochranは強誘電性相転移を格子力学の動的立場から論じた[5]。

1次元二原子結晶の格子振動の簡単な例では，固体物理学テキストの例題にあるように，2種の原子が反位相で振動する光学モードと，同位相で振動する音響モードがある[6]。分極，すなわち我々の期待する強誘電性に関係するのは光学モードである。もし，光学モードの振動数が何らかの原因でゼロになり，イオンが分極した状態にとどまると強誘電体になる。これがCochran理論の基本的なアイデアである。

Cochranはより現実的なShell Modelで強誘電性が起こりうることを示した。NaClのようなアルカリ・ハライド結晶を考え，一般に負イオンは分極率やイオン半径が大きいのでコア(core)と外殻電子（shell）に分け，正イオンとはshellを通じて相互作用する。正イオンとshell, coreとshellはバネ定数R_0, kで結びついている。このモデルでは，電子分布の重なりや共有結合性はshellの部分に押し込められている。この系の運動方程式を解くと，

$$\mu\omega_{TO}^2 = R_0' - \frac{4\pi(\varepsilon_\infty+2)(Z'e)^2}{9V} \tag{1}$$

$$\mu\omega_{LO}^2 = R_0' - \frac{8\pi(\varepsilon_\infty+2)(Z'e)^2}{9V\varepsilon_\infty} \tag{2}$$

ただし，μは換算質量（$\mu_1\mu_2/(\mu_1+\mu_2)$），TOは横波光学モード，LOは縦波光学モードである。R_0は

$$R_0' \equiv \frac{kR_0}{k+R_0} < R_0 \tag{3}$$

で与えられる。ところで，LST（Lyddane-Sachs-Teller）則から

$$\frac{\omega_{LO}^2}{\omega_{TO}^2} = \frac{\varepsilon}{\varepsilon_\infty} \qquad (4)$$

なので，ε が発散して相転移を起こすには，式(1)左辺の ω_{TO} がゼロになればよい．つまり，式(1)と式(2)を見比べると，復元力である短距離力と長距離力であるクーロン力が釣り合えば，$\omega_{TO} \to 0$ になり，誘電率は発散し，結晶は自発分極を生じる．すなわち，横波光学モードがソフト化するのが強誘電性の起源である．これが Cochran の「ソフトモード」の考えである．

この理論によれば，二原子結晶の NaCl も強誘電体になりうるが，実際の物理量を入れてみると，R_0' はクーロン項の二倍になり，残念ながら強誘電性を示さない．しかし，純粋な結晶で強誘電性を示すことができなくても，混晶にして式(3)の R_0' などの値を制御できれば強誘電体になる可能性がある．

2.3 半導体の強誘電性 – $Pb_{1-x}Ge_xTe$ と $Cd_{1-x}Zn_xTe$

一般にハミルトニアン H は

$$H = H(ion) + H(electron) + H(electron\text{-}ion) \qquad (5)$$

で与えられる．我々がここで考えるのは強誘電体であり，一般にバンドギャップ E_g が大きいため，電子系の寄与は無視してよかった．しかし，少なくともここで考えようとしている物質群では，価電子の効果を取り入れなければならない．1 eV = 10000 K であるから，narrow または，intermediate-band-gap の半導体のように 0.1～0.01 eV 程度の場合は，dipole-dipole interaction の大きさと同程度になる．このような外殻の価電子とイオンの相互作用を electron-phonon interaction あるいは vibronic interaction という．IV-VI 族強誘電性半導体ではこの項が重要である[7]．

2.3.1 $Pb_{1-x}Ge_xTe$ の相転移

IV-VI 族半導体 $Pb_{1-x}Ge_xTe$ は比較的良く調べられた強誘電性半導体で[8]，代表的な相転移モデルは Vibronic Model である[9]．バンドギャップ（E_g）が 0.3 eV と小さいため長波長の TO フォノンを介して伝導帯と価電子帯の電子が相互作用し，格子の不安定化を引き起こし，強誘電性を示すというものである．ここでは E_g が 1 eV より小さいことが重要である．フォノンや反射率から求めた誘電率，ソフトモードの挙動は強誘電体であることを示唆している[10]．また，ステップ状の明瞭な比熱異常が観測される[11]．しかし，その伝導性のために強誘電性の直接的な証明である自発分極の測定はなされていない．

PbTe, GeTe は，図2に示すような NaCl 型の立方晶構造をとり，エネルギーギャップが 0.3 eV の，いわゆるナロー・ギャップ半導体である．純粋な PbTe では相転移は起こらず，Pb（イ

第9章 新機能材料への展開

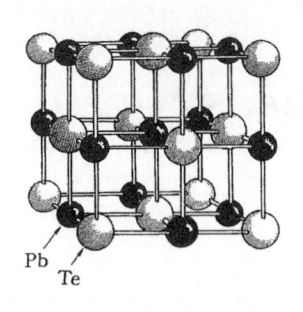

図2 Pb$_{1-x}$Ge$_x$Te の結晶構造
（岩塩構造：立方晶）

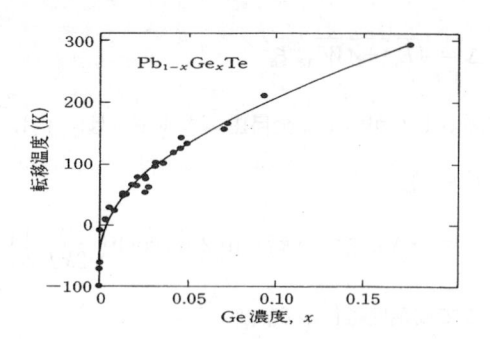

図3 Pb$_{1-x}$Ge$_x$Te の強誘電相転移点 T_c の Ge 濃度（x）の増加とともに急激な T_c の上昇が見られる

オン半径：1.2 Å）の代わりにイオン半径の小さい Ge（イオン半径：0.73 Å）をドープすると，Ge イオンは Pb イオン位置（センター位置）から [1,1,1] 方向にわずかにずれたオフ・センター位置（約 0.8 Å）に入る。このシフト方向は正八面体の8つの面方向である。T_c より上では，オフ・センター・イオンはこの方向にランダムに入り得るが，T_c 以下になると，一方向にオーダーしようとする[10]。

この相転移は，単純な秩序・無秩序型的な相転移ではなく，オフ・センター・イオンと電子系の相互作用が引き金となって，もともと周波数が小さく相転移が生じ易い状態にある TO フォノンがソフト化し，強誘電性を示すと考えられている。Ge 濃度（x）やキャリア濃度と転移点 T_c の関係は図3のようになる[8]。Ge ドープによる転移点の上昇は急激で，15％のドープで 300 K になる。誘電率は転移点で 2000 程度となり，多少小さいものの，いわゆる変位型の強誘電体と同じオーダーである。

この相転移を Vibronic Model に従って価電子を一電子描像で取扱い，各々の電子が独立にイオンコアのつくる有効ポテンシャル中で運動しているとする[7]。簡単のため，波数依存性は考えない。ε_1 と ε_2 のエネルギーを持つ二準位系を考える。$T = 0$ K では価電子は ε_1 につまっていて，ε_2 は空である。バンドギャップは $E_g = (\varepsilon_2 - \varepsilon_1)$ である。vibronic interaction の項 $W\xi_0$ があると，エネルギー固有値は

$$E_\pm = \frac{1}{2}(\varepsilon_1+\varepsilon_2) \pm \frac{1}{2}\sqrt{E_g^2+4W_{12}'^2\xi_0^2} \tag{6}$$

となり，ギャップは大きくなる。ただし，ξ_0 はソフトモードに関係する一様な変位である。電子系の自由エネルギー F_{el} は

$$F_{el} = -NkT\ln\left[2+2\cosh\left(\frac{\Delta}{2kT}\right)\right] \tag{7}$$

$$\Delta = \sqrt{E_g^2 + 4W'^2_{12}\xi_o^2} \tag{8}$$

となる。したがって，全自由エネルギーは，イオンによる項 F_{ion} も考えると，

$$\begin{aligned} F &= F_{ion} + F_{el} \\ &= \frac{1}{2}N\omega^2\xi_o^2 - NkT\ln\left[2 + 2\cosh\left(\frac{\Delta}{2kT}\right)\right] \end{aligned} \tag{9}$$

ここで安定性条件から，

$$\xi_o^2 = \frac{W'^2_{12}}{\omega^4}\tanh^2\left(\frac{\Delta}{4kT}\right) - \frac{E_g^2}{4W'^2_{12}} \tag{10}$$

と求まる。高温条件（$\Delta/kT \approx 0$）では，ξ_o^2 は負になるが，温度を下げていくと正の解が存在する。すなわち，

① electron-phonon coupling（W'_{12}）が大きく，
② 格子振動が小さく（$\omega \sim 0$，ソフトモード），
③ バンドギャップが小さい

ならば，結晶の強誘電的不安定化が起こりやすいことがわかる。実際，$Pb_{1-x}Ge_xTe$ では，このような条件が満たされている。

2.3.2 CdTe-ZnTe の相転移

最近見出されたものにⅡ-Ⅵ族の $Cd_{1-x}Zn_xTe$ がある[12]。$Cd_{1-x}Zn_xTe$ は光学的にも注目されている化合物半導体である。CdTe も ZnTe もどちらも強誘電性を示さないが，CdTe の Cd を Zn で一部置換した混晶は強誘電性を示す。閃亜鉛鉱型の構造（立方晶）をとり（図4），中心対称性がない。エネルギーギャップは 1.5eV と大きい。この構造を [1,1,1] 方向に投影すると，Cd^{2+} 層と Te^{2-} 層が交互に積層している。Cd^{2+} をイオン半径の小さい Zn^{2+} で置換すると，Zn はオフ・センター位置を占める。XAFS（X-ray Absorption Fine Structure）の結果によると Zn は約 0.04 Å 変位している[13,14]。このオフ・センター・イオンが秩序化することにより格子が菱面体的に 0.01 Å ほど歪み，強誘電性を誘起すると考えられる[15]。この混晶では TO フォノンの disorder がみられるが，$Pb_{1-x}Ge_xTe$ と異なりソフトモードは見られない[12,16]。自発分極[17]や比熱異常[16,17]は比較的大きく秩序・無秩序的挙動が相転移の主因であると考えられている。この物質には寺内の優れた解説がある[10]。

$x = 0.1$ のとき，$T_c = 393$ K である[12,18]。Wei ら[19]による第一原理計算による混晶系の相図は，実験値と良く一致し，$x =$

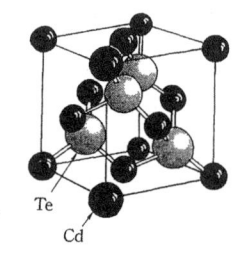

図4 $Cd_{1-x}Zn_xTe$ の結晶構造
（閃亜鉛鉱型構造：立方晶）

第9章 新機能材料への展開

0.5付近のT_cが高く,両端では急激に低下する。誘電率のピーク値は$\varepsilon = 50$と小さい。キュリー定数は850 K,D-E ヒステリシスループも観測され,$P_s = 5.0\,\mu C/cm^2$と報告している。

平均場理論の結果を使って,この値を検討してみる。キュリー定数Cは

$$C = \frac{n\mu^2}{Vk\varepsilon_o} \tag{11}$$

であるから,$C = 850$,$\varepsilon_o = 50$,$V = 272.2\,\text{Å}^3$,$n = 4$を代入して双極子モーメントμを求め,次式に代入すると

$$P_s = \sum_{i=1}^{4} \frac{\mu_i}{V} = 3.9\,\mu C/cm^2 \tag{12}$$

となる。また,比熱異常部分ΔC_pとP_sは以下の関係式で結び付けられる。

$$P_s^2 = \frac{C}{2\pi} \int_T^\infty \frac{\Delta C_p}{T} dT \tag{13}$$

これからP_sを求めると,$1.6\,\mu C/cm^2$となる。サンプルのばらつきなどを考慮すると,Weilの測定値は妥当なものと思われる。

この混晶の構造変化は小さく,$Pb_{1-x}Ge_xTe$と異なりソフトモードは見られない。表1に示すように,誘電率の異常が小さいなど誘電挙動にも違いが見られる。LST則を考えれば,ソフトモードがないことと誘電率が小さいことはつじつまがあっている。この強誘電性はオフ・センター・イオンの存在が重要な役割を担っているが,Vibronic Model とは違うメカニズムであると考えられる。現象論的には以下のような自由エネルギーが考えられる。

表1 AB型強誘電性半導体の特性

	$Pb_{1-x}Ge_xTe$	$Cd_{1-x}Zn_xTe$	$Zn_{1-x}Li_xO$
結晶構造			
常誘電相	食塩型	閃亜鉛鉱型	ウルツ鉱型
	(Fm3m)	(F$\bar{4}$3m)	(P6$_3$mc)
強誘電相	菱面体	菱面体	ウルツ鉱型
	(R3m)	(R3m)	(P6$_3$mc)
T_c (K)($x = 0.1$)	200	390	470
E_g (eV)	0.3	1.53	3.2
ρ ($\Omega \cdot cm$)	10	10^3	10^{10}
P_s ($\mu C/cm^2$)	未測定	5	0.9
ソフトモード	○	×	×
ε_{peak}	10^3	50	21

ε_{peak}は相転移点(T_c)でのピーク誘電率。
ソフトモードは$Pb_{1-x}Ge_xTe$でのみ観測されている。

$$F = F_o + \frac{1}{2}\alpha\eta^2 + \frac{1}{4}\beta\eta^4 + \frac{1}{2}\alpha'p^2 + g\eta p \qquad (14)$$

($\alpha > 0$)。

ただし，η はホスト結晶の秩序度，p は Zn 置換により誘起された局所双極子である。最後の項 $g\eta p$ は ホスト系と局所双極子系の相互作用で，η と p は同じ対称性を満たすとする。この F の p についての最小化条件（$dF/dp = 0$）から，$p = (-g/\alpha')\eta$ となる。自由エネルギーは

$$F = F_o + \frac{1}{2}\left(\alpha - \frac{g^2}{\alpha'}\right)\eta^2 + \frac{\beta}{4}\eta^4 \qquad (15)$$

となるが，条件 $\alpha < g^2/\alpha'$ が満たされるならば，強誘電性が現れる。これは，ホスト結晶は相転移を起こさないが，ドーパントより誘起された局所双極子との相互作用により強誘電性が出ると理解される。

2.4 Li ドープ ZnO の強誘電性

一方，ZnO はウルツ鉱型構造（六方晶）をとり，亜鉛金属層と酸素絶縁層が c 軸（極性軸）方向に交互に積みあげられている。図1に示すように，ウルツ鉱型構造は食塩型や閃亜鉛鉱型の単位胞を [1,1,1] 方向を引き伸ばした構造である[20,21]。Li をドープした c 面単結晶を図5に示す。この構造はもともと対称中心がなく，強誘電性を示しても良い。強誘電性の可能性は沢田により指摘されていた[22]。しかし，ZnO の分極反転には非常に大きな原子変位が必要で，融点（1975℃）まで反転がみられない。我々の出発点は，Pb$_{1-x}$Ge$_x$Te や Cd$_{1-x}$Zn$_x$Te と同様に，ZnO の Zn をイオン半径の小さい Li で置換すると強誘電性を示しうるのではないかということであった。一般に複雑な結晶構造を持つ強誘電体に比べ，上に述べた強誘電性半導体は簡単な構造をとる。しかしその反面，半導体的性質があらわになり，その伝導性のため誘電特性を調べようとすると実験上困難な点が多い。ZnO は Li 固溶によりオフ・センター・イオンを含むとともに，比抵抗を大きくでき，通常の誘電体と同程度の精度で測定できるという大きな利点がある。もし ZnO が強誘電性を示せば，一つの母剤で，強誘電性，n 型や p 型の半導体性，金属に近い伝導性を兼ね備え，デバイスへ応用可能な薄膜材料としての将来性を期待されている。

ZnO の比抵抗（ρ）は通常 300 Ω・cm 程度であるが，ストイキオメトリや不純物により大きくその値を変える。Zn^{2+} は O^{2-} に対し六配位をとるべきであるが，実際の結晶では電子軌道の安定性から四配位である。このため陽イ

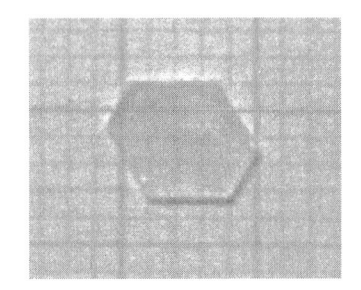

図5　Zn$_{1-x}$Li$_x$O c 面結晶
純粋な ZnO では透明淡黄色を呈しているが，Li をドープすると透明になる。

第9章 新機能材料への展開

オンと陰イオンの充填関係はイオン結合的な観点からはやや無理なものとなり，小さいイオンを取り込んでこの無理を解消しようとする[23]。イオン半径の小さい Li^+ は固溶するが，大きい Bi^{3+} は結晶に固溶せずセラミックスの粒界にとどまり，バリスタとなるのは良く知られている。Al^{3+}，In^{3+} ドープでは比抵抗が $10^{-4} \Omega \cdot cm$ [24]，Li^{1+} ドープでは $10^{10} \Omega \cdot cm$ と大きくなる[25,26]。強誘電性はこの絶縁体領域で見出されたものである[27~35]。

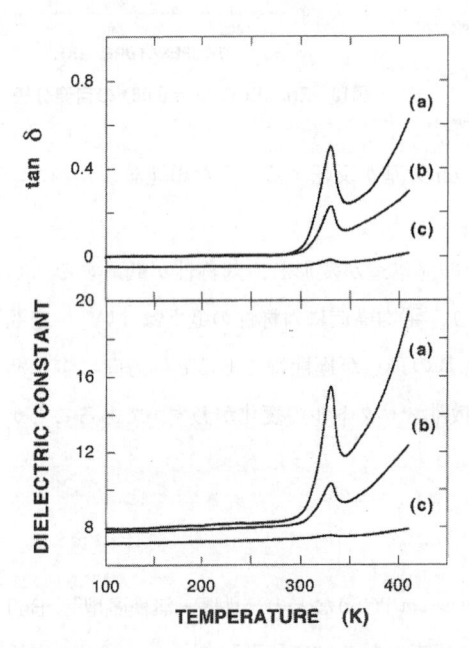

図6は $Zn_{1-x}Li_xO$ ($x=0.06$) の誘電率の温度依存性を示す[27]。誘電率の振る舞いは純粋な ZnO のデータとよく似た温度依存性を示すが[29]，330K に新たな誘電異常が見られる。また比熱にも，誘電異常に対応した温度には小さな異常を示す(図7)[27]。D-E ヒステリシスループを測定すると，小さいが明瞭な履歴曲線が観測される(図8)[27,28]。自発分極の大きさは $0.05 \sim 0.59 \mu C/cm^2$ とサンプル依存性を示すが，これはセラミックスの極性軸（c 軸）の配向によるものである。X線回折で分極軸の分布を調べて補正すると約 $0.9 \mu C/cm^2$ に収束する（図9，10）。しかし，この自発分極の大きさは Corso らにより予言された ZnO の理論値 $5 \mu C/cm^2$ の約二割にすぎない[30]。歪ゲージを用いた熱膨張や X 線回折で格子定数を調べると，a 軸はスムーズな温度変化をする。c 軸では相転移点に 0.002 Å の小さなとびが認められ，結晶構造解析の結果によく一致する。相転移点における変位の大きさは強誘電体 $BaTiO_3$ の Ti イオンの変位（0.1 Å）に比べて 2 桁程度小

図6 $Zn_{1-x}Li_xO$ ($x=0.06$) の誘電率と誘電損失の温度依存性
330K に純粋な ZnO ではみられない強誘電相転移に対応する新たな誘電異常が観測される。

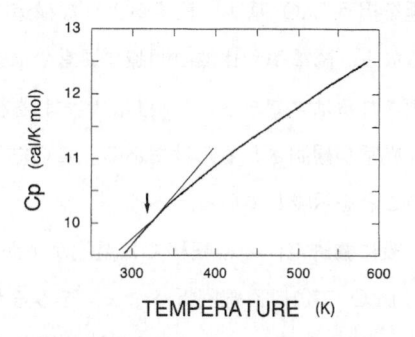

図7 $Zn_{1-x}Li_xO$ ($x=0.06$) の比熱

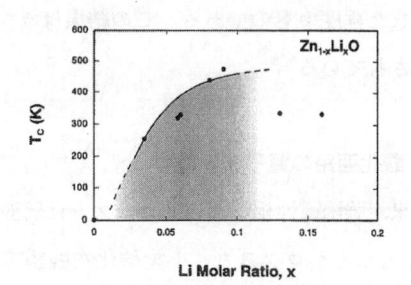

図8 $Zn_{1-x}Li_xO$ の強誘電相転移点 T_c の Li 濃度(x)依存性
$x > 0.1$ では良質の試料が得難い。陰影をつけた相が強誘電相。

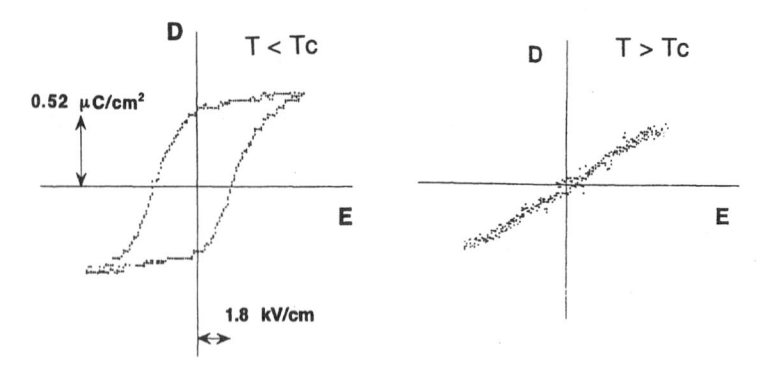

図9 強誘電相（$T<T_c$）と高温常誘電相（$T>T_c$）における $Zn_{1-x}Li_xO$（$x=0.06$）の D-E ヒステリシスループ

さい[30]。

　ZnO の強誘電性の出現は Li 置換に依存していることは明らかである。問題は Li 置換が結晶の中で何を引き起こし，どのようなメカニズムで強誘電性が生じているかという点である。もし，酸化亜鉛の分極を担う ZnO_4 基が反転するような構造相転移であるなら，誘電率や比熱の明瞭な異常や構造変化が観測されるはずである。しかし，いずれも極めて小

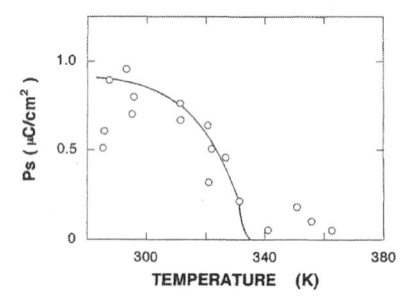

図10 $Zn_{1-x}Li_xO$（$x=0.06$）の自発分極（P_s）

さな異常が観測されるだけである。この結果は ZnO_4 基が反転するような単純なメカニズムではないことを示唆している。

　一般に強誘電体の相転移では温度が下がると結晶構造が変形し，対称性が低下する。しかし $Zn_{1-x}Li_xO$ の粉末 X 線回折パターンをみるかぎり，平均構造に対称性の低下はない[30]。空間群は純粋な ZnO と同じであり，相転移前後で ZnO_4 基の頂点が極性軸である c 軸方向に少し押し縮められた程度のものである。この結果はラマン散乱スペクトルの変化がわずかであることからも支持されている[38,39]。

2.5　酸化亜鉛の電子強誘電性

　従来，強誘電性相転移のメカニズムは硫酸グリシン（TGS）などの"秩序・無秩序型"，$BaTiO_3$，$PbTiO_3$ などペロフスカイト型酸化物強誘電体に代表される"変位型"のメカニズムで議論されることが多い。それでは $Zn_{1-x}Li_xO$ の場合を考える。この物質の比熱の異常が小さいこと，対称性の低下を伴わないことは前に述べたとおりである。秩序・無秩序型のメカニズムが主因であるならば，比熱異常は $R \ln 2$ 程度あってほしいが実際は微小で，秩序・無秩序型であるとは考え

第9章 新機能材料への展開

にくい。一方，変位型のメカニズムであるとすれば，異常比熱は小さくても良い。しかしBaTiO₃などで観測される誘電率の異常の大きさに比べて3桁ほど小さい。LST 則から予測されるように，ラマン散乱測定でも変位型の相転移に特徴的に現れるソフトモードが観測されていない。このようにいずれのメカニズムも十分な説明を与えない。構造変化が通常の強誘電的相転移に比べてきわめて小さいことから，従来の強誘電体の構造相転移とは異なる電子系が主因の新しいタイプの強誘電体である可能性が高いと考えられる。

そこで，モデルとして以下に述べるような，$Cd_{1-x}Zn_xTe$ と同様の①オフ・センター・イオンが主因の構造的モデルと，②結合電子が主因の電子論的モデルが検討された。

① ホスト原子の Zn イオン（0.76 Å）とゲスト原子の Li イオン（0.60 Å）では Li イオンのイオン半径の方が小さい。その結果，もともとあった Zn イオンの重心から変位したオフ・センターの位置に Li イオンが入り，局所的な双極子を誘起する。この「サイズ・ミスマッチ効果」が引き金となり相転移を誘起する構造的なモデル。

② ZnO はバンド構造や電子分布から Zn（$-3d^{10}4s^2$）の 3d 電子と O（$1s^22s^22p^4$）の 2p 電子が強く混成している[37,40～43]。3d 電子を持たない Li（$1s^22s$）での置換が，Zn-O 結合を修飾し，局所的な双極子を誘起する電子論的なモデル。

相転移においてどちらのメカニズムが，より有効であるか調べるため，Hagino らは Li イオンの他に Be イオンと Mg イオンのドーパントを試みた[44]。$Zn_{1-x}Be_xO$，$Zn_{1-x}Mg_xO$ ともに比抵抗は $10^6\Omega\cdot cm$ 程度である。Be^{2+}，Mg^{2+} のイオン半径はそれぞれ 0.30 Å，0.65 Å であり，Li^+ とイオン半径を比較した場合，Be^{2+} は Li^+ のおよそ半分であり，Mg^{2+} は Li^+ とほぼ同じである。もし①のメカニズムが主因であるならば，Be^{2+} への置換は相転移に大きな影響を与えることが予想される。一方，Li^+ と Be^{2+} は同じ電子構造を持つのに対し，Mg^{2+} の電子構造は異なるため，②のメカニズムが主因ならば，逆に Mg^{2+} への置換のほうが大きく影響を受けることが予想される。図11は，Mg^{2+}，Be^{2+} ドーパント試料において，観測された相転移温度の濃度依存性を示す。図11からわかるように，Be^{2+} よりも Mg^{2+} ドーパント試料の相転移点が大きく抑制されている。この結果は①のメカニズムではなく，②の電子論的メカニズムが主因であることを示している。現象論的には，$Cd_{1-x}Zn_xTe$ の場合と同様，式(14)の自由エネルギーが適用される。ZnO がもともと大きな双極子を持っていると考えれば，Li ドープにより誘起された局所双極子は，半導体でいう

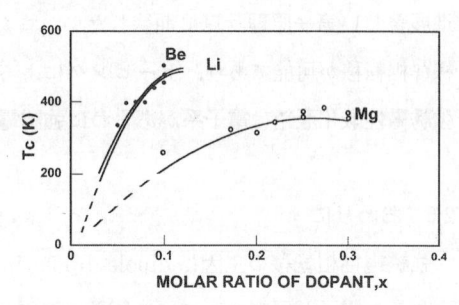

図11 Be^{2+}，Mg^{2+} をドープした ZnO の強誘電相転移点 T_c のドーパント濃度依存性
電子構造が等しい Be^{2+} では Li^+ とほぼ同様な相図が得られるが，3d 電子構造が異なる Mg^{2+} では強誘電相転移点 T_c が大きく抑制されている。

「電子」と「ホール」の関係に似ている。この意味で，局所双極子はホール双極子といっても良く，双極子とホール双極子の相互作用により生じた強誘電性と考えられる[47]。

この研究により，電子構造が主因の強誘電体であることが明らかにされた。Yoshio らはより精密な X 線回折実験を行い，$Zn_{1-x}Li_xO$ および ZnO の電子分布を明らかにし，電子構造の違いについて述べた[45]。結果は図12に示されている。純粋な ZnO における電子分布も同時に示した。図は Zn イオンの周囲の観測電子分布から中性 Zn イオンの電子分布を差し引いた電子分布を表すが，Li ドープにより Zn の 3d 電子が欠損していることが分かる。3d 電子が Zn-O 結合電子に移り，より安定な電子構造をとっているものと考えられる。この結果は Li ドープで Zn-O 結合状態が変化し，局所的な分極を引き起こし，c 軸方向の結合距離をわずかに縮めると考えられ，結晶全体の平均構造はほとんど変化が現れない実験結果にうまく合致する。

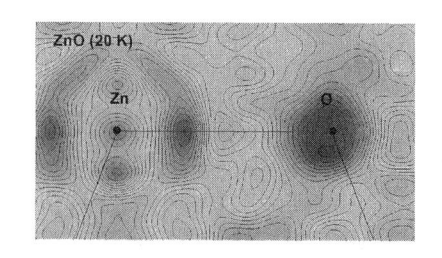

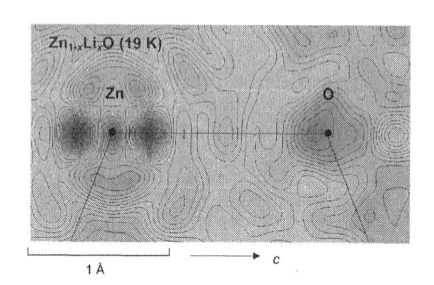

図12 原子の熱振動を抑えるために低温(19 K)で求められていた ZnO（上）と $Zn_{1-x}Li_xO$（下）の電子密度の差分布（D-map）
Zn，O 中性の電子分布を差し引いて(1 1 0)面に投影したもの。上図の Zn 周囲で 3d 電子に対応した電子分布が負分布（陰影をつけた部分）になり欠損している。

この相転移では電子構造の変化が何らかの電子系のエネルギー利得をもたらし，結果として強誘電性が誘起されると考えられるが，定量的な知見はまだ得られていない。この問題の解明は各種ドーパントにより大きく特性を変える ZnO の物性制御という観点からも重要である。近年，進展著しい第一原理計算に期待したい。また現象論的な理解によると，類似した極性結晶でも同様な相転移が可能であり，ドーピングによる特性設計という点でも興味深い。これらのことから，強誘電性酸化亜鉛は電子系があらわに強誘電性相転移に寄与する電子性強誘電体であるといえる。

2.6 おわりに

強誘電性相転移の主因は dipole-dipole interaction であり，その双極子は電子分布の歪により生じる。電子が局在化していて原子に追従する場合は，結晶内の電子分布は，イオンや分子の配置により決まる。この観点では，強誘電性相転移は対称中心を持つ結晶の対称性の破れにより起こるといえる。それに伴う原子変位は 0.1 Å から 0.01 Å 程度で，Bohr 半径（0.53 Å）に比べわずかな歪にすぎない。そのため，強誘電体は構造変化に敏感な物質群と考えられてきた。この意

第9章 新機能材料への展開

味では,強誘電性相転移は,構造相転移と同意義語といえる。しかし一方,もともと双極子の形成には電子分布が重要であるのだから,結合電子や伝導電子などによる電子分布歪の寄与も大きいはずである。電子系はこれまであまり考慮の対象ではなかったが,ZnOの場合,これが主因の電子性強誘電体であるといえる。

最近メモリー素子(DRAM)に強誘電薄膜をつかった強誘電メモリー(FeRAM)の研究が盛んになされている。高集積度化が期待される他,自発分極を記憶に使うため電源を切っても内容が消えない(不揮発性)メモリーになる。現在は定評のあるペロブスカイト系薄膜の応用を中心に研究されているが,次世代の薄膜としてこのZnOが使えないだろうか[46,47]。また,ポッケルス効果やカー効果による光スイッチングを利用した光IC素子への応用はいかがであろうか? シリコン素子と組み合わせた機能性素子への応用も考えられる。ZnOは分極軸方向に層状に積層しており,良質の薄膜が形成しやすい。また,In^{3+}イオンを入れると導伝性を示し,一つの膜内に電極部が形成できる。もともとZn^{2+}に対し,一価のLi^+で置換することは,p-型伝導性を期待させるが,残念ながらZnOは電荷を中性にするように酸素欠損が起り絶縁性を増す。何らかの方法で酸素欠損を起こさない工夫が必要であるが,最近,p-とn-ドーパントのco-dopingという考えでp-型ZnOが見出されている[48]。ZnOは不純物などの影響を受けやすく,比抵抗も大きく変化し,シリコン半導体初期の研究同様,再現性が問題になる。しかし,逆にいえば物性制御しやすい柔軟性がある物質といえる。電子系が関与したこの物質の強誘電性は興味深い問題であるが,応用面でも可能性の大きい次世代電子材料である。

文　献

1) G. Heiland, E. Mollwo and F. Stockmann, *Solid State Phys.*, **8**, 193-326 (1959)
2) C. Campbell, "Surface Acoustic Wave Devices and Their Signal Processing Applications", Academic Press, San Diego (1989)
3) W. Hirshwald, *Zinc Oxide, Current Topics in Materials Science*, **7**, 143 (1981)
4) J. C. Slater, *Phys. Rev.*, **78**, 748 (1950)
5) W. Cochran, *Advance in Physics*, **9**, 387 (1959) ; ibid., **10**, 401 (1960)
6) C. Kittel, "Introduction to Solid State Physics", Chap. 4, (John Wiley & Sons, Inc., New York (1986)
7) Lines and Glass, "Ferroelectrics and related Phenomena", Chap. 14 Semiconductor Ferroelectrics, Gordon and Breach Science Publishers, New York (1984)
8) H. Bilz, A. Bussmann-Holder, W. Jantsch and P. Vogl, "Dynamical Properties of

IV-VI Compounds", Springer-Verlag, Berlin (1983)
9) N. N. Kristoffel and P. I. Konsin, *Phys. Stat. Sol.*, **28**, 731 (1968)
10) 寺内暉, 固体物理, **28**, 207 (1993)
11) N. Sugimoto, T. Matsuda and I. Hatta, *J. Phys. Soc. Jpn.*, **50**, 1555 (1981)
12) R. Weil, R. Nkum, E. Muranevich and L. Benguigui, *Phys. Rev. Lett.*, **62**, 2744 (1989)
13) H. Terauchi, Y. Yoneda, H. Kasatani K. Sakaue, T. Koshiba, S. Murakami, Y. Kuroiwa, Y. Noda, S. Sugai, S. Nakashima and H. Maeda, *Jpn. J. Appl. Phys.*, **32**, 728 (1993)
14) B. A. Bunker, Z. Wang and Q. T. Islam, *Ferroelectrics*, **150**, 171 (1993)
15) D.N. Talwar, Z.C. Feng and P. Becla, *Phys. Rev.*, **B48**, 17064 (1993)
16) Y. Yoneda, K. Sakaue, H. Terauchi, H. Kasatani and N. Kuroda, *Trans. Mat. Res. Jpn.*, **14B**, 1755 (1994)
17) L. Benguigui, R. Weil, E. Muranevich A. Chack and E. Fredj, *J. Appl. Phys.*, **74**, 513 (1993)
18) Y. Kawamura, A. Onodera, H. Satoh and K. Matsuki, *J. Korean Phys. (proc. Suppl.)*, **32**, S77 (1997)
19) S.-H. Wei, L. G. Ferreira and A. Zunger, *Phys. Rev.*, **B41**, 8240 (1990)
20) S. C. Abrahams and J. L. Bernstein, *Acta Crystallogr.*, **B25**, 1233 (1969)
21) J. Albertsson, S. C. Abrahams and A. Kvick, *Acta. Crystallogr.*, **B45**, 34 (1989)
22) 沢田正三, 物性, **6**, 211 (1965)
23) J. C. Phillips, "Bonds and Bands in Semiconductors", Chap. 2, Academic Press, New York (1973)
24) T. Minami, H. Nanto and S. Tanaka, *Jpn. J. Appl. Phys.*, **23**, L280 (1984)
25) R.A. Laudise, E.D. Kolb and A.J. Caporaso, *J. Am. Ceram. Soc.*, **47**, 9 (1964)
26) E.D. Kolb and R.A. Laudise, *J. Am. Ceram. Soc.*, **49**, 302 (1966)
27) A. Onodera, N. Tamaki, Y. Kawamura, T. Sawada and H. Yamashita, *Jpn. J. Appl. Phys.*, **35**, 5160 (1996)
28) N. Tamaki, A. Onodera, T. Sawada and H. Yamashita, *J. Kor. Phys. (Proc. Suppl.)*, **29**, S668 (1996)
29) A. Onodera, N. Tamaki, K. Jin and H. Yamashita, *Jpn. J. Appl. Phys.*, **36**, 6008 (1997)
30) A. Onodera, N. Tamaki, Y. Kawamura, T. Sawada, N. Sakagami, K. Jin, H. Satoh and H. Yamashita, *J. Kor. Phys. (Proc. Suppl.)*, **32**, S11 (1998)
31) A. Onodera, N. Tamaki, Y. Kawamura, H. Satoh and H. Yamashita, *Ferroelectrics*, **217**, 9 (1998)
32) A. Onodera, K. Yoshio, H. Satoh, H. Yamashita and N. Sakagami, *Jpn. J. Appl. Phys.*, **37**, 5315 (1998)
33) A. Onodera, K. Yoshio, H. Satoh, T. Takama, M. Fujita and H. Yamashita, *Ferroelectrics*, **230**, 163 (1999)
34) A. Onodera, N. Tamaki, H. Satoh and H. Yamashita, *IEEE Proceedings (ISAF)*, 475

(1999)
35) A. Onodera, N. Tamaki, H. Satoh, H. Yamashita and A. Sakai, *Ceramic Transactions*, **100**, 77 (1999)
36) I. B. Kobiakov, *Solid State Commun.*, **35**, 305 (1980)
37) A. D. Corso, M. Posternak, R. Resta and A. Baldereschi, *Phys. Rev.*, **B50**, 10715 (1994)
38) E. Islam, A. Sakai and A. Onodera, *J. Phys. Soc. Jpn.*, **70**, 576 (2001)
39) E. Islam, A. Sakai and A. Onodera, *J. Phys. Soc. Jpn.*, **71**, 1594 (2002)
40) S. Massidda, R. Resta, M. Posternak and A. Baldereschi, *Phys. Rev.*, **B52**, R16977 (1995)
41) J. E. Jaffe and A. C. Hess, *Phys. Rev.*, **B48**, 7903 (1993)
42) P. Schroer, P. Kruger and J. Pollmann, *Phys. Rev.*, **B47**, 6971 (1993)
43) O. Zakharov, A. Rubio, X. Blase, M.L. Cohen and S.G. Louie, *Phys. Rev.*, **B50**, 10780 (1994)
44) S. Hagino, K. Yoshio, T. Yamazaki, H. Satoh, K. Matsuki and A. Onodera, *Ferroelectrics*, **264**, 235 (2001)
45) K. Yoshio, A. Onodera, H. Satoh, N. Sakagami and H. Yamashita, *Ferroelectrics*, **264**, 133 (2001)
46) Y. Segawa, A. Ohmoto, M. Kawasaki, H. Koinuma, Z. K. Tang, P. Yu and G. K. L. Wong, *Phys. Stat. Sol. (b)*, **202**, 669 (1997)
47) M. Joseph, H. Tabata and T. Kawai, *Appl. Phys. Lett.*, **74**, 2534 (1999)
48) M. Joseph, H. Tabata and T. Kawai, *Jpn. J. Appl. Phys.*, **38**, L1205 (1999)

第10章　ZnO研究開発の将来展望

八百隆文[*]

1　はじめに

本章では，ZnOをベースとした酸化物半導体の研究開発の新たな展開の可能性を検討する。具体的には，①Ⅲ-Ⅴ族窒化物半導体成長用基板への応用の可能性，②結晶極性の制御技術をベースにした非線形光学デバイスの可能性，③GaN系デバイスとの一体化による新光・電子デバイスの可能性などについて検討を加える。

2　Ⅲ-Ⅴ族窒化物半導体成長用基板ならびに窒化物半導体デバイスへの応用

ZnOとGaNは結晶構造が同じウルツ鉱構造であり，その格子不整は2.3％と小さいため，高品質のGaN成長の可能性がある。最近の単結晶ZnO成長技術の進歩によって，2インチクラスのZnOウエハーが入手可能になってきたため，ZnO基板上にGaNを成長して窒化物半導体基板やGaN系デバイスを作製することも視野に入ってきた。これまでに，ZnO上へのGaN成長に関してはいくつかの報告がある[1]。しかし，良好な結晶性を示すGaNエピタキシ成長は実現していない。図1は低温成長が可能な分子線エピタキシ法によりZnO上に成長したGaNエピタキシ膜の表面モフォロジーを示すが，成長過程は3次元成長であり，窒化物半導体基板あるいはデバイス層形成の困難性を示唆する。ZnO基板上にGaN系酸化物半導体を成

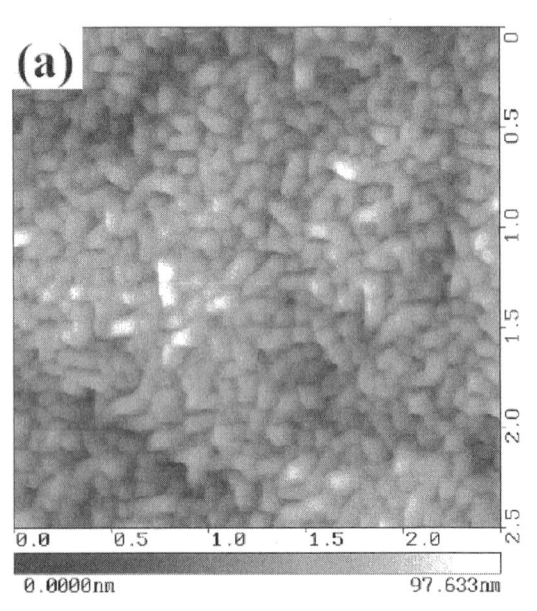

図1　ZnO膜上にMBE成長したGaN膜の表面モフォロジー[1]

---

*　Takafumi Yao　東北大学　学際科学国際高等研究センター　教授

第10章　ZnO 研究開発の将来展望

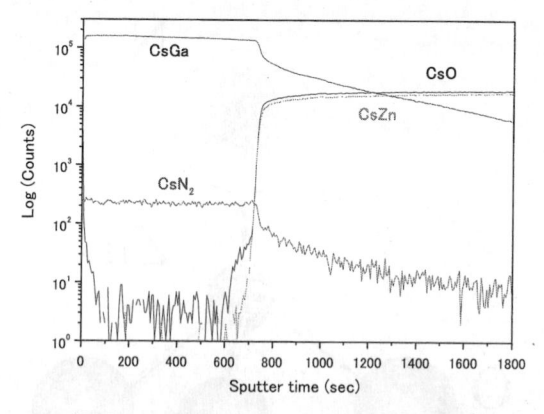

図2　ZnO/GaN ヘテロ界面での相互拡散[2]

長する問題点は，① ZnO/GaN 界面の不安定性，②窒化物半導体の成長温度における ZnO 基板の熱的な安定性が挙げられる。

　ZnO/GaN ヘテロ界面の不安定性の原因として，以下の二つが挙げられる：①構成元素の相互拡散；② ZnO は II-VI族化合物であるのに対して，GaN 系窒化物半導体は III-V族化合物であることに起因する界面原子価の不整。

　拡散距離は一般に $(DT)^{1/2}$ と表される。ここで T は拡散時間。拡散係数 $D \sim D_0 \cdot \exp(-E/kT)$ のように指数関数的な依存性を示す。D_0 は拡散定数，E は拡散の活性化エネルギーである。ZnO 基板上の GaN の成長温度の上昇とともに ZnO/GaN ヘテロ界面における構成元素の相互拡散は激しくなる。図2は，ZnO 基板上に分子線エピタキシ（MBE）により成長した GaN の2次イオン質量分析装置（SIMS）分析を示す[2]。基板温度は800℃であった。デバイス作製用の GaN 膜を有機金属気相法（MOCVD）で成長する場合の成長温度は1050℃程度であり，その温度に比べてかなり低い。しかし，800℃での Zn の GaN 層中への拡散距離は0.1-0.2ミクロン，Ga の ZnO 基板への拡散距離は1-2ミクロン程度であることから，GaN の成長温度1050℃での拡散距離は10ミクロン程度となる。通常の GaN デバイスを作製する場合の窒化物半導体層の全膜厚が5ミクロン程度であることを考えると，p 型不純物である Zn の拡散によって GaN の導電制御が困難になり，ZnO 基板上の GaN 系デバイスは困難になることを示唆する。したがって，ZnO 基板上に GaN デバイスを実現するためには① ZnO/GaN ヘテロ界面に拡散のストッパー層を設ける必要がある。ZnO と GaN は格子定数不整が小さいが，格子不整転位の発生を抑制するためには，丁度 ZnO，GaN と整合の取れる格子定数を持った拡散ストッパー層を選択することが望ましい。しかし，適切なストッパー層を見出すのは困難である。そこで，低温成長 GaN を拡散ストッパー層とする考え方がある。この場合には，ヘテロ界面での Zn，Ga の拡散速度が速いことを考えると比較的高速の成長速度で低温成長層を形成する必要がある。

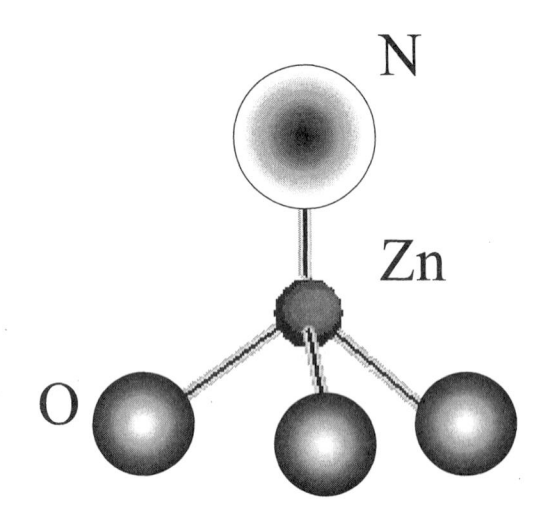

図3 Ga-極性 GaN/Zn-極性 ZnO のヘテロ界面での化学結合

　さらに ZnO/GaN ヘテロ界面における構成元素の相互拡散は高品質 GaN 成長を阻害する要因となる。すなわち，ZnO/GaN ヘテロ構造において局所的に結晶極性を反転する結合シークエンスを構成する可能性がある。例えば，ヘテロ界面で Zn と N の化合物である Zn_3N_2 が形成されると，Zn_3N_2 は中心対称性を持つために，この上に形成される GaN の結晶極性と ZnO 基板の結晶極性が反転（つまり，陽イオン極性 ←→ 陰イオン極性が反転）する可能性がある。極性反転ドメインが形成されると，結晶性は劣化する[1]。

　ZnO/GaN ヘテロ界面における原子価不整もヘテロ界面の不安定性の原因となる。ZnO/GaN ヘテロ界面における原子価不整を図3で Electron counting の立場で説明する。図2では Zn 極性面 ZnO 上に Ga 極性の GaN が成長する場合を示すが，O 極性 ZnO 上に N 極性 GaN が成長する場合も同様である。ZnO はⅡ-Ⅵ族化合物であり，かつ4配位である。そのため，各 Zn 原子，O 原子からの結合手には2/4個，6/4個の電子が配布される。ZnO 結晶中の Zn-O の各結合手には 2/4 + 6/4 = 8/4 = 2 個の電子が配布されて，これが Zn-O 結合の結合軌道を完全に占めることになり，Zn-O 結合は安定化する。他方，GaN はⅢ-Ⅴ族化合物であり，4配位である。各 Ga 原子，N 原子の結合手にはそれぞれ3/4，5/4個の電子が配布される。Zn 極性の最表面は Zn 面であり，この表面 Zn 原子からのダングリングボンドは表面に垂直に1本である。この Zn 表面上に N 原子が結合して Zn-N 結合を形成したとすると，各 N 原子は3本のダングリングボンドでもつため3個の表面 Zn 原子と結合する。この界面での各 Zn-N 結合には Zn 原子から2/4個の電子が供給され，N 原子からは5/4個の電子が供給されるため，各 Zn-N 結合には 2/4 + 5/4 = 7/4 個の電子が Zn-N 結合に在ることになる。このような結合は電子が不足している，いわばアクセプター的な結合となる。他方，O-Ga 結合は，各結合手あたり 6/4 + 3/4

第10章　ZnO 研究開発の将来展望

= 9/4 個の電子が存在するために，電子が過剰なドナー結合となる。このような電子数の不整のためにヘテロ界面は不安定になり，Zn-N 結合と Ga-O 結合が混在したヘテロ界面結合が生じることになり，乱れた界面構造が形成されることになる。この乱れた界面構造も極性反転ドメイン形成の原因となる。

ZnO/GaN ヘテロ界面を安定化させることが ZnO 上への GaN 成長の基本である。そのためには，①低温バッファー層の成長，②ヘテロ界面結合を制御するために成長前の基板処理条件の適切化が重要である。

ZnO の融解温度は 2000 ℃ と高い。しかし，HVPE 成長あるいは MOCVD 成長で成長温度は 1000 ℃ 以上であり，原料ガスとして NH_3，キャリヤーガスとして H_2 が用いられる。このような高い成長温度下では，O_2 ガス雰囲気の無い状況では ZnO → Zn + O_2 の分解が促進される。さらに，H_2 の存在した還元性雰囲気下では表面 O の離脱が起きるために，ZnO の分解はさらに促進される。このように GaN 成長温度あるいは雰囲気に対して ZnO 表面は容易に劣化を示すために，それを防ぐ観点からも，ZnO 表面保護層が必要となる。表面保護層は例えば，低温成長 GaN 層が考えられる。最近，室温で GaN をレーザアブレイション法で成長することが報告されている。このような低温成長は，非平衡成長であり，上述のヘテロ界面不安定性や表面の熱的不安定性が起こりにくいため，表面保護層として働くことが期待される。実際に，低温成長 GaN 層を表面保護層として用いて，GaN 自立基板を HVPE 成長で作製した例を以下に示そう。

低温 GaN 層はレーザアブレイション法，MBE 法などで作製することが出来るが，通常は 1000 ℃ 以上の高温成長と言われている MOCVD 法や HVPE 法でもより低温での GaN 成長が可能である[3]。図4は，サファイヤ基板上に MBE 法で ZnO を堆積し，ついでその上に HVPE 法により 900 ℃ で GaN 低温保護層を作製し，連続して HVPE 法でその上に高温で GaN 層を作製した GaN 自立基板の断面 SEM 像を示す。裏面の ZnO 層は HVPE 成長中に化学エッチングされ，サファイヤ基板は成長中に剥離された。そのため，サファイヤ基板と GaN の熱膨張係数の違いによる熱応力は著しく低減し，GaN 基板中の残留歪は殆どゼロとなっていることが X 線回折とフォトルミネッセンスから確認されている。実際 X 線回折測定による格子定数は c = 5.185 Å，a = 3.189 Å であり，バルクの格子定数の c = 5.187 Å，a = 3.185 Å とほぼ等しい。さらに，図5に 10 K での PL スペクトルを示すが，中性ドナー束縛励起子が最も支配的であるが，この中性ドナー束縛励起子の発光波長 3.4715 eV および自由励起子の発光波長 3.4791 eV はバルクの対応する発光波長，3.472 eV と 3.480 eV に殆ど等しい。このように，ZnO 上への GaN 成長層は残留歪の無いエピタキシ成長の可能性がある。なお，混晶 InGaN と ZnO は In 組成が約 20% で格子整合が可能であり，ZnO 上での InGaN 成長は格子不整歪，熱膨張差による歪をともに低減したエピタキシ成長が可能であり，デバイス応用上からも極めて興味深い。

図4 ZnO膜上にHVPE成長したGaN厚膜の断面SEM写真[4]

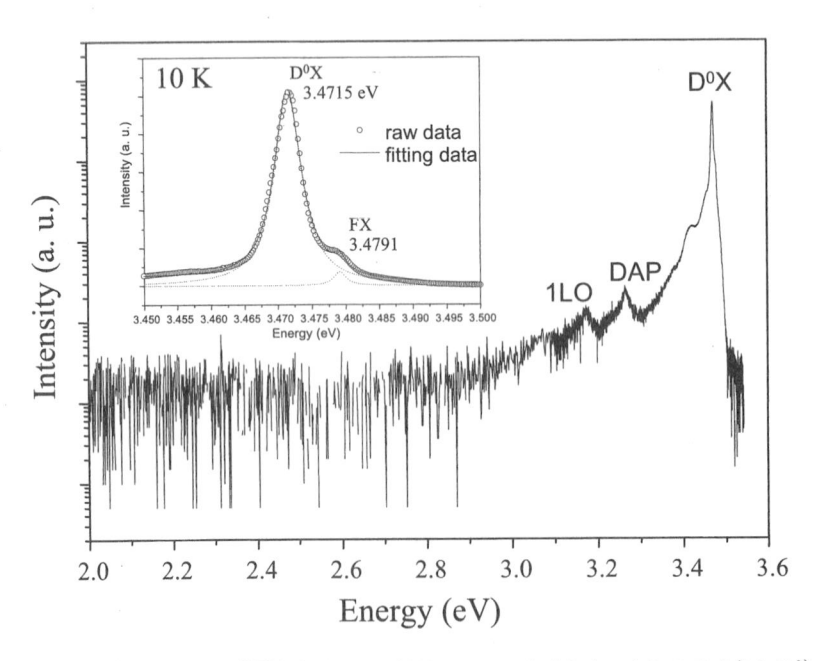

図5 ZnO膜上にHVPE成長したGaNの10Kでのフォトルミネッセンススペクトル[3]

3 周期的極性反転による非線形光学素子への応用

第6章で界面エンジニアリングによってZnOエピタキシ膜の極性を制御できることが述べられている。サファイヤ基板上でも，MgOバッファー層の膜厚が3nm以下ではその上に成長し

第10章　ZnO 研究開発の将来展望

図6　周期的極性反転構造を形成するプロセス[5]

図7　作製した周期的極性反転構造[5]

たZnO膜はO極性となり，3 nm以上ではZn極性となる[4]。これを利用して，周期的に極性反転したZnO膜をエピタキシ成長することが可能になる。図6は1次元周期的に極性反転させたZnO膜の作製プロセスを模式的に示す。実際に作製した1次元周期的反転構造を図7に示す。

この例ではZn極性ZnOが20ミクロン幅＋O極性のZnOが20ミクロンの周期構造となっている。この構造はLiNbO$_3$などの非線形光学結晶による擬似位相整合構造と同じであり，2次高調波発生などの非線形光学効果による波長変換素子への応用が可能である。実際，上述の1次元周期的極性反転構造による2次高調波発生も示されており，1次光800 nmのレーザ光による400 nmの2次高調波発生が観測されている。しかし，問題は，ZnOによる周期的極性反転構造でLiNbO$_3$などの既存の非線形光学素子に比べてより効率的に非線形光学効果を発揮できるかという点である。

表1は2次の非線形光学定数をZnOも含めて示す[6]。ZnOの非線形光学定数はLiNbO$_3$に比べて小さい。波長変換による光出力は2次の非線形光学効果では（非線形光学定数）^{2}に比例するため，ZnOを使うメリットが見出せない。

しかし，一般に非線形光学定数は波長分散を持ち，共鳴準位の近辺で以上に増大することが知られている。即ちZnOのバンドギャップや励起子準位に近づくにつれて非線形光学定数が飛躍的に増加する。したがって，このような共鳴を利用することで非線形光学効果を増大させること

233

表1 種々の結晶の第2高調波発生の非線形光学定数

結晶	$d_{ijk}^{(2\omega)}$（単位は$(1/9)\times 10^{-22}$mks）
LiIO$_3$	$d_{31}=d_{311}=6\pm 1$
NH$_4$H$_2$PO$_4$	$d_{36}=d_{312}=0.45$
（ADP）	$d_{14}=d_{123}=0.5\pm 0.02$
KH$_2$PO$_4$	$d_{36}=d_{312}=0.45\pm 0.03$
（KDP）	$d_{14}=d_{123}=0.45\pm 0.03$
KD$_2$PO$_4$	$d_{36}=d_{312}=0.42\pm 0.02$
	$d_{14}=d_{123}=0.42\pm 0.02$
KH$_2$ASO$_4$	$d_{36}=d_{312}=0.48\pm 0.03$
	$d_{14}=d_{123}=0.51\pm 0.03$
水　晶	$d_{11}=d_{111}=0.37\pm 0.02$
AlPO$_4$	$d_{11}=d_{111}=0.38\pm 0.03$
ZnO	$d_{33}=d_{333}=6.5\pm 0.2$
	$d_{31}=d_{311}=1.95\pm 0.2$
	$d_{15}=d_{113}=2.1\pm 0.2$
CdS	$d_{33}=d_{333}=28.6\pm 2$
	$d_{31}=d_{311}=14.5\pm 1$
	$d_{15}=d_{113}=16\pm 3$
GaP	$d_{14}=d_{123}=80\pm 14$
GaAs	$d_{14}=d_{123}=107\pm 30$
BaTiO$_3$	$d_{33}=d_{333}=6.4\pm 0.5$
	$d_{31}=d_{311}=18\pm 2$
	$d_{15}=d_{113}=17\pm 2$
LiNbO$_3$	$d_{31}=d_{311}=4.76\pm 0.5$
	$d_{22}=d_{222}=2.3\pm 1.0$
Te	$d_{11}=d_{111}=730\pm 230$
Se	$d_{11}=d_{111}=130\pm 30$
Ba$_2$NaNb$_5$O$_{15}$	$d_{33}=d_{333}=10.4\pm 0.7$
	$d_{32}=d_{322}=7.4\pm 0.7$
Ag$_3$AsS$_3$	$d_{22}=d_{222}=22.5$
（Proustite）	$d_{36}=d_{312}=13.5$

は可能になる。さらに，一般に非線形光学定数は対応する光学遷移の振動子強度に比例することが知られているが，共鳴準位として励起子準位を用いると，励起子遷移の振動子強度はバンド端光学遷移より一桁以上大きくなり，励起子共鳴準位を用いることで，大幅な非線形光学効果の増大が期待できる。ZnOは励起子の束縛エネルギーが60 meVと大きいため室温でも励起子が安定である。そのため，室温での励起子準位を利用した非線形光学効果は増強されることが期待される。なお，励起子分子では巨大振動子効果が現われるため，励起子分子共鳴を利用すると，更なる超低閾値での非線形光学効果の発現が可能になる。例えば，差周波によるテラヘルツあるいは赤外光発生，光学カー効果による広帯域コヒーレント光発生などの非線形光学効果への適用は大いに期待される。もし，励起子準位を利用した低励起光強度による非線形光学効果が可能になれば，例えば，GaNあるいはInGaN半導体レーザとZnO非線形光学素子をモノリシックあるいはハイブリッドで集積化した超小型のテラヘルツ発生光源あるいは光トモグラフィー用光源も実現するものと期待できる。図8は，GaN発光素子とZnO系非線形光学素子を集積化した超小型波長変換素子の模式図である。

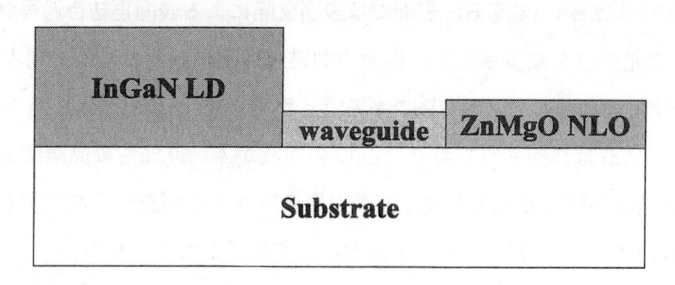

第10章　ZnO研究開発の将来展望

図8　GaN発光素子とZnO系非線形光学素子の集積化による超小型波長変換素子の概念図

4　シンチレーターへの応用

陽電子放射断層撮影（PET）用のシンチレーター結晶としてはBGO結晶が専ら使われている。PET用としては，高発光量で蛍光寿命が短い特性が重要である。表2は従来のBGO（$Bi_4Ge_3O_{12}$）シンチレーター結晶，最近蛍光寿命が短いことで注目を集めているBaF_2フッ化物結晶，そしてZnO結晶の特性を比べたものである。ZnO結晶は，発光量がBGO結晶より大きくなる可能性もあり，また蛍光寿命は1/100以下の超高速であり，BaF_2よりも短いため，さらにZnOの発光波長は400 nm帯であり，200 nm帯のBaF_2に比べて高感度検知素子が使用できるという利点もある。シンチレーター結晶として高感度でかつ高速応答が可能となると，ダイナミックなPET等への応用の可能性も出てくるため，新しい展開が期待できる。

シンチレーターへの応用のためには，ZnOはバルク結晶，薄膜，ナノ結晶など様々な状態で使うことが出来る。発光効率を上げるためにはナノ結晶は非常に魅力的であるが，サイズが小さ

表2　PET用シンチレーター結晶の比較[7]

Parameter	BGO	BaF_2	ZnO
Density	7.13 g/cm³	4.88 g/cm³	5.61 g/cm³
Emission wavelength	480 nm	180-220 nm	390〜400 nm
Decay time	300 ns	0.8-0.9 ns	< 0.6 ns
Light yield (BGO : 100)	100 %	17 %	20-200 %？
Chemical stability	High	Middle (deliquescence)	High
Price	Middle	Middle	High→Low
Melting point (℃)	1050	1350	(Hydrothermal)
Advantage	Bulk crystal	Bulk crystal	Wide application
Disadvantage	decay : long	Wavelength : short density : low Long decay component	Self-absorption

くなるほど表面の効果が効いてくる。表面では表面欠陥による表面再結合過程が非発光再結合過程であるため、発光効率を減少させる。表面の効果を抑制するためには、例えば、ZnOナノ結晶をガラスの母体に埋め込むことが有効であろう。実際、SiO_2-BaO-B_2O_3ガラス中にZnOナノ結晶を埋め込んだ構造は作製されており、ZnOの組成が40-50％もの高濃度までのガラス埋め込みのZnOナノ結晶が作製されており、実際の発光特性などが調べられており、劣化の無い素材の形成が報告されている。新しいアプローチとして注目されている[8]。

5 高温用熱電素子への応用

熱伝半導体素子は、温度差から電力を直接発生させる発電方式であり、オンサイトの小規模エネルギー変換システムとして重要である。特に、ゴミ焼却炉や自動車排ガスなどの廃熱利用などのコジェネレーション用として近年注目を集めている。実用化されている材料は200℃以下ではBi_2Te_3系半導体、300-600℃ではPbTe系半導体である。しかし、これらの材料はBi、Te、Pbなどの重元素で構成されており、高温で分解するなど温度特性が悪い、酸化されやすい、毒性や環境汚染の危険性があるため、これらの材料を代替する高性能熱電材料の開発や、特に焼却炉の温度を考慮して800℃以上の高温での熱電性能の優れた熱電半導体材料の開発が待たれている。

ZnOなどの酸化物半導体は、酸化物であるため、酸化の問題が回避される、差空気中で高温でも安定であるなどの特性ゆえに熱電半導体応用が近年注目を集めている。熱電素子の性能指数ZTは、$ZT = S^2\sigma T/\kappa$と表わされる。ここでSはSeebeck素子、σは導電率、κは熱伝導率、ZTが大きいほど熱電発電効率が大きい。したがって、熱伝導率が高く導電率が小さい材料ほど熱電発電性能が指数が大きくなる。Tは素子の平均的な動作温度であるため、高温で使える材料ほど高い熱電特性が期待できる。ZT＝1が実用化の目安である。

最近、ZnO系酸化物材料が優れた熱電特性を示すことが発表された[9]。Alを高濃度にドープした(Al, Zn)Oは既存材料と比較して高い熱伝導率を持っているにもかかわらず、1000℃でZT＝0.3が報告されている。層状構造を取るなどして[10]、熱伝導率を低下させ、性能指数を改善することも可能であり、今後の研究の進展が期待される。なお、熱電素子は基本的には多結晶デバイスであり、単結晶素子に比べて劣化は粒界間の欠陥が大きく影響すると予想される。

第10章 ZnO 研究開発の将来展望

文　献

1) T. Suzuki *et al.*, *ICPN* (2003)
2) T. Suzuki *et al.*, *QTSM* (2004)
3) SW Lee *et al.*, *APL* (2006)
4) H. Kato *et al.*, *APL* (2004)
5) T. Minegishi *et al.*, *JVST* (2006)
6) 非線形光学ハンドブック, 朝倉書店
7) T. Fukuda *et al.*, *MRS 2006 Fall Meeting* (2006)
8) M. Nikl *et al.*, *Optical Materials.*, **29**, 552-555 (2007)
9) Ohtake *et al.*, (2006)
10) T. Yao, *APL* (1991)

ZnO系の最新技術と応用　《普及版》	(B1028)

2007年 1月31日　初　版　第1刷発行
2013年 3月 8日　普及版　第1刷発行

　監　修　　八百隆文　　　　　　　　Printed in Japan
　発行者　　辻　賢司
　発行所　　株式会社シーエムシー出版
　　　　　　東京都千代田区内神田 1-13-1
　　　　　　電話 03 (3293) 2061
　　　　　　大阪市中央区内平野町 1-3-12
　　　　　　電話 06 (4794) 8234
　　　　　　http://www.cmcbooks.co.jp

〔印刷　株式会社遊文舎〕　　　　　　Ⓒ T. Yao, 2013

落丁・乱丁本はお取替えいたします。

本書の内容の一部あるいは全部を無断で複写（コピー）することは，法律で認められた場合を除き，著作者および出版社の権利の侵害になります。

ISBN978-4-7813-0710-7　C3054　¥3800E